佐和隆光編著

21世紀の問題群

持続可能な発展への途

新曜社

まえがき

二〇世紀の九〇年代は、地球環境のディケードにほかならなかった。一九八七年、国連ブルントラント委員会は「持続可能な開発」という概念をキーワードに据えた報告書を刊行し、翌八八年、トロントで開催された先進七カ国サミットの主要議題の一つに地球環境問題が採り上げられ、さらに八九年のパリ・アルシュ・サミットでは、経済宣言の三分の一を地球環境問題が占めるほどまでに、八〇年代末、地球環境問題への関心は空前の高まりを見せた。そして九二年六月にリオデジャネイロで国連環境開発会議が開催され、国連気候変動枠組条約（ＵＮＦＣＣＣ）が採択された。

九四年には気候変動枠組条約が発効し、第一回の締約国会議がボンで開催された。九七年十二月、第三回の締約国会議（ＣＯＰ３）が京都で開催され、先進三八カ国全体で、二酸化炭素をはじめとする温室効果ガスの、二〇一〇年を挟む前後五年間の平均排出量を、一九九〇年比少なくとも五％削減することを定めた京都議定書が採択されたことは、読者の記憶に新しいことであろう。

こうした状況を踏まえて、電力中央研究所の依田直理事長（当時、現顧問）は、地球環境の保全、エネルギー供給の安定性、そして経済成長の達成という三つの目標を「トリレンマ」と命名され、それらの鼎立をかなえるための戦略を論じる場として、一九九三年二月、有識者会議を創設された。経済の観点からトリレンマ問題を議論する分科会の、九七年四月から九九年六月にかけての研究成果を一巻の書物にまとめたものが、本書にほかならない。

エネルギーと環境の問題について考えを進めるに当たっては、人口問題、食料問題、南北問題、九七年七月に勃発した東アジアの通貨危機、今後の東アジアの経済発展をめぐる問題を避けて通るわけにはゆかない。そこで本書のタイトルを『二一世紀の問題群——持続可能な発展への途』とした上で、多岐に亘る問題群について、二一世紀の成り行きを見通し、それら問題群の同時解決の道を探ることを、本書のねらいに据えた。分科会のメンバーには、経済学、政治学、農学、工学の専門家が名を連ね、月に一度のペースで開催される分科会では、内容の濃い学際的な討論を繰り広げることができたことを、私たち分科会のメンバーは誇りとしている。

本書を上梓するに当たり、多くの方々のお世話になった。まず何よりも、電力中央研究所の依田直顧問には、実り多い議論の場を提供していただいたことに対し深甚の謝意を表したい。いちいち名前を挙げないが、私たちの分科会に講師としてご出席賜り、知見を提供していただいた各界のエキスパートの諸氏にも、この場を借りて心からの感謝を申し上げる次第である。電力中央研究所の朝倉タツ子さんには、分科会の開催に当たってのアレンジメントをご担当いただき、また本書を上梓するに当たっても、様々な雑務を一手にお引き受けいただいた。ここに記して、謝意を表したい。最後になったが、隅々にまで心を配って本書の編集に当たられた新曜社の塩浦暲様には、心からの謝意を表する次第である。

二〇〇〇年二月一〇日

佐和隆光

目次

装幀＝加藤俊二

序章　二〇世紀末から二一世紀へ

佐和隆光

1　激変の九〇年代

二〇世紀のラスト・ディケード（最後の十年）に、世界と日本で何が起きたのかを要約すれば、以下の通りである。

まず八九年にベルリンの壁が崩壊してのち、九一年一二月、ソビエト連邦が解体し、「社会主義の崩壊」がだれの目にも明らかとなった。社会主義の崩壊は「資本主義の勝利」に短絡され、九〇年代を通じて、発展途上諸国、旧ソ連・東欧諸国の市場経済化が、なんのためらいもなく一気呵成に推し進められ、九〇年当時には耳慣れない英語であったグローバリゼーションが、いつの間にか時代の合言葉となった。

その半面、九〇年代も後半に入ると、イギリス、フランス、ドイツで、相次いで社会民主主義ないし中道左派政権が登壇し、旧左派の計画万能主義、そして市場万能主義と一線を画する「第三の道」へとヨーロッパ諸国の政治は蛇行しつつある。二〇〇〇年二月現在、ヨーロッパ連合（EU）一五カ国中、アイルランドとスペイン、オーストリアを除く一二カ国が中道左派政権に執政を委ねている。

順風満帆であるかに思えたグローバル市場経済（資本主義）にも、一抹の陰りが射した。九七年七月のタイ・バーツ危機勃発に至るまで、「勃興する《エマージング》東アジア」は世界の成長センターと目されていた。通貨危機勃発以来、三年近くを経た今、東アジア経済は首尾よく復興を遂げたかのようにいわれている。「危機」が単なる通貨危機にすぎないのであれば、回復はしごく順調かつ本物と見てよい。しかし、本書のⅡ部4章で説き明かすように、東アジア経済を襲った「危機」が、八〇年代に始まった東アジア諸国の急勾配の工業化がもたらした、工業製品のオーバーキャパシティ（生産設備の過剰）に起因する必然的な帰結なのだとすれば、九七年に勃発した通貨危機は決して一過性のものではありえない。本格的な「危機」克服のためには、先進工業諸国が、当たり前のモノ作りから撤退し、ハイテク製造業とソフトウェア産業に特化しなければなるまい。

一般に、産業構造の変化は徐々にしか起こらない。東アジアの工業化がもっとゆるやかなテンポであったとするならば、オーバーキャパシティを回避すべく、先進工業国が産業構造を転換させるだけの時間的余裕をもちえたはずである。しかし、東アジアの工業化のテンポは余りにも速すぎた。八〇年前後に工業化を開始したと思いきや、わずか十年余りで、自動車はおろか、コンピュータまでもを国内生産するようになったのだから。その結果、家電製品、自動車などほとんどの工業製品の生産能力が過剰となったのである。

実際、東アジア通貨危機のきっかけとなったのは、一九九四年の中国元切り下げだといわれる。元切り下げが中国の輸出の増加を誘ったことは、もとよりいうまでもあるまい。中国の輸出が増加したとき、タイ、マレーシア、インドネシア、韓国の輸出がわれ関せずに伸び続けておれば、なんの問題もなかったはずである。ところが、九四年の時点ですでに、東アジアはゼロサムの状態に陥っていた。すなわち、中国の輸出が増えた分、東南アジア諸国そして韓国からの輸出は減らざるをえなかったのである。その結果、これら諸国の貿易赤字は拡大し、企業収益は悪化し、それを目ざとく見極めたヘッジファンドが短期資本（株式、債権等）を逃避させるに及んだのである。ドルにペッグされた現地通貨がドルに交換されて国外に逃避すれば、外貨準備が底を突きはじめる。かくして、タイ、インドネシア、韓国は、国際通貨基金（ＩＭＦ）の緊急融資により、なんとか難を逃れて今日に至っている。先進工業諸国の当たり前のモノ作りからの撤退による、工業製品のオーバーキャパシティの解消がない限り、東アジア諸国がゼロサム状況から脱することは望めまい。

日本にとっての九〇年代は「失われた十年」といわれる。平成不況が始まったのは九一年五月のことだが、九三年一〇月に「底入れ」してからのちも、十年越しの景気低迷が続いている。その間、アメリカ経済は持続的繁栄を謳歌し、空前の株高と、それに伴う旺盛な個人消費支出に支えられ、今や景気循環から自由になったかのようにさえいわれる。

八〇年代には、日本経済の絶好調ぶりと、アメリカ経済の絶不調ぶりとが際立った。今にして思えば、八〇年代のアメリカは、ポスト工業化社会へ一番乗りするための「産みの苦しみ」を味わっていたのではなかったろうか。そのおかげでアメリカは、九〇年代に入って間もなく、ポスト工業化社会に一番乗りを遂げ、今日ある長期繁栄の礎を築いたのである。

八〇年代、自信に満ち満ちていた日本の政治家、企業家、官僚、エコノミストの多くは、アメリカ製造業の衰退を見くだしつつ、日本型経営、教育、行政の優位を誇らしげに語っていた。ところが九〇年代後半、状況は一変した。長期化する日本経済の景気低迷と、長期化するアメリカ経済の繁栄を対照させて論者は、まるで掌を返したかのように、アメリカ型システムを礼賛するようになった。

2　二〇世紀はどういう世紀だったのか

九〇年代は地球環境への関心の高まりを誘った十年でもあった。一九九二年、リオデジャネイロで国連環境開発会議（リオ・サミット）が開催された。このリオ・サミットで国連気候変動枠組条約の締約へ向けての合意が形成され、まさしく温暖化問題への取り組みの枠組みが固められた。第一回目の締約国会議（ＣＯＰ1）は一九九五年一〇月にボンで開催され、九七年十二月、ＣＯＰ3が京都で開催され、先進三八カ国に対して二酸化炭素をはじめとする温室効果ガスを削減・抑制することを義務づける京都議定書が定められた。京都議定書が発効するのは二〇〇三年頃になるものと予想されるが、次のような意味で、京都議定書にはきわめて意義深いものがある。

二〇世紀はどういう世紀だったのか。この設問に対する答えは無数にありうる。的確な答えの一つは「経済発展の世紀」である。では、なぜ二〇世紀の一〇〇年間に、こうまでも経済発展を成し遂げることができたのか。その主要な理由の一つは、二〇世紀中にイノベーション（技術革新）が相次いだことである。イノベーションは次々と新しい工業製品を生み出し、その普及が国内総生産（GDP）の成長を促し、所得の増加がさまざまなサービス産業を誕生・発展させた。したがって、二〇世紀を「イノベーションの世紀」と言い換えてもよい。では、なぜ二〇世紀中に、かくもイノベーションが相次いだのか。その主要な理由の一つは、一九世紀末に人類が石油と電力という二つのエネルギー源を手に入れたことである。実際、私たちが日常使っている「文明の利器」のいずれもが、その動力源として石油製品または電力を用いている。したがって、二〇世紀を「電力の世紀」、「石油の世紀」と言い換えてもよい。しかし、そのことの裏を返せば、二〇世紀は「二酸化炭素排出の世紀」だったということになる。

以上を要するに、二〇世紀の一〇〇年間を通じて、私たちは二酸化炭素の排出量を増やし続けることによって、とてつもない「豊かさ」を手に入れてきたのである。そして、二〇世紀も終わらんとする一九九七年になって、世界の百数十カ国の代表が京都国際会議場に集い、二〇一〇年を挟む前後五年間における、二酸化炭素をはじめとする温室効果ガスの排出量の平均値を、一九九〇年に比べて削減・抑制する義務を先進各国それぞれに課したのである。

3　二〇世紀型工業文明からメタボリズム文明へ

以上のような意味で、京都議定書は、二〇世紀型工業文明の見直しを迫るという画期性をはらんでいるのである。二〇世紀型工業文明は大量生産・大量消費・大量廃棄を旨としている。これら三つの「大量」が相まったからこそ、二〇世紀は「経済発展の世紀」たり得たといってもあながち過言ではあるまい。

二〇世紀型工業文明にかわる二一世紀型文明とは、いったい何なのか。それを私は「メタボリズム文明」と名づけたい。メタボリズムとは新陳代謝を意味する生物学の専門用語である。あえてメタボリズム文明を日本語訳すれば、「循環代謝型文明」とするのがふさわしい。

代謝とは「古いものと新しいものとが入れかわること」（広辞苑）である。他方、循環とは「ひとまわりして、また元の場所あるいは状態にかえり、それを繰りかえすこと」（広辞苑）である。これらの字義からすると、二一世紀型文明とは「資源を浪費することなく新しいものを創造する文明」であるということができる。単に循環型文明というのでは、成長のないスタティックな感が否めない。

そこで「代謝」という言葉を併記することにより、二一世紀型文明にダイナミックな要素を加味しようとするのである。

文明の転換、すなわち新しい文明を創造するに当たって、哲学者や思想家は無用である。百花繚乱という言葉がある。この言葉が示唆するように、一つひとつは小さな「改革」でも、個々人、個々の企業がみずからの身の回りでできることを、日常的に次々と成し遂げることにより、それらが積み重なって、まさしく百花が繚乱するがごとく、文明（風景）が一変するのである。

4　エネルギー消費を増やさない経済成長

しばしば人は、経済が成長するには、エネルギー資源の消費量の増加が必然的に随伴するかのようにいう。しかし、それはあくまでも発展途上諸国での話であって、先進国では話は少なからず違ってくる。

一国の経済が発展するに伴い、当初のうち、農林水産業のＧＤＰに占める比率が低下し、発展のレベルがある閾値を超えると、製造業のＧＤＰに占める比率が低下し始める。しかも、製造業の中でも素材型産業の占める比率が下がり、ハイテク加工組み立て型産業の占める比率が上がる。その結果、いわゆるエネルギー消費のＧＤＰ原単位（ＧＤＰ一単位当たりの一次エネルギー総供給）は目に見えて低下する。言い換えれば、経済成長に伴うエネルギー消費の増分はそれだけ小さくなる。

わが国を例にとると、高度成長期を通じて原単位は伸び続け、一九七四年に最大値182・2（原油換算キロリットル／億円）を記録し、その後、一九九一年までは減少傾向に転じ118・2まで低下し、九二年以降はほぼ横ばいを続けている。産業構造の転換の進行、そして生産の省エネルギー化により、原単位はさらに低下するものと見込まれる。

もっともエネルギーを消費するのは産業部門だけではなく、民生（家庭・業務）部門、運輸部門のそれぞれが総エネルギー消費の半ばないしそれ以上を消費している。一般に、経済発展は個人所得を増加させ、家庭電化製品と乗用車の普及を促し、その挙げ句に、エネルギー消費が増加するのは確かである。しかし、家庭部門や輸送部門のエネルギー消費が際限なく増え続けるわけではない。家庭電化製品や乗用車の普及は、いつかは必ず飽和状態に達する。また、京都議定書が先進諸国に対し二酸化炭素排出削減・抑制を義務づけたことにより、電器メーカーや自動車メーカーは、競って省エネルギー機器の開発に取り組みつつある。家電製品も自動車も、その平均寿命は十年に満たない。それゆえ、機器の買い替えは、電力・ガソリン消費の意図せざる削減をかなえることになる。

わが国のエネルギー・環境問題の専門家の多くは、京都議定書に定められた義務（二〇一〇年を挟む前後五年間の温室効果ガス排出量を一九九〇年比6％削減する）を履行するのは、ほとんど不可能に近いかのようにいう。しかし、適切な措置を講じることにより、また一人ひとりの市民の環境意識が向上することにより、排出量の6％削減は決して不可能ではないと私自身は考える。実際、わが国の二酸化炭素排出量は、九七年度は前年度比0・4%の減少、九八年度は前年度比3・5%の減少を記録したのである。今後十年間に予想される産業構造の変化をも加味すれば、企業や個人をがんじがらめに規制したりすることなく、炭素税制などの経済的誘導措置を講じることにより、所定の削減目標を達成することができるはずである。

5　相対化の時代

二〇世紀の最後の十年を「相対化の時代」、すなわち近代のイデオロギーの一つひとつが相対化された時代であったと見ることができる。

一九九一年、ソビエト連邦が解体され、社会主義が崩壊した。少なくともマルクス主義的歴史観に従えば、社会主義は人類の目指す究極の社会体制、したがって絶対的な体制のはずであった。ところが九〇年代の幕開けとともに、社会主義がまず相対化されたのである。

社会主義の崩壊は「資本主義の勝利」に短絡され、資本主義ないし市場主義が絶対視されるようになり、旧ソ連・東欧、アジアに市場経済化の荒波が押し寄せた。金融資本の国境を越えての頻繁な移動が日常化し、経済のグローバル化が同時に進行した。ところが、九七年七月のタイ通貨危機に端を発する東アジアの経済危機が、暫しの間合いを置いて、ロシアと中南米に「伝染」し、世界経済を戦後はじめての本格的な「危機」に陥れた。

マハティール首相のヘッジファンド批判に象徴されるように、通貨・経済危機の「伝染」は市場経済への不信を募らせた。アメリカのエコノミストはアジアの資本主義をクローニー（仲間内）資本主義と揶揄し、逆にアジアのエコノミスト、そしてジョージ・ソロス等は、グローバルな金融市場が本質的に不安定なことを指摘するようになった。また、グローバル化はアメリカ化に過ぎないではないか、との批判が国内外のそこかしこで渦巻いた。かくして資本主義ないし市場経済もまた、二〇世紀末になって、社会主義同様、相対化されてしまったのである。

ソ連が崩壊して後の世界システムをかたどったのは、アメリカ一極主義であった。ところが九二年のヨーロッパ連合（ＥＵ）市場統合により、もう一つの極が浮上し、九九年一月に始まる通貨統合により、戦後五十余年間にわたり基軸通貨であり続けたドルが相対化され、政治的にも経済的にも、いよいよアメリカが相対化される気配が濃厚となってきた。実際、九八年末の英米軍によるイラク空爆は、日本を除く各国の冷たい反応を招いた。

九七年十二月の地球温暖化防止京都会議は、一八世紀末から二〇世紀末までの二百年間、長らく絶対視され続けてきた産業文明を相対化する契機を提供した。産業文明に替わるポスト産業文明の正体は未だ定まらない。しかし今後当分の間、アルビン・トフラーが「第三の波」と呼んだ産業文明と「第三の波」と呼んだポスト産業文明の衝突が、さまざまな場面において繰り返されることであろう。

科学技術の相対化もまた着実に進行した。人類が取り組まねばならないさまざまな難問が、科学技術の力のみによって解決する、と考える科学技術万能論者は、もはや全くの少数派になり果てた。

社会主義、資本主義、産業文明、科学技術という、二〇世紀をかたどる価値と制度の一つひとつが相対化されてしまった後にやってくる二一世紀の世界はどうなるのか。何らかの価値規範が改めて絶対化されるのだろうか。そんなことはあり得まい。だとすれば、絶対的な価値規範なしに政治・経済の秩序は保てるのだろうか。一元的な世界から多元的な世界に移り住んだ人々は、当初、少なからぬ戸惑いを覚えるだろう。とりわけ画一志向の強い日本人の多くは、相対化の時代を生きづらく感じるに違いない。しかし、相対化の時代は、個々人が自らの才能を存分に発揮できるという意味で個の確立された、何人にとっても夢多き時代なのである。

世界経済の現状と課題

アジアの視点から

1998年、世界経済はアジア通貨危機に端を発した金融危機のグローバルな連鎖によって激震した。幸い、この戦後最悪とも形容された資本主義の危機は、アメリカの迅速な対応によって当面は回避されたが、アメリカの異常ともいえる株高に象徴されるように、今後の世界経済の前途は多難である。とりわけ、今日の資本主義を特徴付ける金融の肥大化・グローバル化・ハイテク化は、時に実物経済の健全な活動を覆す副作用を持った劇薬であることに変りはない。また、わが国に目を転ずれば、アジア経済が今後順調に回復できるのか、開発独裁と呼ばれるアジアの前近代的な政治システムは存続するのかどうか、今後の日本のプレゼンスはどうなのかなど問題は山積している。そこで、I部では、人類が21世紀に直面するであろう諸問題について検討する前に、世界及びアジア諸国が現在抱えている諸問題について概観しておこう。

1章　世界経済の変容

グローバリゼーションの問題点

三橋規宏

1　進む経済のグローバル化

a　国境を超えた企業の合併、買収

経済のグローバリゼーションは、一九九〇年代に入って急速に進んだ。各国相互の経済交流は、ますます密接になり、ヒト、モノ、カネ、情報が自由に地球上を駆け回っている。日本の不況は、直ちにアジアや欧米諸国に影響を与えるし、逆に、これらの国の変化も、すぐ日本に影響してくる。国境を越えた大企業同士の合併、買収、提携劇もこの一、二年特に目立っている（表1・1）。

表1・1　国境を越えた企業の合併・買収・提携

1998年	
5月	独フォルクスワーゲン、英ロールスロイス・モーターカーズ買収発表。
8月	英ブリティッシュ・ペトロリアム（BP）と米アコモが合併で合意。
10月	世界最大の穀物商社、米カーギルは、会社更生法の適用を受けた食品商社、東食を事実上買収。
11月	独ダイムラー・ベンツと米クライスラーが合併、新会社「ダイムラークライスラー」が発足。 ドイツ銀行が米大手銀行、バンカース・トラストを買収、資産世界最大の銀行へ。
12月	米石油最大手のエクソンが同2位のモービルを買収。買収規模は、約770億ドル（約9兆4 000億円）、業界1位のロイヤル・ダッチ・シェルを抜き、世界最大の石油会社へ。新社名は「エクソン・モービル」。
1999年	
1月	米フォード・モーター、スウェーデンのボルボの乗用車部門買収、買収金額約65億ドルと発表。 米GEキャピタル、日本リース（会社更正手続き中）のリース事業部門買収、買収金額は約8000億円程度。
2月	世界第3位のタイヤメーカー、米グッドイヤーと同第5位の住友ゴムが株式の持ち合い、事業の統合で資本による業務提携で合意。 帝人と米大手化学のデュポンは、ポリエステル事業を全面的に統合することで合意、世界市場の約3割のシェア確保へ。
3月	日本たばこ産業（JT）が、米たばこ・食品大手RJRナビスコの海外たばこ事業総額78億3000万ドル（約9400億円）で買収すると発表。 日産自動車、フランスの大手自動車メーカー、ルノーと資本提携、ルノー日産グループに総額6500億円を出資。
8月	日本興業銀行、第一勧業銀行、富士銀行が共同持株会社方式で事業統合。
9月	金融再生委員会、特別公的管理下の日本長期信用銀行をアメリカの投資会社リップルウッド・ホールディングスに譲渡決定。
10月	三菱自動車とスウェーデン・ボルボが資本相互持ち合い。 住友銀行とさくら銀行が合併。
2000年	
1月	世界最大のインターネットサービス会社、アメリカ・オンライン（ALO）と雑誌「タイム」などを傘下に持つ総合メディア企業、米タイム・ワーナーが合併。

経済のグローバル化は、当然のことながら、世界規模の競争（メガコンペティション）を促進させる。国境の壁が低くなり、一国繁栄型のネーションステート（国民国家）の役割は後退してくる。各国がそれぞれの国情によって実施してきた経済的規制は、撤廃ないし緩和を迫られる。これまで、規模の利益を求めて、主として一国内で行われてきた企業の合併、買収、提携などの再編が、これからは地球規模でダイナミックに進むだろう。

表1・1からも明らかなように、日本たばこ産業（JT）が一九九九年三月、アメリカの大手食品・たばこ会社、RJRナビスコ社のアメリカ以外におけるたばこ販売事業を78億3000万ドル（約9400億円）で買収する計画を発表したように、今後、日本企業が外国企業を買収するケースが増えるだろう。だが、それ以上に外国企業による日本企業買収の動きは、早いテンポで進み、その件数もはるかに多くなるだろう。一九九八年の世界最大の穀物商社であるアメリカのカーギルによる東食（九七年十二月に会社更正法申請）の事実上の買収、同じくアメリカのGEキャピタルによる日本長期信用銀行の子会社、日本リース（九八年十月会社更生法申請）のリース部門の買収などは、そのはしりに過ぎない。九九年九月には、金融再生委員会が特別公的管理下にあった日本長期信用銀行を米投資会社のリップルウッド・ホールディングスに譲渡した。

不況の長期化で、日本企業の株価は低迷しており、外国企業からみれば、割安感が目立つ日本企業は買収の好機である。特に、会社更生法を申請している企業は、格好の買収のターゲットになる。それにもかかわらず、これまで、外国企業の買収が少なかったのは、日本企業の財務情報の公開が不徹底で、買収後、大量の不良債権の存在が明らかになるのではないかといった不信感が根強かったためだ。だが、財務情報がグローバル・スタンダード（国際標準）で表示され、財務内容の透明度が高まれば、そうした不安が解消する。すでに、連結重視の決算など、グローバル・スタンダードに沿った財務情報の公開に踏み切る企業が増えており、これからは外国企業にとって、日本企業の買収は、よりやりやすくなるだろう。

経済のグローバル化が進めば、これまでの日本企業のように、会社の構成員はすべて日本人、使われる言葉も日本語といったことが許されなくなるだろう。さまざまな国籍をもつ人びとが一緒に働き、使われる言葉も、いまや基軸言語となった英語の役割がいっそう大きくなってくるだろう。日本的経営を支えてきた終身雇用制度、年功序列型賃金体系は、すでに崩れ出しているが、今後さらに崩壊の速度を早めていくに違いない。しかしその場合も、すべての日本企業から終身雇用制がなくなってしまうわけではなく、企業によっては、終身雇用制をできるだけ維持しながら、経済のグローバル化に備えるところもかなりあるだろう。だが、年功序列型の賃金体系は、これから人口の高齢化が急速に進み、企業の人件費上昇要因になることもあり、今後衰退していかざるをえまい。

経済のグローバル化については、もう一つ指摘しておかなければならないことがある。それは、メガコンペティション時代に入り、中小企業は生き残りが難しくなるのではないか、との懸念についてである。この指摘は、必ずしも正しくない。中小企業でも、ユニークな製品やソフトの開発に成功すれば、インターネットなどを活用して、広く世界市場を対象に発信し、売り込みを図ることが可能になるからである。グローバル時代の企業は、規模の大小よりも、情報、知識集約型の製品、ソフト、サービスの開発にいかに成功するかにむしろ依存してくるといってもよいだろう。

b　IT革命のインパクト

それでは、経済のグローバリゼーションは、なぜ、九〇年代に入って急速に進んできたのだろうか。大きく三つの理由が指摘できる。第一の理由は、IT（情報技術＝インフォメーション・テクノロジー）革命の飛躍的な進展である。一口に情報革命といっても、八〇年代までの情報革命は、コンピュータを利用した製品設計、製造工程の管理、さまざまな事務処理など、事業所内の経営合理化が中心だった。金融機関のなかには、たとえば、日米欧のオフィスを専用の通信回線で結び、二四時間ビジネス時代に対応するところもあったが、基本的には企業内、事業所内での情報処理が中心で、インターネットの活用はまだ主流となってはいなかった。

だが、九〇年代に入り、パソコンとインターネットの融合によるIT革命が急速に進展し始めた。IT革命の最大の特徴は、時間と距離の制約をなくし、情報や知識をデジタル財（1と0に還元できる財）に転換することによって、地球のどこにいても、瞬時に必要な情報を入手することができるようになったことにある。しかもデジタル財の取引きは、その配送と複製にかかる費用がほとんどゼロに近く、この点で配送と複製にコストがかかる非デジタル財（物質を加工した従来型の財）とは際だった違いがある。取引きに当たっては、一方通行型ではなく、瞬時、双方向で行えるため、商談時間も大幅にスピードアップできる。

IT革命は、アメリカが発祥の地である。IT革命に支えられたアメリカの景気は、九一年三月から上昇に転じ、以来今日に至るまで、九年を超える息の長い発展を続けている。このIT革命に支えられた経済発展のことをアメリカでは、「ニューエコノミー」と呼んでいる。

IT革命は、わずか数年の間に、日本や欧州に伝播し、特に世界的な大企業のグローバル経済化を一気に進めていることは、表1・1からもその一端がうかがえる。その過程で、企業間競争も、一国市場から一気にグローバル市場でのメガコンペティションに質的に変質している。

「ファースト・イート・スロー」(早く変化する者が遅い者を凌駕する)が新しい時代のキーワードになっている。IT革命の進展は、企業にますますスピード経営を求めてくる。ITのネットワークが世界的規模でつながるネットワーク経済の下では、四国の小さなハイテク企業が、世界中の企業を対象にビジネスを展開できる新しい時代でもあることを忘れるべきではない。

c 米ソ冷戦時代の終結

経済のグローバル化を促している第二の理由は、戦後世界を支配してきた米ソ冷戦時代が九〇年前後に終結したことである。冷戦時代の世界は、米ソ両陣営が鋭く対立し、それぞれの陣営の盟主である米ソ両国は、自国陣営の結束強化のため、陣営内の各国に対し、経済的に寛大な対応をしてきた。アメリカ陣営に属する日本との間では、鉄鋼や自動車などを巡って日米貿易摩擦が発生したが、それは主としてアメリカ市場を舞台にした摩擦であり、日本市場の開放に焦点を当てた貿易摩擦ではなかった。同じ貿易摩擦でも、日本市場の開放に焦点を当てた摩擦は、日本の産業構造の大幅な転換が必要になる。そのためには、国際競争力のない産業は、縮小を迫られ、失業者も急増するので、反米感情を刺激しかねない。冷戦時代のアメリカは、このような政治的な配慮もあり、日本に日本市場の開放を無理強いしなかった。

しかし、冷戦終結後、そのような配慮が必要でなくなったアメリカは、九〇年代に入ってから積極的に日本市場の開放を迫ってきた。自動車、農業、金融、通信、流通、土木建設など、あらゆる分野で攻勢が目立っている。アメリカ流の経済のグローバル化が進めやすい環境が醸成されてきたのである。

一方、ソ連、東欧が崩壊し、市場経済化を目指したことで、九〇年代に入り、欧州地域で市場経済の世界が大きく広がった。同じような動きは、アジアでも見られる。政治的には、なお社会主義を掲げているが、経済的には市場経済化を進める中国をはじめ、ベトナム、カンボジアなどの旧社会主義国家も、一斉に市場経済化に向けて動き出している。日本を含む欧米先進国企業にとって、このような市場経済圏の拡大は、またとないビジネスチャンスである。

さらに、この時期は、アジアNIESやASEAN諸国など東アジア諸国が、経済の勃興期を迎え、空前の高度成長期に入った時期とも重なった。多くの先進国は、すでに成熟段階に入っている。先進国企業にとって、新たなビジネスチャンス先として、これから市場経済化を進める旧社会主義国や、歴史的な経済の勃興期を迎えている東アジア諸国は、魅力に富んだ投資先である。このため、日米欧の企業は、競ってこれらの地域へ資本進出し、企業活動は、一気にグローバル化してきた。

d　環境破壊のグローバル化

第三の理由として、環境問題が地球規模で深刻化してきていることも、経済のグローバリゼーションを促進させる要因になっていることを強調しておく必要があるだろう。

経済のグローバル化とほぼ平行するように、地球環境問題も、九〇年前後から、グローバル化してきた。地球規模の環境破壊の深刻さは、すでに専門家の間では、八〇年前後から大きな関心を呼んでいた。特に、酸性雨被害やフロンによるオゾン層の破壊などは、国境を越え、地球規模での広がりを見せており、その対策は一国ベースではとても無理で、地球規模での対策が必要になっている。しかも、かつての公害と違って、加害者と被害者が複雑に絡み合っている。たとえば、フロンは冷蔵庫やエアコンの冷媒や半導体の洗浄剤として役に立つ化学物質だが、それがオゾン層を破壊し、紫外線による皮膚ガンや白内障を多発させる原因になっている。この場合、被害者と加害者を区別することは難しい。なぜなら、フロンに支えられ、豊かで便利な生活を享受してきたのは、私たち人類一般であるからである。

今日の地球環境問題の発生は、環境破壊を伴って発展してきた二〇世紀文明そのものに深く根ざしている。特に、二一世紀最大の環境破壊は、地球の温暖化である。温暖化が進むことで、世界的な気候変動を引き起こし、時ならぬ干ばつや洪水、熱帯林の破壊、砂漠化の進行、さらに海面上昇による陸地の水没などの異変が、同時多発的に地球の各地で発生し、食糧生産に深刻な影響を与え、環境難民を発生させる懸念が予想される。

一九九二年六月にブラジルのリオデジャネイロで開かれた「地球環境サミット」（国連環境開発会議＝UNCED）、さらに九七年十二月に京都で開かれた地球温暖化防止国際会議（国連気候変動枠組条約第三回締約国会議＝COP3）で、温暖化防止のための対策がいろいろ話し合われた。特に、京都会議では、日米、EU（欧州連合）の先進国が、二酸化炭素（CO_2）など温室効果ガスの排出量を二〇〇八年から二〇一二年までの間に、一九九〇年比でそれぞれ、6％、7％、8％削減させることを約束した。京都会議は、石油に支えられた二〇世紀型の経済発展システムがもはや限界にきたことを先進各国が認めた、注目すべき会議になった。

京都合意は、先進国企業にも大きな影響を与えている。特に二〇世紀の経済発展を支えてきた自動車業界は、脱化石燃料化の道を積極的に模索している。温暖化寄与度が最も大きい二酸化炭素の排出量をみると、日本の場合、輸送部門の割合が全体の約二割を占めており、その大部分は、自動車によるものである（図1・1）。この傾向は、濃淡の差はあるものの先進国に共通した現象であり、温暖

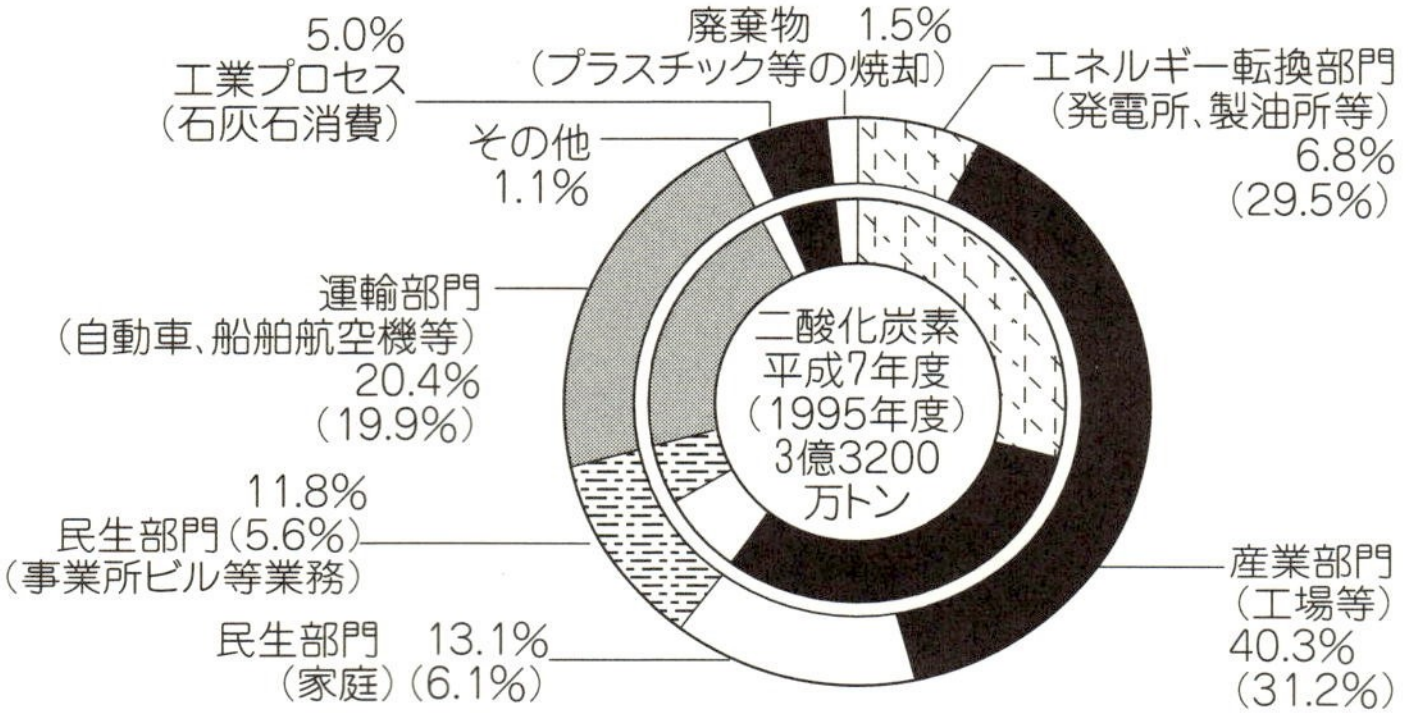

- 内側の円は、発電に伴う二酸化炭素をエネルギー転換部門（発電所等）に割り振った比率を示している。この場合の各部門の比率は括弧の中の数字で示される。
- 外側の円は、発電に伴う二酸化炭素排出を電力の各需要部門に割り振った比率を示している。
- 円グラフのうち、廃棄物部門と、工業プロセス部門以外はエネルギーの使用に伴うものであり、全体の93.5%を占める。
- エネルギー関係部門のうち最大の部門が産業部門であり、電力に伴う二酸化炭素排出を割り振った場合（電力配分後）で全体の4割を示す。
- 運輸部門は、電力配分後で全体の2割を示す。このうちの9割近くが自動車からの排出である。
- 民生部門は、家庭部門、業務部門とも全体の1割を超えている。括弧なしの数字が括弧内の数字の倍以上となっているが、これは電力使用に伴う二酸化炭素排出がこの部門の排出の過半数を占めることによる。
- エネルギー転換部門は電力配分後で7％弱を占め、発電所の自家消費や送電ロス、製油所、ガス工場などからの排出が計上される。
- その他には、潤滑油などの使用、統計誤差などが含まれる。
- 工業プロセスには、セメント、鉄鋼産業に使用する石灰石などの分解、アンモニア製造に伴う二酸化炭素排出が含まれる。
- 廃棄物には、プラスチック、廃油などの化石燃料起源の廃棄物の焼却により生じる二酸化炭素を計上している。

図1・1　二酸化炭素排出の部門別内訳（1995年）

化対策として、低公害車、無公害車の開発は、自動車メーカーが、二一世紀を生き残るために、避けて通れない道である。

トヨタ自動車は、世界の自動車メーカーに先駆けて、九七年十二月に、ハイブリッド型の低公害車「プリウス」の販売に踏み切った。ガソリン車用のエンジンと電気自動車用のモーターを組み合わせた車である。「プリウス」は、従来のガソリン車と比べ、燃費が二倍（ガソリン一リットル当たりの走行距離が、従来の車の二倍の28キロメートルに延長）に向上し、二酸化炭素の排出量を半減させることに成功した。

低公害車、無公害車の開発競争は、すでに始まっており、二一世紀には、本番を迎える。この競争に勝ったところが、生き残ることになる。しかし、そのためには、膨大な研究開発投資が必要である。九八年十一月の独ダイムラーベンツと米ビッグスリーの一つクライスラーとの合併（新社名はダイムラークライスラー）、さらに九九年に入ってからは、米フォードによるスウェーデン・ボルボの自動車部門の買収、フランスのルノーと日産自動車との広範な資本提携などは、明らかに低、無公害車時代を意識した自動車メーカーの環境戦略として、位置づけることができる。

環境戦略として、世界的な企業の合併、買収などの動きは、自動車以外の分野でも、今後さまざまな形で進み、それが経済のグローバル化を促進させる大きな要因になってくるだろう。

2　グローバリゼーションの問題点

a　不安定要因としてのバーチャルマネー

経済のグローバリゼーションは、消費者、生活者の視点からいえば、企業がグローバル市場で競争し、これまで、一国市場で得られたものよりも、良質で割安の製品やサービスが得られる限り好ましい傾向といえるだろう。しかし、現在のグローバリゼーションは、アメリカ主導のグローバリゼーションであり、その内容はアメリカナイゼーションといった方がより適切ではないか、と思われる。その特徴は、各国の規制を廃止し、レッセフェール（自由放任主義）に近いグローバル・マーケットを目指すことにある。だが、このようなむき出しの市場経済が世界経済の発展と安定に寄与する可能性はむしろ低いのではないか。

特に、IT革命の進展によって、金融、資本の取引きは九〇年代に入って急膨張しており、モノの取引きと金融取引きとの乖離が拡大し、グローバル・マーケットをきわめて不安定なものにしている。

たとえば、コンピューターが生み出したデリバティブ（金融派生商品）などの急増もあり、一日の世界の為替取引き額は、ＢＩＳ（国際決済銀行）調査などによると、１兆５０００億ドル近くに達している。これに対し、一日のモノの取引き（貿易）量は、１５０億ドル程度なので、為替取引きの99％までが、実需の裏付けのない資本取引きである。ＩＴ革命が今日ほど進展していなかった時代は、実需と為替取引き量は密接に結びついており、両者の乖離は、それほど大きくなかった。しかし、為替取引きの大部分が資本取引きで占められる時代になると、外国為替市場は不安定になる。特に投機色をおびた短期資本は、政府高官の発言や経済指標、風評、国際緊張などによって、無責任、無原則にこちらの通貨からあちらの通貨へと洪水のように動き回る。実体経済と大きくかけ離れ、コンピュータネットワークの中で増幅され続けるバーチャルマネーの存在は、グローバル・マーケットの大きな不安定要因になるだろう。

この点について、グローバル経済を熟知している、アメリカの代表的なヘッジファンドのリーダーで世界的な投資家であるジョージ・ソロス氏は、著書『グローバル資本主義の危機』の中で次のように指摘している。

「グローバル資本主義システムは、完全競争理論に基づくイデオロギーに支えられている。この理論によると、市場は均衡に向かうものであり、均衡点は資源のもっとも効率的な配分を示す。自由競争に対する制約はなんであれ、市場メカニズムの効率を損なうものであり、それゆえ阻止すべきだとされる。これまで私は、このイデオロギーをレッセフェールと呼んできたが、市場原理主義という言葉の方が適切だ。原理主義という語には、極端に走りがちなある種の信仰という意味があるからだ。」

ソロス氏は、ＩＴ革命でバーチャル化した市場の下で、市場原理主義が支配するグローバル経済は、一連の金融危機に揺さぶられ、きわめて不安定になる、と結論づけている。

ソロス氏の指摘については、批判もあるだろう。しかし、アメリカ型の市場原理主義を世界に拡大し、それをもって好ましい経済のグローバリゼーションだとする見方には、やはり無理があるように思われる。

b　唯一の基軸通貨ドルの抱える問題点

九七年七月に突然タイのバーツの下落ではじまった通貨・経済危機は、またたく間にＡＳＥＡＮ諸国や韓国に伝播した。その結果、それまで十数年にわたって、高度成長を謳歌し、世界最大の成長センターを形成してきた東アジア地域は、一転マイナス成長に陥り、不況からの脱出には、数年が必要だった。タイ、インドネシア、韓国の三国は、ＩＭＦ（国際通貨基金）から緊急支援を受けなければならないほどの打撃を受けた。

不思議なことだが、この降ってわいたようなアジアの通貨・経済危機を事前に予想し、警告を発した者はほとんどいなかった。博士号をもつエコノミストを千人近くも抱え、各国経済を丹念にフォローしているはずのＩＭＦにも寝耳に水だった。

今回のアジアの経済危機は、実体経済の不振が原因ではなく、バーチャル化したマネーマーケットの脆さが引き金になって起こった。その点で、マネーが先導するグローバリゼーションの危うさを露呈した最初の事件として、今後歴史に記憶されることになるかもしれない。

アジア危機をもたらした最大の原因は、米ソ冷戦が終結した後、唯一の世界の基軸通貨になった米ドルに過度の信頼が集まってしまったことにある。タイのバーツやインドネシアのルピアなど東アジア諸国の通貨は、ドルとリンクしてきた。八五年のプラザ合意以降、円高ドル安が続いたため、東アジア諸国は、日本への輸出を伸ばすとともに、アメリカ市場でも日本製品との競争で有利な立場を維持し、輸出主導型の高度成長を続けることができた。しかし、九五年をピークに円高ドル安の時代は終わり、九六年に入ると、円安ドル高の時代に入る。歯車が逆に回り出した。

円に対し割高になったアジア通貨は、日本市場やアメリカ市場で日本との競争力を失い、大幅な経常収支の赤字を発生させた。資本の蓄積が十分ではない東アジア諸国は、外資の積極的な導入によって、設備投資を行い、輸出主導型の成長を目指してきた。さらに、この数年は、高金利を求めて欧米からの短期資本の流入が増え（図１・２）、それが土地を中心とする不動産や株式に向かい、ＩＭＦの緊急支援を受けたタイやインドネシア、韓国などでは、日本に似たミニバブルが発生していた。

だが、経常収支の赤字が拡大するなかで、これらの国の先行きに懸念が出てくると、外資は潮が引くようにこれらの国から一斉に流出した。そのきっかけになったのが、九七年七月、対ドルレートを維持できなくなったタイのバーツがドルとのリンクを放棄し、対ドルレートを大幅に下落させたことである。これに引きずられるように、他のアジア諸国の通貨も、相次ぎドルとのリンクをやめ、対ド

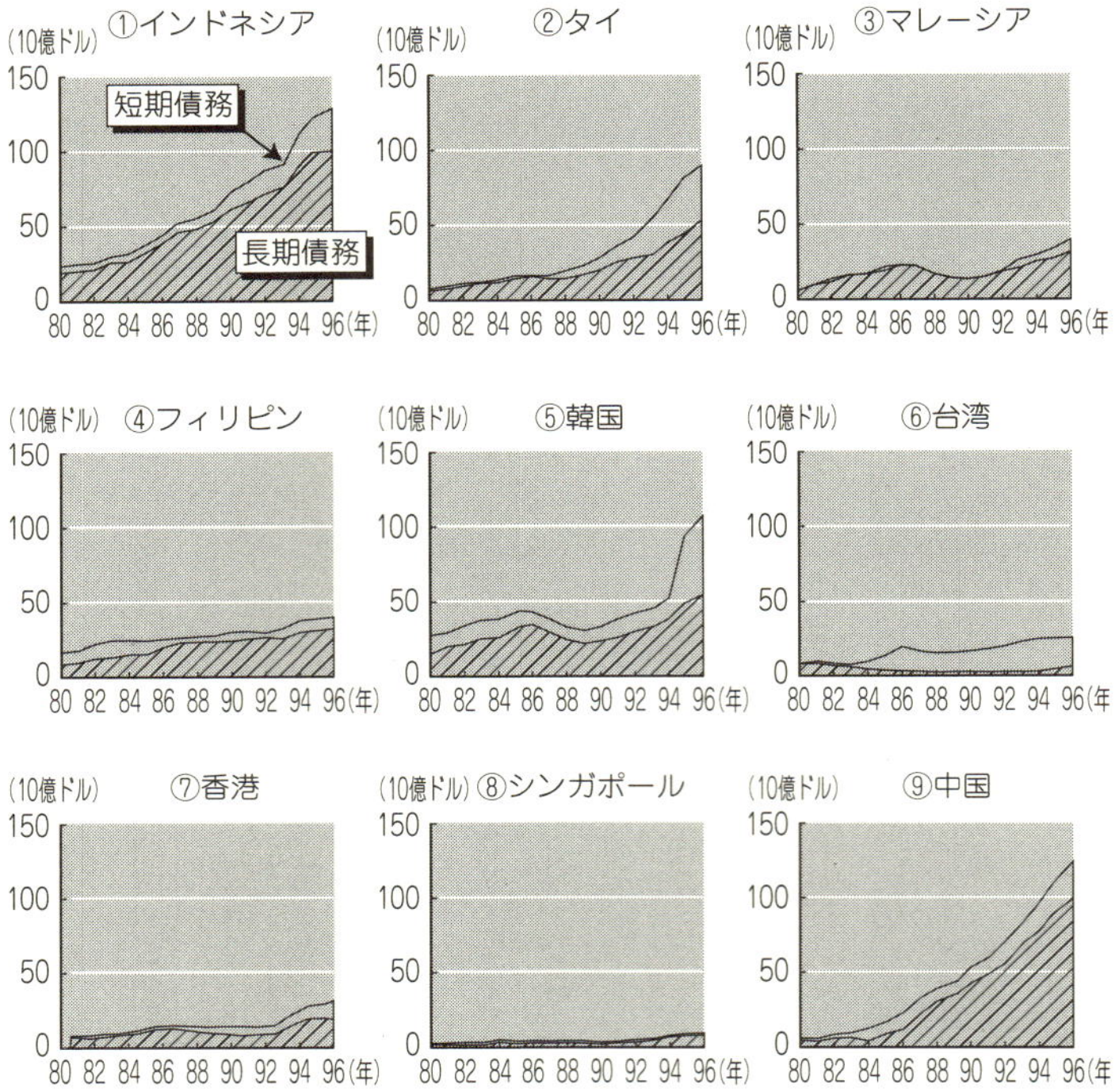

（出典）世界銀行 “Gloval Development Finance”,
アジア開発銀行 “Key Indicators of Developing Asian and Pacific Countries”,
OECD “External Debt Statistics 1997” より作成。

（注）1. 対外債務（直接投資を除く）残高（グロス）の推移。
2. 対外債務は、公的債務と民間債務を含む。

図１・２　短期債務が増加した東アジア諸国の対外債務

表1・2　東アジア5か国の資本純流入　（億ドル）

	1994	1995	1996	1997
資本純流入（1.＋2.）	474	863	912	250
1.　民間資本純流入（①＋②）	405	838	938	−60
①エクイティー投資	122	159	174	−2
直接投資	47	49	58	65
ポートフォリオ投資	76	110	116	−68
②民間貸付	282	679	764	−57
商業銀行	240	580	583	−290
ノンバンク	42	99	181	233
2.　公的資金純流入	70	25	−26	309
IMF/世界銀行等	−4	−3	−20	226
二国間	74	29	−6	84

（出典）国際金融協会（Institute of International Finace），“Capital Flows to Emerging Market Economies”（98年9月29日），“Annual Report 1997” より作成。
（注）97年は推計値。

ルレートを下落させた。

表1・2は、今回のアジア通貨危機の影響を受けた韓国、インドネシア、タイ、フィリピン、マレーシアの五カ国における資本の流出入の最近の変化である。五カ国全体で、九六年には938億ドルの民間資本純流入があったが、通貨危機が発生した九七年には、一転して60億ドル（推計値）の流出になっている。特に外国商業銀行からの貸し付けは、九六年には、583億ドルの流入だったのが、九七年には、290億ドル（同）の流出になっている。株式や債券に対するポートフォリオ投資にも同様の変化が起こっている（以上九八年版世界経済白書参照）。つまり、わずか一年の間に、資金の流れが大きく逆転し、それがアジア経済を一気に

危機に追い込んだことがわかる。

c　ユーロの誕生と複数基軸通貨の時代へ

繰り返しになるが、今度のアジアの経済危機は、アジア各国通貨が唯一の基軸通貨ドルに連動してきたことに直接の原因がある。もしアジア各国の通貨がドルと円、欧州通貨とのバスケット通貨に連動していれば、今回のような危機は回避できていたかもしれない。円高ドル安の局面が、円安ドル高の局面に入ったとしても、両通貨の変動幅がプラス、マイナスでかなり相殺されるため、バスケット通貨の価値は、比較的安定しているはずである。今日のように、世界貿易や直接投資などのモノの動きに対し、バーチャルマネーが急増しているグローバル・マーケットでは、ドルのほかに基軸通貨になる通貨が複数あったほうが市場の安定に貢献できる。

EUは、九九年初めから単一通貨ユーロを発足させた。ユーロの導入は段階をおって進められる。九九年初めからは、資本取引きなどの分野に限り、徐々に体制を整え、二〇〇二年一月初めから、ユーロ紙幣、硬貨の流通を開始し、半年後の六月末までに既存の各国通貨を回収し、名実ともにユーロ時代を迎える。EU加盟一五カ国の人口は現在約3億7千万人で、アメリカよりも1億人以上も多い。GDP（名目8兆6000億ドル＝九六年）の規模でもアメリカのそれ（同約7兆4000億ドル）を上回っている。二一世紀にポーランド、チェコ、ハンガリーなどの旧東欧諸国が新たにEUに加わってくるため、人口、GDPはさらに増え、EUの世界経済に占める存在感はさらに強まるだろう。それに伴ってユーロの基軸通貨としての役割も強化される見通しだ。

円の国際化が大幅に遅れてしまった今、ドルとユーロの二大基軸通貨時代がはじまるとの観測が強まっているが、見方を変えれば、ユーロが誕生した今こそ円を国際通貨にさせるための最後のチャンスと考えることもできるだろう。円の国際通貨化とは、円取引きにからむ規制をなくし、税金、その他の取引き手数料などを欧米先進国並にして、外国人からみて、「使い勝手のよい円」にすることにほかならない。

特に東アジア諸国との経済交流を深めるためには、円がもっと使い勝手のよい通貨としてこれらの国で使われなくてはならない。現在、日本の輸出入に占める円決済の割合は、世界平均で輸出は36%、輸入は21・8%である。これを東アジアに限ると、輸出48・4%、輸入26・7%と円の比重はかなり高まる。一方、海外経済協力基金（OECF）の調べによると、東南アジア諸国への円借款の貸出残高は約3兆8000億円、中国への1兆3000億円を加えると5兆円を超える。東アジアの経済危機対策として、九八年宮沢蔵相が打ち出した約300億ドルの支援構想のうち、中長期支援分の約150億ドルは円で行われる。円が東アジア諸国や中国の外貨準備としてもっと持たれ、円決済の比重が高まれば、円借款の返済などに伴う為替リスクも大幅に削減できる。そのためには、使い勝手のよい円に早く脱皮していかなくてはならない。東アジア諸国の通貨が、将来、ドル、ユーロ、円のバスケット通貨に連動されるようになれば、為替相場の安定につながるばかりではなく、現在、唯一の基軸通貨であるドルの負担を軽減させることにもつながる。

d　短期収益主義、市場の寡占化などの懸念

アメリカ主導の経済のグローバリゼーションには、このほかにもいくつかの問題点が指摘できる。第一の懸念は、アメリカ企業の短期収益主義のグローバル化である。レッセフェール（無干渉）型の市場経済を目指すアメリカ企業は、短期収益主義を経営の基本にしている。四半期毎に成果を上げることが、経営トップに求められている。4四半期連続で収益を悪化させるような経営者は、解雇されてしまうのがアメリカ経済なのである。それだけに、アメリカ企業の経営者は、短期収益主義を徹底的に追及せざるをえない。このような短期決戦型の経営の下では、環境コストを企業活動の中に内部化させることはきわめてむずかしい。京都会議の直前、アメリカの産業界が結束して、温室効果ガスの大幅削減に反対し、米政府に圧力をかけ続けたのは、短期収益主義の経営を維持することにあったのである。

企業活動のグローバル化によって、先進国企業の海外進出は、今後一段と盛んになってくるだろう。その場合、先進国企業が、自国よりも環境規制の緩い途上国に進出し、工場建設や製品製造などを短期収益主義で行えば、どうしても環境への配慮が手薄になりかねない。さらに、発展途上国の企業が市場原理主義のアメリカ企業を師として、短期収益主義の経営を行えば、途上国の環境破壊が加速す

る恐れがある。別の言い方をすれば、日本を含む欧米先進国がやってきた環境破壊、資源枯渇型の経済システムを、経済のグローバリゼーションの名を借りて、途上国に移転するだけのことになりかねないわけだ。そうなれば、二一世紀の地球環境はいっそう悪化してしまうだろう。

第二の懸念は、主要産業分野で、世界的な寡占体制が形成される恐れがあることである。経済のグローバル化が、地球規模での企業間競争を促進させ、その結果消費者に対し、これまでより良質で割安の製品、サービスが提供される限り、グローバリゼーションは歓迎できる。しかし、逆の可能性も否定できない。自動車や石油、食品、通信などの主要な産業分野で、世界的なシェアをもつ企業同士が合併、買収などを通し、一人勝ちの状態で市場を独占してしまう可能性も考えられる。またそこまでいかないまでも、数社で寡占状態を作り出し、世界市場を支配するようなことになれば、消費者は逆に割高な製品を強制されることにもなりかねない。その危険性も決して少なくないだろう。

e　市場安定と環境配慮型のグローバリゼーションを

現在進行中の経済のグローバル化は、必ずしも世界経済の安定をもたらし、人びとの生活向上につながるとは言い難い側面をもっている。九九年十一月末から十二月初めにかけて、アメリカのシアトルで開かれたＷＴＯ（世界貿易機関）閣僚会議が不調に終わったのも、レッセフェール型の市場経済を前提にしたアメリカ流のグローバリゼーションが内包している問題点があまりに大きいためである。それにもかかわらず、経済のグローバル化のうねりは、これから二一世紀に向けてさらに強まってくるだろう。IT革命は、ますます地球を小さく、狭くしてしまうだろう。

そうした現実を受け入れ、グローバリゼーションのプラスの側面を引き出していくためには、少なくとも三つの対応が必要だ。一つは、バーチャル化したマネーマーケットがもたらす危機を最小限に抑えるため、ドルのほかに複数の基軸通貨をつくり、ドルに過剰にかかっている負担を軽減させることである。そのために、円の国際通貨化を急ぐことは日本の義務であろう。第二は、レッセフェール型の市場経済に環境配慮型の規制を加え、企業が、環境コストを内部化させることを促すための工夫が必要であろう。そして第三は、ネットワーク社会を支える通信インフラを地球規模で整え、世界中の企業がネットワークでいつでも結ばれている状態を早急に作り上げるとともに、情報公開のグローバル化を大胆に進めることも忘れてはなるまい。

2章　開発独裁と民主化

小島朋之

二〇三〇年におけるアジアのトリレンマを展望するとき、さまざまな要素が考慮されなければならない。たとえばトリレンマに対処できる科学技術（テクノロジー）、平和と発展を確保できる地域的な多国間協力、そしてトリレンマに取り組むに必要な国内政治の安定などは、考慮すべき要素のなかに含まれるはずである。いずれについても、二〇三〇年にどうなっているのかを予測することはきわめて難しい。しかし、予測の出発点はそれぞれの現状にあり、現状に潜む可能性と蓋然性を抽出することが重要になってくる。本節では東アジア地域における国内政治の安定に絞って、トリレンマを展望するに必要な一つの視点を検討しておこう。

1　開発独裁とアジアの政治体制

a　東アジアにおける開発独裁

一九九〇年代後半まで東アジアは地域全体で目覚ましい経済発展をとげ、「成長の奇跡」が喧伝されてきた。日本についで一九七〇年代以降に韓国、台湾、香港とシンガポールの「ＮＩＥＳ」、八〇年代後半以降には東南アジア諸国の「ＡＳＥＡＮ」が、そして九〇年代はじめには中国やベトナムなど共産主義諸国が成長の玉突き現象に加わった。構造連鎖的に成長していった東アジア諸国では、平和な周辺環境と安定した国内政治の下で、国家主導の経済発展戦略を推進することで急速な高度成長が確保された。日本を除いて、東アジアにおいて国内政治の安定によって経済発展を保証した政治体制が、権力を集中的に掌握した軍、政党や少数の指導者集団などによる「開発独裁」であった。

「開発独裁」は、「発展途上国における権威主義的な開発政策と強権政治からなる体制」と定義付けられる（『現代政治学辞典』ブレーン出版、一九九一年）。政治学的には、経済発展によって統治の正統性の確保をめざす権威主義体制といってよい。権威主義体制は、全体主義体制と自由民主主義体制の間のグレーゾーンにある。全体主義体制は唯一の公認イデオロギー、個人指導者に収斂する単一の大衆政党、恐怖支配、軍隊の独占、情報統制、経済に対する中央統制など六点症候群を特徴として描かれる。自由民主主義体制は一つに決定への国民の包括的参加であり、いま一つに異論の自由を特徴としている。権威主義体制は、この体制を提起したホアン・リンズによれば、制限的多元主義で、全体主義と同様に個人や少数の集団が権力を独占するが、複数の利益集団の存在を許容し、反対集団の排除が全面的でない。大衆の政治的動員にも全体主義ほどには積極的ではなく、イデオロギーも社会的協調を強調する曖昧な体制である。「開発独裁」は、特に政策目標として経済発展を推進する権威主義体制に対して使用された。

b　開発の成功と独裁パターン

「開発独裁」はまた、経済と政治の連動性を想定した言葉である。この言葉を肯定的にとらえれば、経済開発政策が独裁的な政治権力を必要とし、独裁がその正当化のために開発の実績を必要とするという相互補完関係が含意されている。しかし、連動性は両者それぞれの状況変化が相互に影響を与え合って変化をもたらすことも想定される。開発が成功あるいは失敗するとき、独裁になんらかの影響を及ぼすということである。影響は独裁の強化、脆弱化、消滅などさまざまである。政治体制への影響という面で特に議論されてきたのは、独裁から民主化への体制変容の可能性である。開発の成功が独裁から民主化への体制移行を促すという議論である。

東アジアの実態をみるとき、この議論は必ずしもすべてに当てはまるようには思われない。問題は、開発（経済）と独裁（政治）の相互影響関係におけるルール、あるいはパターンの存在の有無である。開発独裁と民主化の関係は、このなかで検討されなければならない。想定されるパターンはさまざまであるからだ。

第一は、開発の成功が独裁を存続させるパターンである。東アジアにおいては、韓国の朴正熙・全斗煥軍事政権、台湾の蒋介石・蒋経国を中心とした国民党政権、タイのサリット以来の軍事政権、フィリピンのマルコス政権、インドネシアのスハルト政権、マレーシアのマハティール政権、シンガポールのリー・クワンユー政権などが「開発独裁」と呼ばれた。フィリピンのマルコス政権を除けば、アジアにおいてはいずれの「開発独裁」も経済発展という点については目覚ましい成果をあげた。それゆえに国家主導の経済発展戦略と、その戦略を推進するに必要な国内政治の安定を確保できた権威主義体制の有効性が注目されたのである。

第二は、開発の成功が独裁を変容させるパターンである。東アジアの一部では権威主義体制が経済発展の成果をあげるとともに、一九八〇年代後半から体制変容の波に見舞われた。一九八〇年代後半以降の台湾における蒋経国総統による上からの民主化、八七年以後の韓国の民主化、九二年のタイの民主化などがそれである。いずれも、経済発展が政治発展に連動したようにみえる。市場経済の発展にともなう利益集団の多元化が、それに見合った政治の多元化を促し、権威主義から自由民主主義体制への移行をもたらしたともいえる。全体主義体制の中国やベトナムでも一九八〇年代に入って、経済発展が最重要課題として推進され、成果をあげはじめるとともに、政治体制は移行期に入っていった。共産党の一党独裁は堅持されるが、経済発展のために「社会主義市場経済体制」が導入されて制限的な多元主義が許容され、政治体制も権威主義体制へ移行しはじめたのである。

ただし、インドネシア、マレーシアやシンガポールなどのように依然として第一のパターンが存続し、「開発」の成果がむしろさらに「独裁」を正当化し、権威主義体制を固定化している事例もみられた。しかしながら、第一のパターンの存続は今後ますます難しくなっているように思われる。それを示唆したのが、一九九七年夏以来の東アジアの経済危機が権威主義体制の国々にもたらした政治危機の状況である。これが第三のパターンであり、開発の危機が独裁の変容を迫るのである。

一九九七年七月にタイで発生した通貨・金融危機は、急速に東南アジアから東アジア全体に波及した。危機が進行するなかで、これまで政治変動がみられなかった東アジアの国々でも、変動が表面化しはじめたのである。インドネシアでは一九六五年以来三二年も権力を握ってきたスハルト大統領が退陣に追い込まれ、マレーシアでも一九八二年から首相の座にすわってきたマハティール首相と正式の後継者に指名されていたアンワル副首相との権力葛藤はアンワルの解任から逮捕・裁判にまで発展してしまった。非共産アジアの高度成長に触発されて経済発展を遅れてめざしてきた中国やベトナムなど全体主義に近い権威主義体制の国々も、経済発展にともなって民主化を志向する一部国民の要求に直面しはじめている。北朝鮮は極端な封鎖監視体制で抑え込んでいるが、逆に経済破綻が政治的不安定を助長しかねない。

しかしながら、マレーシアやシンガポール、中国、ベトナムや北朝鮮はなお現行の政治体制を維持しながら、経済危機に直面したのである。開発政策の危機がすぐさま、独裁の危機に波及するとはかぎらない。これも第四のパターンとして想定しておく必要がある。

いずれのパターンにせよ、経済と政治の連動性がそこにみられ、連動性のありさまが今後のアジアにおける経済、エネルギーと環境の動向に大きな影響を与えることは間違いない。連動性のありさまについて、特に今回の経済危機への政治の対処を中心に検討しておこう。

2　危機の連動——経済危機から政治危機へ

a　インドネシアにおける場合

今回の東アジア通貨・金融危機においても、経済と政治の連動性はたしかにみられたが、連動性の現れ方はさまざまであった。一つはインドネシアやマレーシアなどのように、経済危機が政治危機を誘発してしまった。

インドネシアは350年間のオランダによる植民地支配をうけ、第二次世界大戦後の独立戦争をへて独立した。殖民地支配の結果として形成された人為的な国民国家であるインドネシアにおいて、人口が2億人以上で、しかも多人種、多種族、多宗教の国民国家の統合を維持することは建国以来、政権の最大課題であった。スハルトの前任者であるスカルノ大統領は民族独立運動の指導者実績を背景としたカリスマ的権威をもって、「指導された民主主義」の名の下に権威主義体制をしいてきた。それを民族主義、宗教、共産主義による「ナサコム」体制と名づけ、第三世界の非同盟諸国の盟主としての反米親中外交による国際的威信の高まりで国家・国民の統合をはかってきた。しかし、この体制は経済破綻をきっかけに脆弱化し、一九六五年の「九・三〇事件」鎮圧によってスハルト将軍が権力を掌握した。それ以来33年以上にわたって、スハルト将軍は軍部主導の「開発独裁」の権威主義体制をしいてきた。スハルト政権も抱える課題は基本的に同じであり、経済発展を掲げて統合の維持をめざした。経済発展を推進するために、治安維持と政治経済社会面の二重機能をもつ軍部を中心とした権威主義体制（ゴルカル）をしき、その正統化原理として「多様性のなかの統一」を象徴する建国五原則（パンチェシラ）を掲げてきた。こうした体制の下に、スハルトは内政、軍事、外交すべてにかかわる行政権力を掌握し、経済発展のために「開発独裁」を実施したのである。

スハルトは一九六八年に大統領に正式に就任して以来、九八年に七選を果たした。長期政権を可能にした最大の要因として、彼が推進した「開発」の成功があったことは間違いない。一人当たりのGDPは一九九六年には１２００ドルにまで上昇し、彼は「開発の父」と呼ばれた。ところが、一九九七年秋以降の経済危機に対して、スハルト政権はＩＭＦの支援スキームを受け入れながら、事実上拒否して危機をさらに深めてしまった。九八年の一人当たりＧＤＰは４００ドルにまで急降下し、国民の生活に対する不安が広がり、政府不信も急速に広がった。一九六五年の「九・三〇」以来表面化しなかった華人に対する暴動が再燃し、さらには学生だけでなく市民も巻き込んだ反政府デモが多発してしまった。

一九九八年五月にスハルト大統領は退陣し、ハビビ副大統領が暫定大統領に就任し、経済危機と政治危機に対応することになった。政治危機に対しては、民主化への改革が進められた。圧倒的な多数派を形成してきた与党のゴルカル、野党の開発統一党と民主党の三つの政党のみが事実上参加できた総選挙に、一定の条件を満たせば他の政党も自由に参加できるように改革し、九九年六月には四四年ぶりに自由選挙が実施された。

総選挙には四八の政党が参加し、どの政党も過半数の獲得は難しい。与党であるゴルカルも分裂し、多数派を形成できても過半数を獲得できなかった。他の政党も同様であり、たとえばスカルノの長女で民主化の旗手といわれるメガワティ女史の闘争民主党も第一党にはなったが、過半数の議席は獲得できなかった。したがってイスラム系の国民覚醒党もいずれの政党も、政権獲得には連立を模索しなければならなかった。十月には選出された議員が参加する国民協議会において、新大統領ワヒドが選出された。選挙を通じた政治的安定の確保は、いぜんとしてなお不透明である。東ティモールの独立は容認されたが、アチェ州など他の地域の独立運動を助長しかねず、反華人暴動だけでなく、宗教対立による武力衝突も全国各地で発生している。

不安定な政治状況がつづくなか、経済危機もなお収まってはいない。経済成長率は一九九七年の

4・6％から九八年にはマイナス13・7％にまで落ち込み、九九年もマイナス成長に歯どめがかかったとはいえ、なお1％程度の成長にすぎなかった。経済危機は政治危機を誘発し、一定の民主化を促した。しかし民主化が政治的安定をもたらし、それが経済危機の克服への政治的環境となるのかどうかはなお不透明である。

b　マレーシアの危機

マレーシアはシンガポールとともに、英国の植民地支配から独立した人為的な国民国家である。2000万の人口のなかで、60％を占めるマレー系、経済的実権を握る30％の華人系と10％弱のインド系から構成される複合民族国家である。一九六九年の反華人暴動をきっかけにマレー人優先のブミプトラ政策が進められることになったが、これを本格的に推進したのが一九八一年に首相に就任したマハティール政権であった。一貫して圧倒的多数を確保したUMNO（統一マレー国民会議）による一党優位体制の下で、マハティールは「ルック・イースト」のスローガンに象徴されるように、積極的な外資導入政策によって経済発展を推進してきた。一人当たりのGDPは一九九六年には5000ドル近くに上昇し、二〇二〇年までには毎年7％の成長率を持続して先進国になるという「ワワサン2020」構想も提出されていたのである。

しかし、今回の経済危機はこうした楽観的な見通しを崩しただけでなく、政治危機をも醸成することになった。経済成長率は一九九六年の8・5％から九七年には7％に低下し、九八年にはマイナス6・8％に急降下したのである。ＩＭＦスキームを受け入れて構造改革に取り組むのか、金融封鎖体制で対応するのかをめぐって、政権内部の意見対立が激化した。後者の立場をとるマハティール首相は、前者を主張する後継者に指名していたアンワル副首相をスキャンダルを表向きの理由として解任し、さらに逮捕して裁判にかけた。アンワル支持勢力に対しても、強権を発動してＵＭＮＯと政権から排除したのである。

当面、変動為替から固定相場制への復帰、通貨持ち出し制限、株売却の一年間禁止などによる資本・為替規制によって、通貨・金融危機の波及に歯止めをかけようとした。対症療法としては当面成功したようである。一九九九年には成長率はマイナスからプラス8％に上昇し、経済危機から脱したようにみえる。しかし、対外依存度の高いマレーシア経済にとって、こうした市場開放化に逆行する経済政策の影響はなお不透明である。しかもアンワル追放によってマハティール体制が固められたようにみえるが、なお政治状況は流動的といわなければならない。任期満了前の九九年十一月に行われた総選挙において与党のＮＦ（国民戦線）は安定多数を確保したが、その中核であるＵＭＮＯ（統一マレー国民組織）は議席を大幅に減らした。アンワル夫人の国民正義党やＰＡＳ（全マレーシア・イスラム党）など野党が躍進したのである。

3　危機連動の回避――民主化と経済危機

今回の東アジアの経済危機において、いま一つの現れ方は韓国、台湾、タイ、フィリピン、シンガポールなどのように、国内の政治的安定を保持して、経済危機の克服に対処した事例である。いずれの政治体制も一九八〇年代後半に「開発独裁」を中心とした権威主義体制から自由民主主義体制への移行をはじめたところに共通点がある。

a　タイの場合

タイの場合はサリット政権以来、軍部によるクーデターと議会制への復帰を定期的に繰り返しながら、軍部中心の政権が「開発独裁」を推進してきた。一九四六年以来、未遂もふくめて二十数回のクーデターが繰り返されながらも、国民国家としての統合を維持できたのは仏教と国王の権威が存在してきたからである。民主化への本格的な動きは、一九九一年五月の血の日曜日事件以後である。

クーデターで政権についたスチンダ陸軍司令官は選挙で敗北したにもかかわらず、政権の座に居座ろうとした。これを批判して都市住民や学生たちの反政府行動があり、スチンダ政権は軍隊を出動して鎮圧のために発砲し、死者を出してしまった。抗議の行動は収まらなかったが、国王が調停に乗り出し、スチンダ首相の退陣と議会制民主主義の復活が決まったのである。これ以後も、政権は小党連立であり、総選挙のたびごとに連立の枠組みは変わり、内閣も短命に終わってきたが、それでも民主化の過程が後退していない。

今回の経済危機はタイからはじまったが、政治的な危機をもたらすことはなかった。危機にもかかわらず、民主化の歩みは停滞することはなかった。閣僚就任にともなう下院議員の辞職、上院議員の直接選挙、憲法裁判所の設立などの内容を含む画期的な憲法が、一九九七年九月に圧倒的多数の賛成で可決されたのである。

経済危機に対しても、対応をめぐって意見対立はもちろんあるが、それが政治的不安定を誘発することなく、基本的にはIMFの支援スキームを受け入れて、構造改革に積極的に取り組んでいる。

b　韓国の場合

韓国は一九六〇年の軍部によるクーデター以来、軍事政権による「開発独裁」が維持されてきた。朴正熙大統領、彼の暗殺後に登場した全斗煥大統領は反共を旗印に反対派を弾圧し、国家主導の開発戦略を展開してきた。その結果、韓国は「漢江の奇跡」といわれる高度成長を八〇年代半ばまで持続し、八八年にはソウル・オリンピックを開催し、九六年にはOECDに加盟して先進国の仲間入りをしたといわれたのである。

高度成長が一つのピークに達したとき、韓国は権威主義体制から自由民主主義体制への移行を開始した。一九八七年に大統領を国民の直接投票によって選ぶために、憲法改正を要求する学生たちの運動が盛り上がった。一般市民もこれを支持し、政権は憲法改正に踏み切ったのである。軍人出身の盧泰愚、文民の金泳三そして野党政治家の金大中が大統領に選出され、地方議会の選挙も復活した。

韓国も経済危機に見舞われているが、それが政治危機に波及してはいない。かつてのように、危機におけるクーデターによる軍部の政権掌握といった可能性はほとんどない。むしろ国民の圧倒的多数の支持をえた金大中大統領が国内政治の安定を背景に金融の統廃合、整理解雇制の導入、財閥再編など構造改革を通じて経済危機の克服に取り組み、九九年には10％近い成長率を達成するまでになったのである。

c　台湾の場合

台湾は一九四九年に国民党が中国共産党との内政に敗北して台湾に撤退して以来、国民党による一党独裁政権がしかれてきた。一九七〇年に入って米中接近や日中国交正常化などによって、国際的に孤立する状況のなかで、蔣介石・蔣経国政権は一党独裁の下で、国家主導の経済発展戦略を推進してきた。一九八〇年代後半には一人当たりＧＤＰが１万ドルに近づき、やっと改革・開放がはじまったばかりの大陸に大きく差をつけた。

台湾では政治は国民党を中心とした外省人が権力を独占し、経済は中小企業を中心に台湾に数百年前から移住した本省人が主導権を握ってきた。経済成長の成果を背景に、大陸とは異なる台湾の自立化をめざす本省人の意向を考慮して、蔣経国政権は国会議員の追加補充選挙枠の拡大、本省人の副総統への抜擢など上からの民主化をはじめた。一九八八年に死去した蔣経国に代わって総統に就任した李登輝は本省人であり、さらに民主化の過程を加速した。「党禁」を解除して野党の存在を認め、「報禁」を解除して報道の自由を認め、憲法を改正して一九四七年に実施された大陸での全国選挙で選ばれて以来、改選されずに議席を占めつづけた「万年議員」を引退させ、議員全員を対象とした国会選挙を実施した。一九九六年三月には中華世界で史上はじめて住民による国家元首の直接投票である総統選を実施し、民主化過程は完了した。李登輝はこうした経済発展が政治発展(民主化)を促した過程を「台湾経験」と名づけ、アジアの経済と政治の連動性にとってモデルになりうると提唱しているのである。

台湾も、東アジア経済危機の衝撃を受けなかったわけではない。しかし経済は若干の成長率の低下に見舞われたが、基本的に良好な状況を維持してきている。九九年には輸出の低迷や九月の大地震などの影響を受けたが、経済成長率に大きな陰りはない。なお政治的安定を保持しながら、経済危機の波及を防止し、経済発展を持続する政策がとられている。民主化はすでに、逆転可能な地点をこえている。

d　フィリピンの場合

フィリピンは、一九六五年に大統領に選出されたマルコス政権が再選後の七二年に戒厳令をしき、八六年まで「開発独裁」体制をしいてきた。他のアジアの「開発独裁」とちがって、マルコス政権は経済発展に成功しなかった。アジアの「開発独裁」政権ではどこでもみられた権力の構造腐敗はフィリピンでもみられ、マルコス一族を中心としたパトロン・クライエント・ネットワークによって利権が独占された。

フィリピンが東アジアの他の「開発独裁」と決定的に異なったのは、「開発」に失敗したところである。これが国民のマルコス離れを助長し、大統領選挙の不正や政権の腐敗に対する怒りをきっかけに市民、経済界だけでなく軍部をも巻きこんだ政権打倒の運動が勃発したのである。一九八六年二月、アメリカの後押しもあり、運動は盛り上がってマルコス政権は打倒されたのである。

翌年に選挙が行われ、暗殺されたアキノ上院議員の夫人であるコラソン・アキノが大統領に選出された。その後、ラモスそしてエストラダが大統領に選出され、民主化以後の国内政治は安定している。経済も長らく低迷状態にあったが、一九九二年には1・6%、九六年には5・7%、九七年にも5・1%の比較的に高い成長率を確保してきたのであった。もちろんフィリピンも東アジアの経済危機の影響をうけ、九八年にはマイナス0・5%となったが、九九年はプラスに転じている。

e 民主化への流れ

タイ、韓国と台湾は開発の成功が、フィリピンは開発の失敗が独裁の変容を惹起し、いずれも権威主義体制から移行した自由民主主義体制が経済危機の克服に必要な国内政治の安定を保証した事例といえるであろう。

東アジアの経済は危機に陥ったが、成長の奇跡をもたらした諸要素が消失したわけではない。消失しないかぎり、いずれまた成長の軌道に戻る可能性がある。しかし戻るためには、成長の奇跡をもたらした安定的な周辺環境とともに、国内政治の安定が確保されていなければならない。市場経済が発展し、利益集団が多元化したいま、政治安定はかつてのような強権的な全体主義や権威主義体制によっては難しい。その意味では欧米型の自由民主主義体制とまったく同じというわけにはいかないが、民主化への移行が未完の東アジア諸国でも、政治決定への包括的参加と異論の自由を保証した体制への移行をともなう政治変動が政治日程に上ってくるであろう。

この点では、全体主義体制から権威主義体制に近づいた中国やベトナムでも同様であろう。中国やベトナムでは共産党の一党独裁を堅持しながらも、「社会主義市場経済」による経済面の多元化はさらに進行中である。利益集団の多元化は、それに見合った政治の多元化を要請する。政治の多元化は、民主化の可能性を含んでいる。

たとえば中国では末端単位に限定されているが、農村の村民委員会や都市の居民委員会については、住民の直接選挙が一九八〇年代後半から繰り返し実験されるようになった。九八年からは法制化され、全国で本格的に実施されることになった。複数候補の無記名投票が行われている。民意による統治の正当性を確保する試みである。こうした試みが、すぐに県、市、省や中央の指導者選挙にまで拡大する可能性はなお大きくはない。しかし、こうした民主化の声はこれまでも政権による強権的な圧力にもかかわらず、中国の国内で繰り返し叫ばれてきた。今後ますます大きくなっても、なくなることはないであろう。ベトナムでも、一九八〇年代後半に対外開放による経済発展をめざした「ドイモイ」が本格的に展開されるとともに、共産党独裁への批判や複数政党制の導入論などが登場した。いずれも否定されたが、完全に消え去ってしまったわけではない。

4　アジア型の自由民主主義への展望

アジアにおける「開発独裁」は、一部の国では経済発展という「開発」の成功によって「独裁」の変容を迫られた。他の国でも経済危機という「開発」の失敗によって、「独裁」の変容を迫られている。変容の方向はいずれも民主化であり、権威主義体制から自由民主主義体制への移行である。しかしながら、この連動性は東アジアにおいても、欧米流の自由民主主義が普遍的に適用されるということとを意味してはいない。民主化の政治体制といっても、東アジアのそれはやはり欧米型とは異なる。ここでいう民主化、あるいは自由民主主義は冒頭で簡単にまとめたように、政治決定への最大多数の参加や少数意見の許容を保証する体制という程度にすぎない。

「開発独裁」から民主化に移行した東アジア諸国の多くは第二次世界大戦終結後に独立したが、独立直後に民主主義体制を経験しているのである。ほとんどが曲がりなりにも直接選挙による議会制民主主義を実施したのであり、「開発独裁」は一九六〇年代以降に選択された体制であった。その意味では東アジアの民主化は新たな経験ではなく、蘇った民主化である。ただし、蘇った民主化はかつてのそれの復活ではない。挫折した経験を踏まえて、新たな民主化の形がみられるはずである。

a　利益集団の多元化

さらには「開発独裁」を通じて出現したさまざまな新しい要素が、民主化についても東アジア諸国に特有な内容を与えることになる。たとえば市場経済化の進展にともなう利益集団の多元化は、政治に影響を及ぼすさまざまな勢力を新たに誕生させた。

第一に、「開発独裁」における政策決定に影響力をもった政治エリートはほとんどの国では軍人や官僚に限定されていたが、経済発展にともなって新たな財閥、企業家集団、労働組合、学生組織さらには市民などがグループを形成し、彼らの利害にかかわる政策決定に影響力をもつようになった。

第二にこうした組織化されたグループの背後には、「開発独裁」による経済発展の結果として、生活水準が高くなり、高等教育を受けた権利意識を強くもった勢力が登場している。いわゆる中間階層がそれであるが、なお利益集団としてまとまって行動することはなく、特定の政策決定に影響をおよぼすことはない。しかし政治や経済の危機に際しては、浮動票として影響力を及ぼす可能性がある。

第三に、東アジア経済の発展の構造連鎖が進行するなかで、IT（情報技術）革命も相俟って経済だけでなく、文化を含む情報のボーダーレス化と両面交通によってライフ・スタイルや思考様式までも共有する勢力が東アジア地域の中に誕生し、各国および地域内部の政策決定に影響をおよぼす。こうした勢力の中には、異文化情報に敏感な学生など若い世代だけでなく、経済活動を通じて東アジア各国との交流をもつ企業家やホワイトカラーなど中間階層が含まれる。その意味では、第一および第二の勢力と重複する。

こうした勢力が経済発展にともなって台頭し、経済発展が彼らの利益を実現するかぎりにおいては各国の政権を支持してきた。しかし政権が実現に失敗あるいは十分な実現を期待できないとき、彼らは政権と対立あるいは相違する異論を表明し、異論を反映するために政治決定への参加を求めてきた。政権がこうした要求に対応した政治参加の制度化を用意しないとき、政権は強権を発動するか、自ら退場しなければならなかった。こうした勢力が登場してきた東アジア地域において、「開発独裁」は多くが同様の政治過程をへて自由民主主義体制に移行している。こうした政治体制の移行は必然性とはいえないが、蓋然性といえるほどのパターンといってもよいかもしれない。

b　貧困層の存在とその影響力

しかしながら、こうしたパターンとともに、今後のアジアにおける自由民主主義の行方を考えるとき、軽視することができないのが全体的な生活向上のなかで取り残された貧困層の存在とその影響力である。

アジアではいずれの地域でも、都市の貧民層や農村の貧農などが依然としてかなり多数残っている。たとえば中国の場合、一九八五年に年収２００元以下の貧困農民が1億２５００万人いた。九八年には激減したといっても、なお年収３５０元以下の貧困農民が九八年末の段階でも４２００万人もいる。都市では失業者、年金では生活が困難な離退職者など３０００万人の貧民が存在している。

かつてはこうした勢力に対しては、革命政党や反体制集団が働きかけて、彼らの利益を代弁することで集団の政治的影響力の確保・拡大をはかった。いまそうした集団の活動は影を潜めている。しかし、経済的破綻や政治的混乱の危機が生じたとき、政治集団に代わる新旧取り混ぜた宗教集団や非合法の秘密結社などの扇動などによる彼らの動向が危機をさらに助長する可能性をもっている。

3章　アジア経済の持続可能な発展とは？

桜井紀久

1　通貨危機とその後のアジア経済

a　通貨危機回復の状況

一九九七年七月のタイのバーツ危機に端を発したアジア通貨危機によって、東アジア経済は深刻な経済不況に見舞われた(1)。一九九八年の各国の経済成長率は、インドネシアのマイナス14％を筆頭に、タイ10％、マレーシア8％、韓国6％、香港5％と大幅なマイナス成長を記録した（図3・1）。民衆暴動で荒れ果てた商店街、ゴミや残飯を漁る子供たち、操業停止に陥った目新しい工業団地など

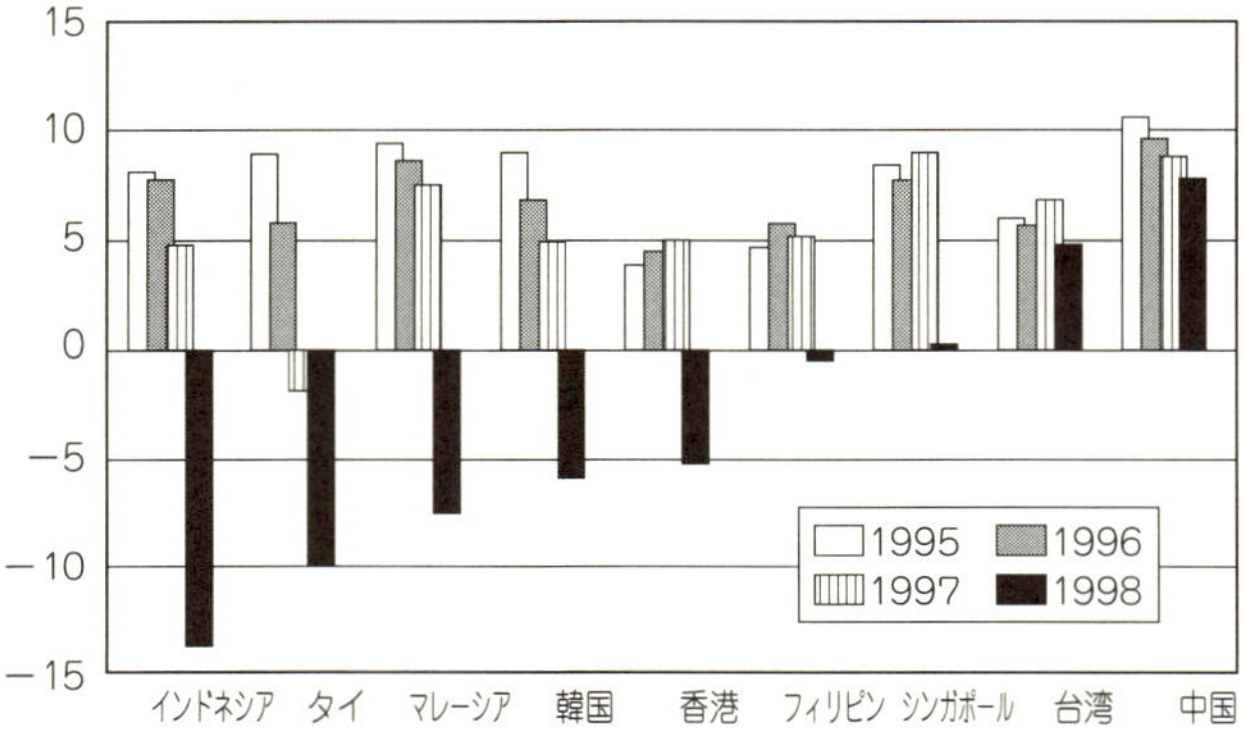

（出典）経企庁「海外経済データ」平成11年10月

図3・1　東アジアの経済成長（％）

東アジアの混乱の様は、同年の日本の金融大不況と重なり合い、戦後の「アジアの経済奇跡」がとうとう潰えたかの感を抱かせた。

ところが、一九九九年に入ると、さしものアジア大不況に僥倖がさし始めた。韓国、タイ、マレーシアでは、通貨・株価が上昇に転じたのを受け、輸出や消費が回復しはじめた。特に、韓国は生産活動が危機前の水準に戻り、韓国銀行の見通しによると一九九九年の経済成長率は10％にも達するという。前年の反動とはいえ、驚異的な回復スピードである。タイやマレーシアでも、一年以上低迷していた輸出が自動車、電器・半導体を中心に上昇に転じ、一九九九年四‐六月期の経済成長率は前年同期比でプラス成長に転じた（図3・2）。その他の国でも、政治的混乱が続くインドネシアを除けば、アメリカ向け、アジア向けの輸出が増加に転じ、景気の底打ち感が広がっている。こうしたアジア各国の経済回復は、アジア域内の貿易連鎖を

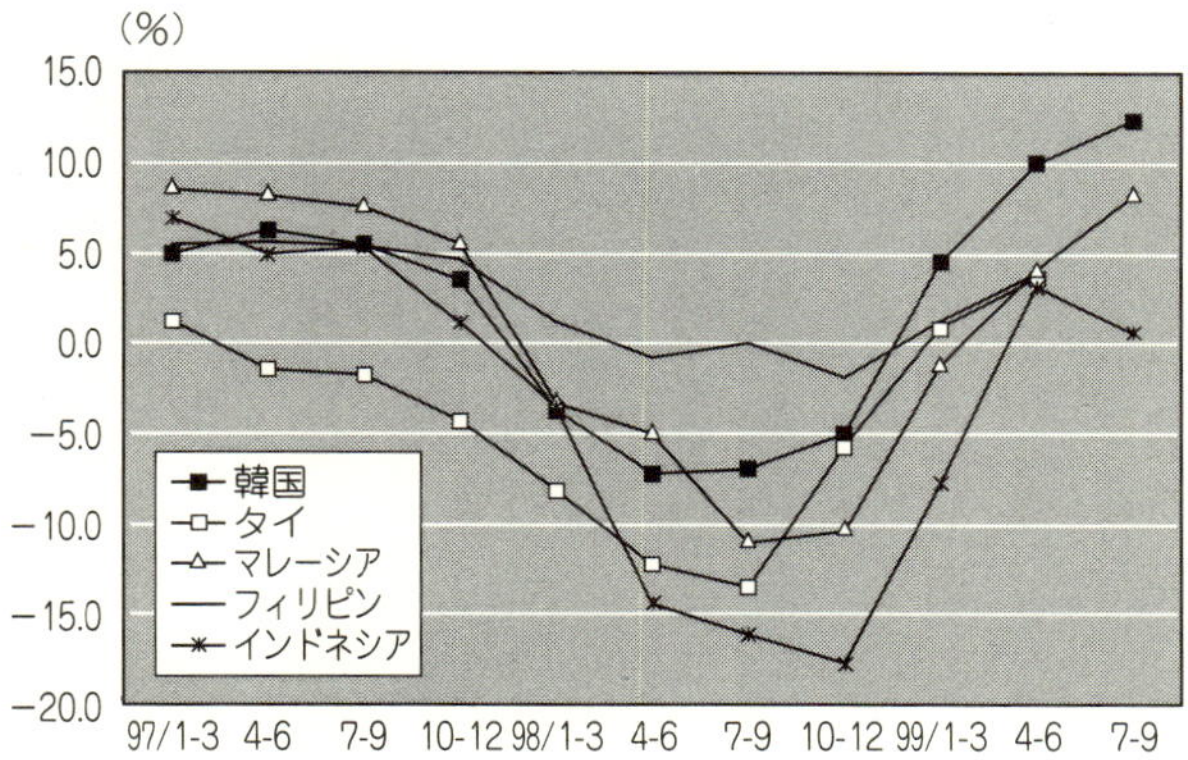

(出典) 経企庁「海外経済データ」平成11年10月、およびWeb上の各国データに基づく。

図3・2　東アジアの回復状況（実質四半期GDPの対前年比伸び率）

通じてシンガポール、フィリピン、台湾、中国といった他のアジア諸国にも波及し、かつての成長の好循環の下地ができつつある。

問題は、この東アジア経済の回復が本格化し、持続的な成長に繋がるかどうかである。アジアの経済回復が大方の予想を越えてスムーズに進んでいることは事実としても、危機前の高い成長を謳歌できる保証はない。極端に言えば、現在の景気回復は極端に落ち込んだ前年の反動とみえなくもない。実際、タイをはじめアジア危機諸国の経済活動は、韓国を除けば未だ危機前の水準に達していない。また、今回の景気回復が消費や投資といった内需の自律的回復によるのではなく政府支出や外需に牽引されたものであることから、東アジア経済の復活を宣言するには時期尚早という意見も多い(2)。

b　国際金融情勢の変化と前近代的な構造的問題

そうした幾分冷めた見方の背後には、少なくとも二つの要因が指摘できる。すなわち、アジアを経てロシア・中南米危機にまで至った国際金融情勢の激しい変化という外的条件と、これまで高成長の陰に隠されてきたが今回の危機で明るみに出たアジア途上国の前近代的な構造的問題という成長の内部条件である。

ここで、金融市場のグローバル化、巨大化がもたらす国民経済への負のインパクトは改めて指摘するまでもなかろう。日本のように十分な外貨準備をもった国でも、国際金融市場の混乱から国内経済を隔離することは不可能に近い。ましてや小国が群れ集う東アジア経済においては、通貨危機を契機とした変動相場制への移行によってヘッジ・ファンドなどによる投機圧力は弱まったものの、従来のような外国借入れによる経常収支の赤字ファイナンスは難しくなった。

他方で、通貨危機によって生じた東アジア経済の内部条件の激しい変化も今後の成長回復の足枷となっている。たとえば、スハルト退陣後のインドネシアの政治・経済の混乱ぶりは深刻であり、景気回復どころか公的・民間の双方で債務不履行（デフォルト）が起こりかねない状況である。また、このインドネシア・リスクが東アジア全体の外国資本の流入を抑制させ景気回復の歩みを遅らせる可能性も否定できない。一方、通貨危機を契機にアジア経済の主役として踊り出てきた中国も、輸出や直接投資の不振によって景気下降が鮮明となり、予定されていた国有企業改革などの経済改革の遅れが指摘されている。元切り下げ懸念も後を絶たない。さらに、中国経済の対外窓口の役割を担う香港経済の凋落も気がかりである。また、IMF優等生といわれる韓国でも、回復に弾みがついてきたとはいえ失業率は依然として6％近く、ビッグ・ディールと言われる財閥改革などの構造改革のメスは振るわない。さらに、タイでも銀行部門の不良債権は依然として解消の目途が立っていない。

より長期的な視点からみても、東アジアの持続的成長を阻む要因は多い。本書で取り上げられる「トリレンマ問題群」――迫りくるエネルギー・自然資源の制約、環境悪化、食料問題、人口爆発、巨大都市化等――はその最たるものといえよう。通貨危機の発生と前後して、ボルネオの森林火災による煙霧が東南アジア一帯を襲ったことは記憶に新しい。東南アジアでは、近年椰子油など高価格輸出商品を作付けするため、大規模なジャングルの野焼きが行われ熱帯雨林は毎年大幅に減少し続けている。一九九七年は、エルニーニョ現象によって大旱魃の発生と雨季の遅れが重なり、予想外の被害が出た。官民一帯となった経済開発再優先の政策が煙霧問題の根本にあるといわれており、自然との共存・調和を省みない先進国型の開発政策は、今後さらに人災が人災を呼ぶ危険性をはらんでいる。

しかしだからといって、一部の環境主義者たちが言うように成長や開発を止めれば自然破壊が止まるというわけではない。アジア開銀のホームページにあるレポートによれば、通貨危機によって疲弊した貧困層は、生命維持の最後の手段として森林の過剰伐採、農産品の過剰栽培、水産資源の過剰捕獲を行わざるを得なかったといい、貧困と環境の悪循環が起こっていることに警鐘を鳴らした。ただでさえ人口過剰なアジアでは近年の経済成長がすぐさま長年の貧困問題の解決をもたらすと期待するには無理がある。それゆえ、東アジア経済の持続可能な発展は、単に経済成長と環境問題のトレードオフの問題ばかりでなく、経済成長の分配的側面にも十分な配慮が必要である。この点は、環境問題に限らず、人口・食料問題、都市化問題といった他のトリレンマ問題群を解決する上でも重要なポイントであろう。

本章では、こうした観点から、通貨危機後のアジア経済の成長のあり方を短期的視点と長期的視点を交えて論じてみたい。そのためには、まずアジア経済モデルの生成、発展、および変質について詳しく吟味することが必要であろう。以下では、輸出と外資導入の大成功によって一躍グローバリゼーションの寵児となった東アジアを「経済奇跡モデル」として、その生成、発展、さらに崩壊の過程を論じる。次に、通貨危機後の経済構造の転換期にある東アジア経済モデルの変容を分析した後に、アジア諸国が持続的発展を果たすためのビジョンとしての「持続可能モデル」の内容を明らかにしたい。

2　東アジア奇跡モデルの生成と崩壊

a　東アジアの経済奇跡

かつて、R・ヌルクセは、国が貧しいのは貧しい故であり、低所得→低貯蓄→低投資→低生産性→低所得を「貧困の悪循環」と呼び、途上国の経済発展の困難さを訴えた。一九五〇年代から一九六〇年代にかけての東アジアの状況は、まさにこうした悪循環がビルトインされた一次産品を主体としたモノ・カルチャー経済であり、近代工業化が花開く地域とみなされていなかった。

ところが、一九七〇年代になると、韓国、台湾、シンガポール、香港といったアジアＮＩＥＳが急速な工業化を遂げ始め、先進国経済への輸出が急激に増加し始めた。アジア型工業化モデルともいえる輸出志向工業化のスタートである。一九七九年、先進国の金持ちクラブといわれるＯＥＣＤ（経済協力開発機構）は、その報告書でメキシコ、ブラジルを加えたこれらの国々をＮＩＣＳ（新興工業国）と呼び、先進国経済に対する貿易、生産、雇用のインパクトを分析した。長い間、途上国、低開発国、後進国と呼ばれ続けてきたこれらの国々が先進国にとって脅威（チャレンジ）とみなされるようになった最初の出来事である。一九八〇年代に入ると、累積債務問題や逆オイルショックによる石油収入の激減に悩む中南米経済を尻目に、アジア経済の成長は地理的広がりをもって加速化した。すなわち、このアジアNIESを先頭に、タイ、マレーシア、インドネシアといったASEAN経済、さらに一九九〇年代になると中国やベトナムといった共産主義国までもが工業化を推し進めた結果、東アジア経済は一躍「世界の成長センター」に躍進した。歴史的にみても、これだけ短期間に工業化（経済的離陸）を成し遂げた地域は稀有である。

(1) アジアの経済ファンダメンタルズの強さ

一九九三年に発表された世界銀行のレポート『東アジアの奇跡』は、東アジア経済の成功要因を詳細に分析している。同レポートは、東アジア経済の成長パフォーマンスが高い理由として、高貯蓄率（投資率）、低インフレ率、節度ある財政政策、基礎教育の充実、勤勉な労働力に代表される「経済ファンダメンタルズ」の強さ、さらに輸出振興策にみられるような市場の機能を損なわないマーケット・フレンドリーな政策体系をあげた。そして、高い経済ファンダメンタルズに支えられた東アジア経済の潜在的な市場パフォーマンスが市場介入を最小限に抑えた政府の高い管理能力と相俟って、史上まれにみる高成長をもたらしたと結論づけた。

しかしながら、このオーソドックスな新古典派的解釈は何やら同義反復あるいは跡付けの感がしないでもない。実際、賞賛されたアジアの経済ファンダメンタルズの強さは、実は経済成長の原因というよりも経済成長によってもたらされた結果であると読むこともできる。たとえば、資本蓄積を左右する貯蓄率に関してみると、一九八〇年以前では東アジアと中南米では大きな差はみられない。一九七〇年時点ではアジアの貯蓄率はアルゼンチン、ブラジル、メキシコとほぼ同程度の20％程度に過ぎなかった。これは、当時の日本の貯蓄率が40％だったのと比べて格段に低い。ところが、その後の貯蓄率の推移をみると、中南米諸国はほとんど横ばい状態だったのに対して、東アジアは上昇傾向を強め、一九九〇年代中頃には中国とマレーシアが40％台、他の国も軒並み30％台に到達している。これはまさに日本の高度成長期に匹敵する貯蓄（投資）パフォーマンスであり、ヌルクセが解決が困難と指摘した貧困の悪循環が東アジアにおいて徐々に解消し、遂には成長の好循環に変質していったことを物語っている。こうして、経済発展の過程では、ファンダメンタルズと言われるものでも普遍的ではあり得ず、発展ゆえに進化を遂げると見たほうが無難である。

(2)　東アジアの経済成長の外部性

それでは、素朴なファンダメンタルズ論を越えて、東アジアに高成長をもたらした要因とはなんだったのだろうか。アジアについてそれは、貯蓄率に代表される経済ファンダメンタルズや政府のマネジメント能力といった内部的な諸力によるよりも、外的要因の力、とりわけ一九八五年のプラザ合意を受けた通貨調整による世界経済の変化に求められるのではないだろうか。

東アジアの経済発展は、直接投資の誘致、輸入技術の導入を梃子とした輸出志向工業化の成功であったことは周知のとおりである。この外資依存、輸出志向の成長パターンを可能にした最大の要因は、日本の積極的な直接投資と巨大な輸出市場としてのアメリカの存在であった。経済発展の段階が異なる東アジアにおいては、その成長パターンは、日本が競争力を失った産業は韓国へ、韓国が競争力を失った産業はＡＳＥＡＮ諸国、さらには中国へという外延的拡大を伴った重層的な工業化の波及、いわゆる雁行形態的な経済発展をもたらした。そして、このパターンはアジア各国の適材適所、すなわち比較優位に根ざしたものであったがゆえに、貿易（分業）促進的であり、かつ相互利益的（ポジティブ・サム）であったといえる。当時アジアにはこれといった製造業の基盤はなく、貿易で被害を受けるのは農業ぐらいのものであったし、その一方で雁の群れの先頭を行く日本もアメリカへのキャッチアップを目指し、自動車、電子機器などハイテク製造業の隆盛が繊維などのローテク産業が被る貿易の不利益を補って余りあった。こうして、アジアの雁行的発展は、当分の間順調な飛行を続けることが可能と思われた。ただし、後続アジアの飛行スピードは、一九八〇年代の前半までは比較的緩慢であった。

それは、当時の工業化の程度に表れている。すなわち、この頃アジアが国際競争力をもっていた製品分野は、すでに重化学工業化が進んでいた韓国を除けば、木材や食品などの一次産品加工製品、繊維、玩具等の労働集約的な製品に限られていた(3)。家電や自動車といった耐久消費財の生産も日系企業を中心に行われてはいたが、国内市場向けのノックダウン生産が主であり、輸出を意図したものではなかった。

一九八五年のプラザ合意後、ゆっくりとしたキャッチアップの流れは突如として奔流に変わる。プラザ合意以後、米ドルレートは、日本円など主要通貨に対して大幅に減価した（円の対ドルレートは八五年一月から八八年一月にかけて260円から120円へ倍以上に増価した）。これが、東アジア、とりわけ事実上ドルペッグ制をとっていた東南アジア諸国にとって千載一遇のチャンスを与えた。これらの国の通貨は過去に幾度となく通貨危機に遭い、そのつど切り下げを余儀なくされ、債務負担は急増し経済成長の足枷となった。ところが、プラザ合意がもたらしたのは、ドルの一方的かつ大幅な減価である。

これは、ドルペッグ制を取っていたアジア諸国にとってみれば、アジア通貨の一方的な切り下げとは異なり、債務負担の増加を伴わずに生産コストが引き下がることを意味していた。その結果、アジアは、為替レートが急上昇し国内生産の輸出競争力が大幅に低下した日本企業にとって戦略的な生産・輸出基地として位置付けられることになり、大規模な直接投資が始まった。その結果、日本のアジア向け直接投資額は、一九八五年の14億ドル（全体の21％）から一九九〇年に69億ドル（同14％）、ピークの一九九五年には119億ドル（同53％）へと激増した。

日本をはじめとする先進国からの直接投資の急増は、（東南）アジアの生産能力を高めるとともに、各国の産業構造を一変させた。マレーシアやタイでは、繊維など伝統的な労働集約財から電子部品・半導体、コンピュータといった技術集約財への産業構造の急速なシフトが起こった。生産費格差に動機づけられたアジアへの直接投資は、当然のごとく貿易志向的であった。アメリカ、日本をはじめ世界経済全体が同時好況にあったこともあり、八〇年代後半、アジア諸国の工業製品は先進国市場に猛烈な勢いで流れ込み、アジアの輸出はほぼ毎年二桁台の伸びを記録した(4)。

実は、こうした空前の直接投資ブームが起こる以前、アジア各国は解放的スタンスを標榜しながらも、実態的にはナショナリスティックな政策運営が色濃く残っていた。たとえば、東南アジアで最も保護主義的といわれるインドネシアでは、産業の保護育成を柱とした輸入代替工業化が産業政策の基本で、すでにタイやマレーシアで実施されていた大胆な輸出志向戦略とは一線を画していた。ところが、プラザ合意によって沸き起こった直接投資と輸出の一大ブームは、こうした保守的な開発政策を一変させ、輸出加工区、自由貿易区、保税倉庫、経済特区の設立、進出企業への出資規制・為替制限の緩和、輸入税免除、金融部門への投資規制の緩和・撤廃といった一連の外資優遇措置が各国と競い合うように矢継ぎ早やに打ち出されていった。また、当初日本などの先進国企業を中心に沸き起こった直接投資ブームは、八〇年代末には自国通貨高や高騰する人件費に直面する韓国、台湾、香港のNIES企業にも波及し、より厚みを増すことになった。その結果、受入れ国の消費・投資増、生産力の増強という内部的な好循環に加え、直接投資が(アジア域内外の)貿易を拡大させ、それがさらに直接投資を拡大させるという相互補完的な好循環が生まれた。かくして、東アジア経済は、九〇年代中頃まで年率8%近い驚異的な経済成長を達成することになった。

東アジアの経済成長の外部性は、今や明らかであろう。ドルの低下がもたらした国際競争力の上昇こそ、アジアの成長の原動力であり、それは、言わば労せずして得た漁夫の利であり、その成長の実態は確かに「奇跡」と呼ばれるに相応しいものであったといえる。換言すれば、アジア経済の奇跡モデルの実態は、生産は外国の多国籍企業の活動を主体としたものであり、国内地場産業の活動とは直接に結びつかない飛び地的発展であり、需要サイドは都市部で大衆消費社会の芽生えはあったものの基本的には企業内分業を軸とした輸出に依存していた。文化人類学者の青木保氏は、このような東アジア経済の成長を欧米のようなアナログ的な発展過程と対比して「デジタル的」、「レンタル的」と表現しているが、確かにこれまでの東アジア経済モデルは工業植民地的な性格を帯びた「飛び地」に過ぎなかったように思われるのである(5)。

b　通貨危機の発生

おそらく、アジアの指導層は、突然の投資ブームによって降って湧いた成長チャンスを目前にして、自国の潜在能力を過信したに違いあるまい。直接投資ブームは、やがて金融・資本の自由化の圧力に転じた。途上国の経済政策に強い影響力をもつＩＭＦも、金融・資本の自由化を構造調整策の柱に据え後押しした。

(1)　資本自由化への二つの対応

アジアの資本自由化への対応は、それに積極的な国とそうでない国とに二分される。まず、タイバーツ、インドネシアルピア、マレーシアリンギット、シンガポールドルといったＡＳＥＡＮ通貨は、八〇年代にはオフショア（海外）から自由に取引可能な交換性のある通貨の地位を確立していた（ただし、九八年九月リンギットは資本規制により交換性を失った）。これと対照的に、韓国、台湾、中国の通貨は、非居住者取引が貿易などの実需に限定され、海外からアクセスできないソフト・カレンシーのままであった。その結果、当時世界的規模で進展していた金融グローバル化の波は、東京に代わってアジアの金融センターの地位を確保しつつあった香港、シンガポールを介して、タイ、マレーシア、インドネシアに向かった。政府も大胆な自由化パッケージを相次いで実施した結果、多数の商業銀行やノンバンクが内資・外資系、国営・民営を問わず設立され、バンコク、ジャカルタ、クアラルンプールでは、株式・不動産ブームが沸き起こった。外資主体の実物経済のブームに同じく外資依存の金融ブームが加わりつつあった。

各国の金融・資本の自由化スタンスは九〇年代に入るとさらに加速化する。特に、タイはバンコクをインドシナ地域の金融センターにしようとする政府の狙いもあって、金融・資本取引の自由化が打ち出され、九三年にはＢＩＢＦ（バンコク国際金融市場）というオフショア市場が開設された。ＢＩＢＦは、香港やシンガポールのオフショア市場と異なり、国内の資金不足を補うために海外からの資金を国内で運用させることを認めた。タイ・バーツは、八四年以降ドルペッグ制によってほぼ1ドル25バーツを維持し、為替リスクが事実上ゼロの安全資産であった。その上、バーツ金利は常時円金利はおろかドル金利よりも割高で推移した。その結果、キャリー・トレードといわれる金利差狙いの大量の海外資金がＢＩＢＦに集まった。九四年には、ＢＩＢＦ経由の資本流入は全体の7割に達したという。これがタイ国内に大量の過剰流動性をもたらし、株・不動産バブルを扇動することになった。BIBF資金の内、3割は直接あるいはノンバンクを通じて不動産融資に回ったという。日本のバブル期を彷彿とさせる金融・不動産バブルが首都バンコクを中心に繰り広げられていった。

(2) 金融バブル崩壊の始まり

雨後のタケノコのように首都のスカイラインに乱立したオフィス・ビルやマンション、大規模ショッピング・センターはこの頃から空家率が急上昇を始めていた。急激な経済のバブル化、金融リスクの高まりを懸念した政府は、九五年に不動産向け外貨貸出規制策を設け、バブル抑制に乗り出した。不動産市況は急速に悪化し始め、ノンバンクや商業銀行で大量の不良債権が発生し始めた。金融バブル崩壊の始まりである。

大量の短期資本を貸付けていた外国銀行・投資家にとって、アジアの輸出パフォーマンスの是非は、投資リスクを測る重要な物差しである。とりわけ、恒常的な経常収支の赤字を続けていたタイでは、赤字をファイナンスしドルペッグ制を維持するために輸出の成長は不可欠であった。しかし、九六年に入ると、それまで二桁成長を遂げてきた輸出が同年四‐六月期、七‐九月期と2四半期連続して、前年同期比マイナス成長を記録した。その原因として、九四年の元の切り下げによる中国製品の競争力の向上、九五年の通貨危機から復活したメキシコなど中南米との競争激化、九五年から九六年にかけての急激な円高から円安への転換(79円から110円台へ)によるアジア製品の競争力の悪化、アジアの主要輸出品であった半導体の国際市況の悪化といったさまざまな要因が指摘されている。当時タイに旅行した人びとは、1ドル25バーツというレートはかなり割高と思われたことであろう。こうして輸出が停滞する一方で、輸入は国内景気の過熱を反映して増加を続け、九六年のタイの経常収支赤字は、140億ドル（GDP比で8％）と前年を上回る危険な水準に達していた。

タイで始まった金融・不動産不況の深刻化、輸出成長の鈍化、さらに経済成長の鈍化は、対外民間債務の返済能力に疑念を抱かせた。ところが、これまでの度重なるキャリートレードで外資系ファンドや銀行の勘定はバーツ買いドル売りのバスケット・ポジションで膨らみきっていた。

こうした状態で、一度バーツ危機が起これば下落を止めるのは困難となる。悪いことに、長年にわたるドルペッグ制の維持により為替リスクに対する認識は薄く為替をヘッジしている企業は皆無に近く、一度バーツに動揺が走ればその影響は無限大に近かった。

こうした緊張したなかで、ヘッジ・ファンドをはじめとする為替ディーラーは、九七年五月十四日から大掛かりなバーツ攻撃を仕掛けた。そして、ほぼ二カ月後の九七年七月二日、タイ中央銀行は大量のドル準備を失いバーツ攻撃に陥落する形で、変動相場制への移行を表明した。ドルペッグ制の放棄によって、為替リスクの負担は中央銀行から市場参加者に移った。そのため、一層のバーツ下落を恐れた為替ディーラーはパニックに陥り、一斉にバーツ売りドル買いに走り、バーツは一挙に1ドル30バーツを突き破った。急速な勢いで短期資金が国外に逃げ去り、株式・債券価格は下落し、利子率は急上昇した。これに、ヘッジのないドル債務を抱えた現地企業も加わり、通貨パニックはさらなるパニックへと展開していった。結局、バーツがようやく底を打ったのは、九八年の一月、1ドル50バーツ台に突入してからであった。

(3) 通貨危機の波及

タイ通貨・金融市場の大混乱は、「アジアは一つ」とみたトレイダーらによって、タイと同じように自国通貨をドルにペッグしていたマレーシア、インドネシア、フィリピンに急速な勢いで伝染した。マレーシア首相のマハティールは通貨危機の張本人としてソロスらのヘッジ・ファンドを痛烈に批判したが、危機をアジア地域全体へ伝染させたのは、ソロス一人の悪行ではない。むしろ、ケインズの「美人投票」の喩えのように、バーツという最も人気の高かったアジア通貨への安全神話が崩壊したことによって、為替リスクを恐れた海外投資家の群集心理的な行動が自己実現してしまったことによるとみるのが適切である。ソロスは、あらゆる金融機関、投資家、個人（含華僑）の中にいたのである。

一方、十一月になると、東南アジアを襲った通貨・金融危機の嵐は、ちょうどその一年前にOECD加盟を果たしたばかりの韓国に飛び火した。周知のように、韓国では、財閥間の激しい競争による過剰投資傾向が顕著となり、外資への依存度が急上昇していた。特に、金融の自由化、国際化のなかで、ノンバンクの短期貸出専門会社にも国際業務が認められたために、資金の海外調達を通じて財閥の巨額の設備投資が賄われるようになった。

一九九七年一月、韓宝財閥の中核である韓宝製鉄が60億ドルの債務返済ができず、大手財閥としては初めて倒産した。「財閥はつぶれない、政府はつぶさない」とみていた金融機関は、このニュースに衝撃を受け、いっせいに財閥向け貸出しの回収に動き出した。その結果、他の財閥グループの連鎖倒産と金融機関の不良債権が急増する事態に直面した。こうした韓国の金融システムの動揺は、七月のタイ危機、十月の香港株式の暴落を契機に一層悪化し、十一月のＩＭＦへの支援要請以後は、資本流出が一段と激化し、年末には外貨準備は底を突きデフォルト寸前に陥った。幸い、一九九八年一月に、韓国向け融資のロールオーバー（借り替え）にＧ７の民間銀行が応じたために、韓国の通貨危機はひとまず終息した。

c　アジア通貨危機の原因

通貨危機によって、膨大な額の資本が海外流出した。その額を純民間流入資本量で見ると、被災国五カ国計で、一九九六年の１千億ドルから九七年には10億ドルの純流出に転じており、その変化幅は五カ国のＧＤＰの10％に上る。九八年の純流出はさらに巨額であり、九七年の10億ドルから２８０億ドルに達した。前述のように、こうした巨額の資本移動の直接のきっかけは、群集心理に駆られた通貨・金融市場の極端な不安定化であった。

ハーバード大学のサックス教授は、通貨パニックに対する初期対応が適切であれば、危機はこれほどまでに深刻化することはなかったと述べている(6)。確かに、シンガポールや台湾ではオフショアの通貨の交換性は制限していたが、投機圧力に対峙するよりも変動制に任せることによってパニックは最小限に抑えられた。これとは対照的に、タイはオフショア市場での資本取引を自由化しつつ、ドルペッグに固執するあまり、投機筋に対抗して先物為替市場でドル準備を使い果たしてしまい、結果的に自ら為替コントロールの手段を失うという大失態を演じた。また、インドネシアでは、カレンシー・ボード制やガソリンなどの補助金廃止を巡るスハルト元大統領一族とIMFとの対立が通貨市場を混乱させ、未曾有の政治・経済危機をもたらした。後知恵ではあるが、賢い政府の存在が国家の存亡にとって如何に重要であるかを知らせる事件といえる。

IMFや世銀をはじめとする多数の分析レポートを総合すると、通貨危機の原因は以下の八つに纏められる。

① ドル・ペッグの固定為替レート制の功罪
② 金融システムの脆弱性・監視体制の欠陥
③ 短期対外負債への過度の依存化、貸し手としての海外投資家のモラル・ハザード
④ 不動産バブルの発生と崩壊
⑤ ヘッジファンド等の投機家の台頭と監視体制の欠如(グローバル資本主義危機説)
⑥ 中国の台頭、実質実効レートの過大評価等による輸出の成長鈍化

⑦ 長年の開発独裁の制度疲労・政治不安

⑧ アジア型クローニー資本主義の欠陥（政官財の癒着、ネポティズム（縁故主義）、コーポレート・ガバナンスの欠如）

実際の通貨危機の進行は、これらの要因が相互に作用し合い、フリーフォール（自由落下）化していったととらえるべきであろう。しかし、あえて区分するならば、上記八つの要因のうち、金融要因が五つまで占め、政治的要因は二つ、いわゆる「経済ファンダメンタルズ」に関する議論は、一つ（六番目）に過ぎない。何をファンダメンタルズと定義するかによって異なるが、確かにバブル崩壊、輸出減、経済成長率低下が生じつつあったタイ以外は、未曾有の通貨危機に陥るほどのファンダメンタルズの低下は認めにくい。

これらの要因のうち、どれが決定的に重要であったかについては意見が分かれている。たとえば、ソロスや榊原といった国際金融の専門家は、⑤の金融資本の巨大化・ハイテク化によるグローバル資本主義の危機説を重視し、ヘッジファンド規制策を提案している。周知のように、この見方は公の場でも取り上げられ、G7蔵相・中央銀行総裁会議などで国際通貨金融システム改革を巡る議論に進展している。その一方、アメリカ議会やジャーナリズムの世界では、⑦あるいは⑧の議論が主流を占め、アメリカ流アームズ・レングス（公正）取引との対比からアジアの異質性、後進性、アングロ・アメリカン流の市場主義の優位性を主張している。

しかしながら、アジア異質論とまでいかなくても、またたとえ通貨危機そのものが群集心理に決定的に依存する金融市場の凶暴性に由来する問題であったとしても、今回の通貨危機は賞賛されてきたアジア経済モデルの構造的欠陥によるものであったというのは妥当な見方ではないか。特に、タイ、インドネシア、韓国、マレーシアといった危機諸国で起こった輸出成長の鈍化は、外資依存・輸出志向型の東アジア経済モデルの限界説に一つの根拠を与えている。以下ではこの問題を取り上げよう。

d　東アジア経済モデルの欠陥

アジアの高い経済成長率は外国資本の投資ブームによって生じたバブルのようなものであり、見かけ上の高い成長率の裏には、アジア経済の前近代性、構造的欠陥が潜んでいることを意識していた人は多い。こうしたアジア経済に対する疑念の最もフォーマルな見方が、アジア経済が高成長を謳歌していた一九九四年に、ポール・クルーグマンが「フォーリン・アフェアーズ」誌で提起した「アジア経済まぼろし論」であろう。彼は、旧ソビエト計画経済の効率（生産性）を無視した資源投入型成長の失敗になぞらえ、東アジアの経済成長の持続性に対し疑問を投げかけた。その骨子は、資本（海外資本も含む）や労働の量的拡大に頼った現在のアジアの経済成長は、やがて生産要素の収穫低減によって行き詰まるというものであった。

東アジアの経済モデルを単純化すれば、（直接投資であろうと短期資本であろうと）外資を誘致し、その資金と国内貯蓄を活用して海外の進んだ技術を体化した部品や資本財を購入し、それを国内の低賃金労働と結びつけ生産活動を行い、それを国際市場で売ることによって経済成長を果たす、という図式といえよう。クルーグマンの指摘したアジアモデルの欠陥は、この図式において投入と産出の量的関係が変わるだけで、その質的関係の変化、すなわちダイナミックな経済発展過程において本来生じるはずの産業構造の転換、弛まぬ改良・学習による内発的な技術進歩などの生産性上昇要因が機能不全におちいっているという点である。確かに、生産性上昇を伴わない経済活動は、長期的に持続化することは難しい。一説によれば、ヘッジ・ファンドのマネージャーたちは、このクルーグマンの論文を読み、アジア経済の成長・収益性の限界を察知し、タイ・バーツを売り浴びせたという。

実際、アジア諸国の資本の収益率が低下傾向にあったことはよく指摘される事実である。たとえば、一九八〇年代後半以降、いわゆる限界資本産出比率（生産物一単位を増やすのに何単位の物的資本が必要かを表す係数）が上昇していることが観察される。これは資本の限界生産力の低下を意味し、同じ量の生産物を作るのにより大量の資本が必要であることを意味する。この資本の生産力低下の原因が、アジア経済のバブル化、換言すれば工業化を目的とする資本稀少な経済が、資本を不動産投資などあまり生産的でない非貿易財部門への投資に向かわせてしまったことによるのだとすれば、アジア経済の急速な経済成長は、生産性という実体経済のアンカーに欠けていたことになる。生産性の裏付けをもたない生産活動は、人件費や為替レートの急速な変化に対応できず競争力は弱い。その結果、貿易構造の高度化は容易に進展せず、一九九六年の輸出の伸びの鈍化とそれに伴う経常収支の悪化となって顕在化したのではないだろうか。

3　東アジア経済モデルの構造転換

a　沸き起こったＩＭＦ批判

通貨危機後ＩＭＦ管理国となったタイ、インドネシア、韓国では、いわゆるワシントン・コンセンサスにもとづき、アングロ・サクソン流の市場経済モデルの構築に向けてさまざまな構造改革が進められている。その一方で、ＩＭＦ傘下に入らなかったマレーシアでは、一九九八年九月の政変をきっかけに資本取引規制の強化、ドル固定レート制導入に踏み切り、独自路線を取り始めた。自由か規制か、市場か計画か、アメリカ流グローバル・スタンダードを受け入れるか否か、あるいは独自に第三の道を歩むのか、国際社会においても未だコンセンサスが得られていないこの難問に対して、上記三カ国は重大な政策決定を余儀なくされている。以下では、ＩＭＦ政策の二つの柱、すなわちマクロ安定化政策と構造改革策について検討しよう。

通貨危機を収拾する役割を担ったＩＭＦは、当初緊縮的な財政金融政策と金融改革を柱とする構造調整策によって危機打開を図ろうとした。まず、緊縮財政、金融引締め・高利子率を柱とした緊縮的なマクロ経済処方箋によって、通貨価値のとめどもない下落は終息した。しかし、その限りにおいてＩＭＦの政策は正しかったが、副作用として、銀行・企業部門のバランス・シートは極度に悪化し、資金回収、貸し渋りが横行した。さらに悪いことには、こうした金融部門の疲弊が深刻化するなかで、ＩＭＦは債務超過に陥った銀行の大胆な整理・統合を柱とする金融改革を行った。また、通貨価値の急落によって輸出の拡大が予想されたが、その効果はなかなか現れなかった。

こうして危機諸国の経済状況が深刻の度合いを増すにつれ、ＩＭＦ方式に対する批判が高まった。たとえば、前述のサックス教授は、フェルドシュタイン教授とともに危機直後からＩＭＦの古典的緊縮策をアジア経済に適用する危険性を指摘していた一人である。サックスは、ＩＭＦ流のマクロ緊縮策は、放漫財政・公的債務の増加に端を発した一九八〇年代初頭の中南米危機やメキシコ危機（一九九四〜一九九五年）には効力を発揮するが、債務が政府でなく民間の銀行部門で発生しているアジアで適用すると、債務者の利子負担の増大、不良債権の急増などバランスシートの一層の悪化、クレジット・クランチ（貸し渋り）を引き起こし、信用収縮の悪循環に陥ると警告した。果たして、現実はまさに彼の警告どおりとなってしまった。こうした批判を受けてか、ＩＭＦは従来型コンディショナリティ（融資条件）の硬直的適用を徐々に緩和し、ある程度の財政赤字拡大を容認するようになった。

b　残された課題

こうしたＩＭＦの姿勢の変化を受け、最近タイでは緊縮財政から一転して拡張型財政に転じ、ケインズ政策によって冷え切った国内経済を再生しようとしている（ＩＭＦとの合意ではＧＤＰの3ないし5％程度の財政赤字を容認）。また、すでに述べたように、独自路線をとってきたマレーシアは、固定レート制の導入によって為替を安定化させ、金融緩和策によって信用危機・内需低迷からの脱却を図ろうとしている。こうして、アジア危機諸国は、今のところ効果は不確定であるものの、ようやくにして通貨危機後の経済混乱を収拾する手段・手がかりを得つつある。特に、当面は失業者、貧困層を対象とする政府の財政政策は不可欠であり、国民の購買力をできるだけ早急に回復させ、社会不安を防ぐことが政治的安定に寄与する。

一九九九年に入って、アジア危機諸国はＩＭＦ政策のディレンマを克服し、国内総生産は前年同期比でプラスを記録するようになったのは冒頭に述べたとおりである。全治四～五年と言われたアジア危機が二年余りで終息するのは、嬉しい驚きというしかない。しかし、今のところアジア経済の回復は、政府支出による景気浮揚策やアメリカ経済の持続的成長と日本の景気回復による輸出回復によって主導されたもので、消費や民間投資の活発化による自律的回復には至っていない。宮沢構想、新宮沢構想など日本の持続的支援が続けられているが、政府支出の増加を長期にわたって続けていくことはできまい。また、3千億ドルに上る貿易赤字を抱えたままで、アメリカ経済がこのまま持続的成長を遂げていくとも考えられない。日本経済の景気回復も依然として一進一退を繰り返している。さらに、一時期10ドルの大台を切っていた原油価格も最近になってスポット価格は20ドルを越えている。これは産油国であるインドネシアやマレーシアを除く東アジア諸国の資金繰りや経済成長の足を引っ張る大きな要因である。支払いが滞っている不良債権の大半はいまだ手付かずである。最近、IMF、世銀、アジア開銀、OECDなどの国際機関、さらにわが国の主要予測機関によるアジア経済見通しは、本格的な成長軌道を歩むと予想し、大幅な上方修正を行っているが、それはかなり楽観的過ぎるのではないかと思われるのである。アジア経済の回復がアジア通貨危機の後遺症を部分的に癒すことは事実としても、それ自体は今後のアジアの成長の持続性を保証しない。アジアが通貨・経済危機に至った理由や構造的な欠陥を是正していくことによって、はじめて二一世紀のアジアの将来展望を描くことができるのである。危機が通り過ぎたことを理由に構造改革を行わず需要任せの政策を続ける限り、アジア経済危機からの本当の教訓は得られまい。

4　危機を越えて――アジア経済の持続可能な発展のシナリオ

多くのアジア諸国にとって経済成長の達成は、国家の主要な政策原理の一つである。旧社会主義諸国の崩壊がアメリカの豊かな生活にあこがれた民衆の蜂起によって促されたように、貧苦にあえぐ膨大なアジアの民衆にとって経済成長の成果がもたらす所得の向上、生活の向上こそが最大の生きがいといえる。日本をはじめする先進国の経済発展を模倣したアジア型産業政策と呼ばれてきた上からの開発体制は、所得格差の拡大、農村の疲弊と食料問題、著しい都市化と人口集中、環境破壊などさまざまな不均衡を拡大させてきたとはいえ、「明日は今日よりも良い」という民衆の近視眼的な夢を適えてきたのは事実である。ところが、アジアでは通貨危機によって、その夢は無残にも打ち砕かれ、さまざまな綻びが突如として民衆の眼前に現れた。インドネシアで三二年に及ぶスハルト政権が打倒されたのは、まさにそうした民衆の夢が悪夢と化したからからであった。それゆえ、長期的なアジアの経済発展を見通す上で現在問われている最大の問題は、果たしてこうした開発体制が今後も持続可能かどうかという点にある。

結論から先に言えば、迫りくるエネルギー・自然資源の制約、局地的あるいはグローバルな環境悪化、食料問題、人口爆発、巨大都市化、貧富の差の拡大等といった事態が予想されるなかで、日本をはじめとする先進国が到達した物質文明を膨大な人口を抱えるアジアが追求できる余地は小さい。そうしたなかで、従来の開発が志向してきた工業化一辺倒の政策から、人口過剰、貧困問題に悩む多くのアジアにおいて経済成長と環境の適切な調和を図っていくことが、「持続可能な発展」のための必要条件となろう。東アジア経済が、金融改革や財閥あるいは国営企業改革といった一連の構造改革に成功したとしても、資源消費型、環境破壊型の経済成長という基本構造は変わらない。これらの政策は、当面の経済危機の収拾のための緊急パッケージ的な要素が強く、成長の持続可能性を考えるには長期的な視点からアジアの構造的問題に適切に対処していくことが必要である。

残念ながら、どのような成長フレームワークがアジアの持続的発展の基盤となるかについて、具体的なモデルを提示することはできない。そこで以下では、いわゆるトリレンマ問題（経済成長に伴うエネルギー・資源問題、環境問題、人口・食料問題など）や中国、インドの工業化に伴う工業製品のグローバル・グラット問題（世界的供給過剰）をはじめとするさまざまな調整問題がアジアの成長の不安要因であることを念頭に置きつつ、アジア経済が安定した持続的な成長を遂げるためのポイントを指摘するに留めたい。

(1) 外資に依存しない自力成長——雁行形態的発展からの訣別はできるか？

すでにみたように、外資、特に直接投資は、東アジア経済の奇跡的成長に最も重要な役割を果たした。しかし、今回の通貨危機は、安易な外資依存による工業化を長期的に持続化するのは難しいことを明らかにした。特に、直接投資に依存した工業化は、雁行型経済発展を前提としたものとならざるを得ない。そのため、たとえば日本が雁行の先頭に位置するとすれば、それを追う後発国の発展パターンは、長期的に先発国の産業構造、輸出構造に収斂していかざるを得ない。その端的な例が、今や東アジア全体に膨大に蓄積された電気機械産業の工場群であり、日本が先端製品に特化し、アジアが汎用品に特化するにしても、生産過剰状況となるのは不可避である。一九九六年、半導体の供給過剰による国際市況の悪化が今回のアジア通貨危機を深刻化したように、電気機械部門に特化した生産・貿易構造は、かつての一次産品特化の場合と同様、交易条件の持続的悪化をもたらす可能性が高い。

残念ながら、こうした窮乏的成長を回避するための方策はあまりない。当面、日本、アジアNIES、ASEAN、中国等と経済発展の格差が存在し続けるうちは、雁行形態的な成長パターンはポジティブ・サムをもたらすが、長期的にはアジア各国の生産構造・貿易構造の調整が不可避となる。日本の機械産業が成熟化しつつある現在、国際的な産業調整の問題は、直ちにとりかかる必要があり、その調整に失敗すれば、東アジア経済の分業はポジティブな効果は廃れ、相互に敵対的なものとなる可能性すら残されている。これまで、アジア各国は互いに工業化を目標としてきたが、それは日本、アジアNIES、ASEAN、中国で工業化の層が異なっていたから摩擦なく進められてきたのであって、中長期的には先進国間の貿易のように水平貿易の割合が高まるにつれて、一国の利益が他国の経済的不利益をもたらす可能性が高い。

こうした産業調整の問題に対する有効な解決策は、現在EUで行われているような多国間調整機構をアジア、あるいはAPEC域内で組織し、そこで最適な産業配分政策を策定することであろう。しかし、その際、多国籍企業の戦略とどのような連携を図るかは大きな問題であり、国益と企業の利益の不一致、あるいは企業間の競争の問題を巡り難問が山積している。たとえば、OECDで行われていた造船部会等では生産の割り当てが検討されたが、結局のところ強者必勝・弱者敗退の図式に委ねざるを得ない結果となっている。特に、素材、機械工業の生産は規模の経済効果が大きいため、勝者は自らの競争優位をますます強化することができる。したがって、市場の論理に任せておけば、長期的なアジアの貿易パターンは経済規模の大きな中国、日本などの一部の国に工業力が集中し、他の国は大国が手がけないニッチ部門に特化するか、一次産品、農業、鉱物資源などいわゆる非競争財部門に特化するしかない。いずれにしても、この「二一世紀のケインズ問題」は、工業化を進めるアジア経済の持続可能性を維持する上で克服すべき大きな課題となることは間違いないだろう。

(2) 経済の二重構造の克服

韓国、ASEAN諸国に代表される多くの東アジア諸国は、依然として生産に必要な工業部品、投資財の供給を日本など先進国に依存している。それは、工程間分業、企業内貿易の進展となって東アジアの貿易構造を特徴づけるものといえるが、工業化を図ろうとするアジア諸国は一刻も早くこの従属的な状態から脱出し、フルセット型の産業構造の構築を産業政策の基本として掲げている。実際、アジア諸国にとって、工業部門の二重構造は顕著である。中国の国営企業と郷鎮・地場企業との格差、ASEAN諸国における外資系・多国籍企業と小規模下請け企業との格差、韓国における財閥・大企業と中小企業との格差など、アジア各国の製造業は決して一枚岩ではなく、ヒエラルキーが形成されている。

工業化を効率的に進める上で、こうした残存する格差は大きな障害となる。たとえば、インドネシアでは、外資系企業は、現地に適切な中小下請け企業が見つからないため、部品の発注は国内ではなく、本国からの輸入で賄うのが常であった。その結果、外的なショックに対して生産部門は脆弱であり、たとえ企業内で生産性の改善努力を行っても、わずかな為替レートの変動や国際市況の変化によって、価格競争力は大きく変化してしまうことになりかねない。したがって、東アジアの工業化を持続化するためには、国内の製造業の裾野を広げるための中小企業政策の見直しが必要であろう。また、併せて、工業労働者のスキルの充実、労務管理・経営システムの近代化など中小企業の生産性のボトルネックとなっていた要因の改善も不可欠であろう。

(3) 農業・アグリビジネス部門の強化

上述の(1)、(2)の条件は、東アジアの工業化を前提としてきた。確かに、工業化は、低生産性の農業部門から工業部門への大規模な資源の再配分を伴い、生産力の向上は所得・購買力の向上をもたらす。しかし、その一方で、工業化はGDPの成長に計上されない環境への負の効果をもたらす。また、農業部門は一般に高い雇用吸収力をもつのに対して、工業部門は労働集約的な製品を除き、一般的には労働節約的な技術進歩を遂げてきている。したがって、農村地域を中心に膨大な余剰労働力を抱えるアジア諸国が工業部門のウェイトを高めていくことは、雇用や生活の安定にとって大きなリスクを伴うことになる。

その意味で、アジアの持続可能な発展を考える上で、農業あるいはアグリビジネスの振興は雇用の安定、食料の安定的供給を図る上で、相当重視すべき課題になると思われる。従来、農業部門への投資は工業部門に比べて著しく軽視されてきた。しかし、環境問題に対処するためにも、工業化一辺倒の政策体系から、自然システムと経済社会システムの安定的調和を考慮した政策体系への転換が、アジアにこそ必要とされるのである。

5 おわりに

二一世紀に起こるであろうグローバルな経済問題、環境問題の解決に際して、先進国、途上国の対話と協調が不可欠であることは言うまでもない。アジアにおいてはこれまで経済成長率が高かったこともあり、構造的問題は真剣に論議されてきていない。しかし、アジア諸国が一様に先進国へのキャッチアップに向かって、従来のような工業化を追求することは不可能である。それは、すべての国が自動車の生産大国になること、また膨大な人口を抱える中国やインドが工業化と引き換えに食料の輸入大国になることがほぼ不可能であることから明らかであろう。その意味で、従来のアジアの工業化・経済開発は、その前提として他に影響を与えないし受けることもないという経済学でいういわゆる「小国の仮定」を想定して行われてきた。あるいは、フロンティアは常に拡大するという暗黙の前提の下で、さまざまな開発政策が行われてきた。しかし、地球の資源・環境の有限性が明らかとなる二一世紀には、たとえ途上国の民衆が一層の経済的進歩を望んだとしても、必ずしも二〇世紀に先進国が達成したようには実現できないこと、その不条理性をいかにして克服するかが大きな問題となろう。現在はもちろん、二一世紀になってもそうしたグローバルなレベルでの資源配分を取り仕切る世界政府は存在しないだろう。そうしたなかで、東アジア諸国は、世界経済の不安要因を増幅しつつ現在の工業化を推し進めるのか、あるいは地球人口の半分を抱える巨大な地域であることを自覚し、自然の限界、地球の限界を考え、西欧型の物質文明を乗り越えたアジア的な文明システムを構築するのか、今後通常の南北問題の枠を越えた議論が行われることを期待したい。

注

(1) ここで、東アジアは、韓国、台湾、シンガポール、香港のアジアNIES四カ国、タイ、マレーシア、インドネシア、フィリピンのASEAN四カ国、さらに中国を指すものとする。通貨危機の直接被害を受けたタイ、マレーシア、インドネシア、フィリピン、韓国の五カ国を特に「通貨被災国」と呼ぶ。

(2) かつてアジアに対するユーフォリア的議論を痛烈に批判したクルーグマンは、現在の回復の兆候がすぐさま成長復帰につながるものではないという見方をしている。また、IMFのフィッシャー副専務理事も、アジアが回復過程にあることを認めつつも、今後高成長が再現するとは予想していない。クルーグマンのインターネットホームページ上にある"Recovery? Don't Bet on it"および、フィッシャー論文はIMFホームページ上の"The Asian Crisis: the Return of Growth"を参照のこと。アジア危機に関する日本語文献は数多い。ここでは、本節と同じ持続可能性の視点から論じた好著として唐沢敬『アジア経済の危機と発展の構図』朝日選書、朝日新聞社刊、一九九九年のみをあげておく。

(3) 東アジアの国際競争力分析については、星野優子・櫻井紀久『技術波及の効果とアジア経済の成長力、輸出競争力』電力中央研究所研究報告Y98021を参照のこと。

（4）アジア経済の奇跡が始まりつつあった一九八八年、筆者は、国際協力事業団の依頼でインドネシア工業省（現商工省）に赴任し、第五次五カ年経済計画（一九八九〜一九九三年間）の策定に携わった。最終的な計画案は、年率5％の経済成長、10％の工業部門の成長、15％の輸出成長率とされた。逆オイルショックによる原油・ガス価格の低迷下、非石油・ガス輸出による工業化への期待が現れている。計画期間中の実際の経済成長率は計画値より2％高い7％に上った。

（5）青木保著『アジア・ジレンマ』中央公論新社、一九九九年。

（6）Sachs, Jeffery, "The Wrong Medicine for Asia," *The New York Times*, November 3, 1997.

II部　21世紀の問題群

20世紀、人類は2度の世界大戦や絶え間ない民族・地域紛争に苛まれながらも、科学技術の著しい進歩によって先進国を中心に工業文明が花開き、物質的繁栄を謳歌した。しかし、同時にこの繁栄は、南北問題の激化や社会的格差の拡大を助長するとともに、人口爆発、エネルギー資源の枯渇、環境問題の深刻化をもたらし、人類を育む宇宙船地球号に多大な負荷を掛けた。今後人類の叡智を再結集してこれらの問題に対処しなければ、21世紀は人類滅亡の端緒を開く世紀となる可能性すらある。21世紀を多難な時代でなく安定した豊かな世紀とするためにも、II部では、今後人類が直面する諸問題、——本書では人口問題、都市化問題、食料・農村問題、資源・エネルギー問題、環境問題といった問題群を21世紀の問題群と呼ぶ——について詳細に吟味しよう。

4章　二一世紀の問題群

佐和隆光

1　二一世紀のケインズ問題

a　先進国と発展途上国の分業

経済発展とは「工業化」である、という在来型のものの考え方を前提にすえて話を先に進めよう。一九七〇年代末までのアジアの発展途上諸国では、電気機器、自動車、化学繊維などの工業製品はほとんど生産されていなかった。いいかえれば、工業製品のほとんどがOECD二四カ国、旧ソ連東欧、アジアNIES（韓国、台湾、香港、シンガポール）の三つの地域で生産されていた。これら三つの地域の一九八〇年の時点での人口は11億8200万人であった。他方、それら以外の地域すなわち発展途上諸国には32億4300万人の人が住んでいた。

いかなるモノ作りであれ、閉じられた地域内だけにしか販路をもたなければ、やがては必ず作り過ぎになる。一例としてビデオテープレコーダー（VTR）を考えてみよう。VTRの生産が始まったのは一九七五年のことである。新製品が発売されて当初のうちは値がかさむため、一部のお金持ちしか買えない。お金持ちが買えば、量産効果が働いて値段がいくらか下がる。値段が下がれば、次のお金持ちが買うから、二次的な量産効果が働き、さらに値が下がる。そして次の次のお金持ちがといった具合に話が進み、やがて国内の普及率は頭打ちとなり、その後は取り替え需要を満たす分だけしか売れなくなる。そうなると、ピーク時の需要を満たすためにつくられたVTR工場をとりこわさないかぎり、生産過剰ないし稼働率の恒常的な大幅低下という深刻な事態に直面する。しかし、日本のVTRメーカーがそうした事態に直面したという話をついぞ耳にしたことがないのはなぜなのか。その理由は明白である。幸いにも輸出という絶好のはけ口があったからである。先進国向けの輸出もあるが、途上国への輸出もある。一九九五年の日本からの電気機器の輸出に占める途上国向けの比率は34％、自動車のそれは21％である。いずれの数字も割に小さいのは、現地生産が本格化したことを反映している。

一九七〇年代までの先進諸国と途上諸国の貿易を、先進国の工業製品と、途上国の農林水産物、地下資源との交換とみなすことができる。このような交換が成立していたからこそ、先進諸国は工業製品の作り過ぎという事態を回避することができたのである。いいかえれば、一九八〇年ごろまでは、先進国と途上国とのあいだに明確な「分業」が成立していたし、途上国が工業製品のアブソーバー役を引き受けてくれていたからこそ、先進国の経済は成長することができたのである。

b　途上国の工業化がもたらすケインズ問題

東アジアの発展途上諸国の工業化が始まったのは、国によって多少の時間差はあるが、おおむね一九八〇年代の半ばである。中国の工業化が本格的に始まったのは一九八五年である。八四年から八五年にかけて、中国でのカラーテレビの生産台数は134万台から435万台に、エアコンディショナーは6万台から12万台に、自動車は24万台から32万台に、電気冷蔵庫は55万台から145万台にいずれも急増した。一九九五年時点では、これらの工業製品の生産台数は、カラーテレビ1958万台、エアコンディショナー520万台、自動車150万台、電気冷蔵庫930万台である。いずれも大幅な増加をみた。自動車以外は日本国内の生産台数を上回っている。家庭電化製品の普及率をみておくと、一九九五年時点で、カラーテレビ90%、電気洗濯機89%、電気炊飯器85%、テープレコーダー73%、電気冷蔵庫66%、ガス瞬間湯沸器30%、ビデオ18%、エアコンディショナー8%である。これらの普及率は、一九七〇年前後の日本のそれらとほぼ同率である。

中南米の工業化は東アジアよりも一歩先んじていたし、西南アジアの工業化は東アジアに一〇年ほどの遅れをとっている。ともあれ二〇一〇年にもなれば、中南米とアジアが「世界の工場」となっていることは疑うべくもあるまい。そうなると、工業製品のアブソーバー役を引き受けるのは、中東とアフリカだけになる。一九八〇年当時は、世界人口の73％が工業製品のアブソーバー役を務めていた。二〇一〇年には、世界人口に占めるアブソーバー役の比率は10％前後にまで低下する。そのため、世界的な生産過剰は避けがたいのではあるまいか。その結果、工業製品の生産国は、限られた市場の奪い合いにしのぎを削ることとなるであろう。

途上国における工業化の進展は、途上国に住む人びとの所得水準を高め、工業製品への需要を喚起するはずだから、過剰生産など起こるはずがない、との反論に答えておこう。所得を得るためには働かねばならない。工業化の進む段階では、労働力人口の少なくとも三分の一が製造業で働くことになる。いくら中国の人口が多くても、人口の多い分だけ製造業で働く人の数は多くなるから、先にＶＴＲを例にひいて説明したようなプロセスがあらゆる工業製品に対して働き、時間的な長短はともかく、必ずや国内の生産能力が国内の需要を上回ることになる。そうなると、過剰生産のはけ口を輸出に求めざるをえなくなる。

一九九五年時点での中国の就業構造をみると、一次産業52・2％、二次産業23・0％、三次産業24・8％となっている。八五年には、一次産業70・5％、二次産業17・4％、三次産業12・1％であったことと照らし合わせてみれば、また、近年の工業化の急進展ぶりを加味すれば、二〇〇五年に二次産業の就業者比率が30％を超えるのは確実とみてよいだろう。なお九五年の二次産業就業者数は１

億5849万人であり、日本のそれの八倍近くにも及ぶ。豊富かつ低廉な労働力を求めての生産拠点の中国への移転は今後とも進展するであろうし、また技術の移転も進み、労働生産性は飛躍的に向上するであろう。そのとき、2億人もの人が二次産業で働くとなると、膨大な量の工業製品が中国から輸出されることになる。一〇年前の大アブソーバーが、いつの間にか転じて大洪水の水源と化しつつあるのだ。

マニュアル化された製造業の国際競争力の決め手となるのは価格であるからには、豊富な低賃金労働を有するアジアや中南米が国際競争力に勝るはずである。したがって、もし自由な市場メカニズムに任せておけば、二〇一〇年ごろには、パリ、ロンドン、ニューヨーク、どこに行っても中国製の自動車が走り回っていることになろう。経済学の論理にしたがえば、先進国はマニュアル化された製造業から撤退し、情報通信関連のモノ作りとサービス、ソフトウェアに特化するはずである。しかし、いずれの国にとっても、国際競争力を失った産業分野からの撤退はそう簡単には進まない。特に発展途上諸国の工業化があまりにも急速に進展しすぎるため、先進国の産業構造の転換に要するさまざまな調整のための時間的余裕がない。

そこで先進諸国は、自国の製造業を守るために、なんらかの保護貿易策に頼らざるをえなくなる。たとえばヨーロッパ連合（EU）は域内の製造業を守るために、ブロック化の度合いをいっそう強めることであろう。要するに、発展途上諸国の工業化の急進展が世界的な過剰生産という不測の事態を招き、自由主義経済の論理に逆らう行動を先進諸国にとらせるのである。発展途上諸国の発展と自由主義経済の論理のきたす「矛盾」のことを「二一世紀のケインズ問題」と呼ぶことにしよう。

2　二一世紀のマルサス問題

a　急増する途上国のエネルギー需要

発展途上諸国の工業化にともない、石油をはじめとする一次エネルギーに対する需要は確実に増える。家庭電化製品の普及は電力需要を確実に増やし、自動車の普及、貨物輸送の増加、飛行機による旅行の増加は、石油需要を確実に増やす。一九九五年時点では、中国の電力消費は年間９６８１億キロワット時であり、同年の日本のそれを27％も上回っている。また、最終エネルギー消費は石油換算で５億５９００万トンであり、日本のそれを85％も上回っている。

先に述べたように、中国における一九九五年時点の各種家庭電化製品の普及率は、一九七〇年当時の日本のそれらにほぼ等しい。一九七〇年から九五年にかけて、日本の電力需要は２・８倍（伸び率は平均年率４・２％）にまで急増した。以上の数値から推すかぎり、控えめに見積もっても、二〇一〇年の中国の電力需要は倍増するものと予想される。揚子江上流の三峡に出力１４００万キロワットという巨大水力発電所の建設が始まった。この巨大ダムの建設が歴史的遺産の水没や動物種の絶滅といった深刻な問題を引き起こすとはいえ、急増する電力需要に応えるための窮余の一策と解さざるをえまい。また中国は原子力発電所の建設にも積極的であり、九五年末の原子力発電所の総出力180万キロワットを、二〇一〇年には総出力3700万キロワット（九五年末時点の日本並み）にまで増設することが計画されている。

目下のところ、中国での自家用乗用車の普及率はきわめて低い水準にとどまっているが、耐久消費財の普及は、いったん堰を切れば、怒濤のごとく進むのが過去の経験の教えるところである。一九五〇年代後半の日本には「三種の神器」という言葉があった。電気洗濯機、電気冷蔵庫、白黒テレビの三つを、そう呼んだのである。一九六〇年代の半ば過ぎにもなると、「三種の神器」の普及はほぼ飽和状態に達した。かわって耐久消費財市場に登場した新顔が三C（カラーテレビ、クーラー、カー）であった。

中国の工業化にともなう勤労者の所得水準の向上は、目下のところ、家庭電化製品への堅調な需要の伸びを支えている。しかし、中国でも「三種の神器」の普及は飽和状態に近づいている。中国の消費者の次のターゲットとなるのが、エアコンディショナーと自動車であることは確実とみてよいだろう。目下のところ中国の消費者の購買力は、自動車を買うまでには至っていない。しかし、国産小型乗用車の第一号であるスバル360が42万5000円で日本で売り出された一九五八年には、大学卒の初任給が月額1万2000円であったことを思えば、また割賦販売制度が整備されれば、100万円前後の小型乗用車を買えるだけの余裕のある消費者は決して少なくあるまい。おそらく二〇〇〇年ごろを境目にして、エアコンと自動車の爆発的な普及が始まれば、ガソリンと電力の需要は激増することであろう。

b　モータリゼーションの功罪

中国のモータリゼーションは、深刻な問題を引き起こしかねない。一九九三年、中国の一人当たりの石油消費は122リットルであるのに対し、アメリカは2984リットル、日本は2065リットル、韓国は1729リットル、台湾は1381リットルである。中国のモータリゼーションが韓国並みになれば、ただそれだけで世界の石油消費は年間20億3400万リットル増える。九三年の世界の石油消費は31億2600万リットルだったから、65%もの増加ということになる。東アジアのその他の諸国もまた、中国とおなじようにモータリゼーションを推し進めるならば、事態はますます深刻化するであろう。

自動車産業の振興ほど経済成長に資するものはない。いずれの途上国もそのことをよく知っている。経済成長を最優先の政策課題にすえるならば、各国の政策担当者は自動車産業の振興を図るであろう。日本、アメリカ、ドイツの自動車メーカーとの合弁企業をまず作り、部品メーカーを育ててゆく。自動車産業の勃興は、鉄鋼をはじめとするほとんどの重化学工業への強い波及効果をもつ。しかも自家用乗用車の普及は、ガソリンスタンドをはじめさまざまなサービス産業をはぐくみ、大量の雇用機会をつくりだす。

しかし問題なのは、自動車が枯渇性資源である石油を精製して得られるガソリンを燃料にするという点である。一九九五年時点では、石油の可採年数は43年と見積もられている。もしアジアの国々がモータリゼーションを推し進めれば、可採年数は25年程度にまで縮まりかねない。ということは、さほど遠くない将来、第三次石油ショックが起こり原油価格が高騰し、「神の見えざる手」による石油需要の抑制が図られるのであろうか。

もう一つの問題は、モータリゼーションのもたらす環境問題である。ガソリンの燃焼にともなう硫黄酸化物、窒素酸化物の発生は大気を汚染し、呼吸器系統の公害病の原因となる。次節で述べるように、ガソリンの燃焼にともなう二酸化炭素の排出は地球温暖化の原因となる。ともあれ、世界の人口の約半数が住むアジアの発展途上諸国におけるモータリゼーションの進展は、想像される以上に深刻な事態を引き起こすものと懸念されるのである。

地球環境問題については次項で詳しく述べることにして、以上のような発展途上諸国の工業化にともなうエネルギーと環境の危機を「二一世紀のマルサス問題」と呼ぶことにしよう。この問題への処方箋もまた、次項まで先送りしておこう。

3　地球温暖化という難問

a　衣食足りて礼節を知る

環境の保全と経済成長は、おたがいにトレードオフの関係にあるといわれる。たしかに一九五八年に始まった高度成長期には、経済成長があくまでも最優先されていたし、大気の汚染や水質の汚濁をほとんどだれも気にとめなかった。「衣食足りて礼節を知る」という中国の古い諺がある。「生活が豊かになって初めて、道徳心が高まり礼節を知るようになる」という意味である。一九六七年に日本の国内総生産は西ドイツとイギリスのそれを追い抜き、念願の「追いつき追い越せ」の目標がひとまず達成された。そこでふと立ち止まって身の回りをながめてみると、都市の大気は汚染し、河川の水質は汚濁し、水俣病のような公害病がほったらかしにされているのが、人びとの目にとまった。こうして六〇年代末になってようやく、産業公害、都市公害への果敢な挑戦が始まったのである。多方面の努力の結果、産業公害と都市公害の克服は功を奏し、大気も河川も六〇年代末と比べれば、みちがえるほど浄化された。一例として、大気中の硫黄酸化物の濃度をみると、火力発電所や製鉄所の石炭燃焼設備に脱硫装置を設置したり、ガソリンの品質を改良することによって、0・06ppmから0・02

ppmにまで大幅に改善された。

その半面、自動車の台数の著しい増加は、大気中の窒素酸化物の濃度を上昇させたし、地球温暖化の元凶といわれる二酸化炭素の排出量を激増させた。また、宅地造成、別荘地の造成、高速道路網の整備、ゴルフ場の開発などにより、自然環境の破壊は確実に進んでいる。人類にとっての遺産ともいうべき京都などの歴史的景観の非可逆的な破壊もまた進んでいる。

b　地球環境問題への関心の高まり

環境保全と経済成長のあいだに明確なトレードオフ関係が認められるとき、両者のどのような組み合わせを選ぶのかは、国民の選択にゆだねられる。一九五八年から六七年にかけての高度成長期の前半期には、経済成長のほうがはるかに優先されていた。経済成長という盾の背面に隠されていた環境汚染に人びとが目をやり始めた六〇年代末には、「経済成長などもうたくさん」というゼロ成長論が幅を利かすなど、振り子は環境保全の方向に大きく振れた。ところが一九七三年十月のオイルショックを経てのち、再び「衣食の足りない」状況に追い込まれたせいか、人びとは「礼節を忘れた」、すなわち環境問題への関心を一気に冷えこませた。

一九八七年、日本の一人当たり国内総生産はアメリカのそれを追い抜き、世界第四位となった。人びとは「衣食の足りた」ことを改めて実感したのである。翌八八年、カナダのトロントで開催された先進七カ国サミットにおいて、地球環境問題がはじめて議題にとりあげられた。サミットが終了して一週間後、おなじトロントでカナダ政府主催の地球環境問題国際会議が開催され、「もしこのまま二酸化炭素の排出量を増やし続けるならば、二一世紀末に地表の平均気温は3度上昇し、海面が60センチ上昇する」というショッキングなシミュレーション結果が報告されたりもした。これをきっかけにして地球環境問題への関心がにわかに高まりをみせ、世界中の新聞やテレビが大きく採り上げるところとなった。こうした関心の高まりを受けて、翌八九年のパリ・アルシュ・サミットにおいては、地球環境問題が経済宣言の三分の一を占めるほどまでにもなった。

なぜこの時期に地球環境問題だったのだろうか。その理由は東西冷戦の終結に求められる。一九七五年に始まった先進七カ国サミットは、八〇年代の初頭まではOPEC（石油輸出国機構）に対して、その後は「悪の帝国」ソ連に対して、七カ国の結束を誇示するためにあった。ところが八〇年代末になって冷戦が終結し、石油の需給も緩和されたとなると、先進七カ国サミットの議題にとりあげるべき格好のテーマがみあたらなくなった。その折りも折り、「持続可能な開発」を提唱する国連・環境と開発に関する世界委員会（ブルントラント委員会）の報告書が一九八七年に刊行され、人類共通の課題であると同時に「持続可能な発展」のための方途にかかわる地球環境問題が、サミットの格好の議題の一つとして浮かび上がってきたのである。

c　地球温暖化問題とは

地球環境問題とは、地球温暖化、フロンガスによるオゾン層の破壊、酸性雨、生物多様性の減少、海洋汚染、森林伐採など多岐にわたっている。しかし、経済社会との関わりがもっとも深く、かつ解決のもっともむずかしいのは、大気中の二酸化炭素濃度の上昇に起因する地球温暖化問題である。

現在、地球表面の平均気温は15度前後に保たれている。太陽光線は大気を通過して地表面を暖め、暖められた地表面は大気中に赤外線を放出して冷えてゆく。熱のやりとりがこれだけなら、昼夜の気温差はもっと大きいはずである。夜間の気温の低下がさほどでないのはなぜなのか。光はよく通すけれども赤外線（熱）を吸収する「温室効果ガス」が、まるでビニールハウスのように地球を覆っているからである。温室効果ガスのおかげで、夜間の地表の気温の低下は生物が生存できる範囲内に収まっている。実際、もし温室効果ガスがなければ、地表の温度は夜間マイナス18度くらいまで低下するといわれている。温室効果ガスとしては、水蒸気、二酸化炭素、メタン、亜酸化窒素、オゾン、フロンなどがある。温暖化へのそれぞれのガスの寄与度は、二酸化炭素63・7％、メタン19・2％、フロン10・2％、亜酸化窒素5・7％、その他1・2％となる。

産業革命以前の大気中の二酸化炭素濃度は２８０ｐｐｍｖであったのが、一九九四年時点では、３５８ｐｐｍｖにまで上昇している。おそらくはそのせいで、過去一〇〇年のあいだに地表の温度が

0・3度ないし0・6度上昇したのであろう。大気中の二酸化炭素濃度の上昇と地球温暖化の因果関係についての科学的知見は、一九九五年十二月に公表されたIPCC（気候変動に関する政府間パネル）の第二次報告書により、ほぼ必要にして十分なレベルに達したと認識されている。

地球が温暖化するとどんな不都合が生じるのだろうか。まず第一に、海水の膨張などにより海面が上昇し、沿岸地域が水没したり、洪水や高潮の被害が増えたり、わが国の美しい砂浜が失われたりする。第二に、マラリア、黄熱病、コレラなどの感染病が猛威をふるう可能性が高まる。第三に、異常高温、洪水、干ばつなどの異常気象が世界各地で頻発し、その被害が大規模化する。第四に、世界全体の平均気温が2度上昇すれば、全森林の三分の一の面積で生育する植物種の構成が変わらざるをえず、その結果、生態系に異変が生じ、生態系の変化が温暖化のスピードに追いつかなければ、森林が破壊され温暖化を加速する。第五、異常気象や害虫の増加が穀物の収量を低下させ、熱帯、亜熱帯地域での飢饉の可能性が高まる。

d　地球温暖化問題は何を問うているのか

地球温暖化の元凶が化石燃料の燃焼にともなう二酸化炭素の排出であるからには、地球温暖化防止のためには、化石燃料の消費を抑制ないし削減しなければならない。一八世紀末の産業革命の原動力となったのは蒸気機関であり、蒸気機関の燃料とされたのは石炭であった。二〇世紀にはいると、扱いやすい石油が燃料としての石炭に置き換わり、また一九一〇年代に大量生産の始まった自動車の燃料として、石油は欠かせぬ役割を担うようになった。電力の集中生産と長距離輸送が始まったのは一九世紀末のアメリカにおいてのことだが、大規模集中発電のための燃料としての役割をも、石炭と石油が担うこととなった。

このように私たちは、石炭と石油を大量消費することにより、今日ある「豊かさ」を獲得することができたのである。したがって、地球温暖化を防止するために、化石燃料の消費を抑制ないし削減せよというのは、二〇世紀型工業文明を根本的に見直せというに等しいのである。二〇世紀型工業文明は、大量生産、大量消費、大量廃棄をその旨とする、今日、大部分の先進諸国を包み込む壮大な文明である。この文明にかわる文明とは、いかなる文明なのだろうか。それを私は「メタボリズム文明」と呼びたい。メタボリズムとは循環・代謝という意味である。もっと具体的にいうと、適正消費、極少廃棄、省エネルギー、リサイクル、製品寿命の長期化などを内容とする文明なのである。

文明の転換のために何よりも必要なのは、私たちの価値規範を塗り替えることである。価値規範は時代文脈の所産である。時代は価値規範を規定し、価値規範は時代を規定する。二〇世紀型工業文明のもとでの一人当たりＧＤＰ競争の勝者である私たちは、私たちの価値規範をそれにかなうように無意識のうちに改編してきたし、また手際よく改編できたからこそ勝者となりえたのである。メタボリズム文明にかなう価値規範とはなんなのか。その子細に立ち入る余裕はないが、メタボリズム文明を駆動する価値規範と、ポスト工業化社会を駆動する価値規範とは、おたがいにきわめて近しい関係にある。そのいずれもが、工業化社会へのアンチテーゼ——ポスト・マテリアリズム（脱物質万能主義）——という点で相通ずるところがあるからだろう。その価値規範を工業化社会のそれと対照させながら要約すれば、次のとおりである。集中から分散へ、効率から公正へ、画一から多様へ、量から質へ、複雑から簡素へ、制約なしの極大化から制約つきの極大化へ、メーンフレーム型からパソコン・ネットワーク型へ。

e 先進国責任論

発展途上諸国の工業化の進展にともない、自動車と家庭電化製品の普及率が高まり、石油をはじめとする枯渇性エネルギー源への需要が急増し、環境汚染が深刻化することについては、以上に述べたとおりである。だからといって、地球環境保全のために発展途上国の発展にブレーキをかけて欲しいなどというのは、身勝手な暴論もはなはだしい。なぜなら地球環境が危機に瀕するようになったのは、大量生産・大量消費・大量廃棄の二〇世紀型工業文明を飽くことなく謳歌してきた先進諸国の責任なのであって、みずからの発展を既得権益とみなすかのような、すでに発展した国々の発言は「公正」の公準に照らして受け入れがたいからである。発展途上諸国は「発展権」をもつという主張のほうが、はるかに説得力に富んでいる。二酸化炭素の排出総量を温暖化の危険水準以下に抑えようとするならば、最初にやるべきなのは、先進諸国の排出量をできる限り削減することである。

一九九三年時点の、一人当たり年間二酸化炭素排出量のOECD諸国の平均値は3・50トンであるのに対し、途上国の平均値は0・42トンである。アメリカのそれは6・27トンと群を抜いている。これだけの大きな格差を既成事実とみなして、格差の是非についての判断を避けるのは、先進国の身勝手としかいいようがあるまい。今後、発展途上国の一人当たり二酸化炭素排出量が増えるのは致し方がないとした上で、先進国が自国のそれを削減する努力を怠ってはなるまい。

以上のような共通認識のもとに、一九九七年十二月に京都にて開催された気候変動枠組（地球温暖化防止）条約第三回締約国会議（COP3）において、条約附属書Iの締約国（先進国および市場経済移行国）は、二〇〇八年から二〇一二年の期間中の二酸化炭素の平均排出量を、一九九〇年レベルに比して削減または抑制することを義務づけられた。しかしながら、途上国に何らかの排出抑制義務を課すことは現在に至るまで実現されていない。

IPCCの第二次評価報告書によると、二酸化炭素の大気中の濃度を550ppm（産業革命以前の濃度の約二倍）に安定化させるためには、地球全体の排出量を現在のレベルの50%以下に抑え込む必要がある。一九九三年の世界の二酸化炭素排出総量64億2000万トンの50%というと、32億1000万トンである。とりあえずのステップとして、京都議定書に定められた、EU8%、アメリカ7%、日本6%などの削減を二〇一二年までに実施したとしても、その間の途上国の排出量の増加を相殺するにとどまるだろう。その意味では、発展途上諸国に「二酸化炭素の排出量の増加をともなわない発展のパス」を歩んでもらうよう働きかけることを怠ってはなるまい。

5章 人口問題

長尾侍士
若谷佳史

1 世界人口の長期的な動き

a 世界人口の推移と予測

プロメテウスの神話に俟つまでもなく、人類は技術によって栄えてきた。一万年程前までは、細々と火を用いながら、狩猟と採集により数百万から数千万人の人類が生息していたという。やがて農耕と牧畜を身に付けた人類は、西暦元年頃までに3億人程に増加し、その状態は一千年程続いた。その後の民族大移動や新大陸への移住などを経て、西暦一八〇〇年の地球人口は10億人に達する。その後

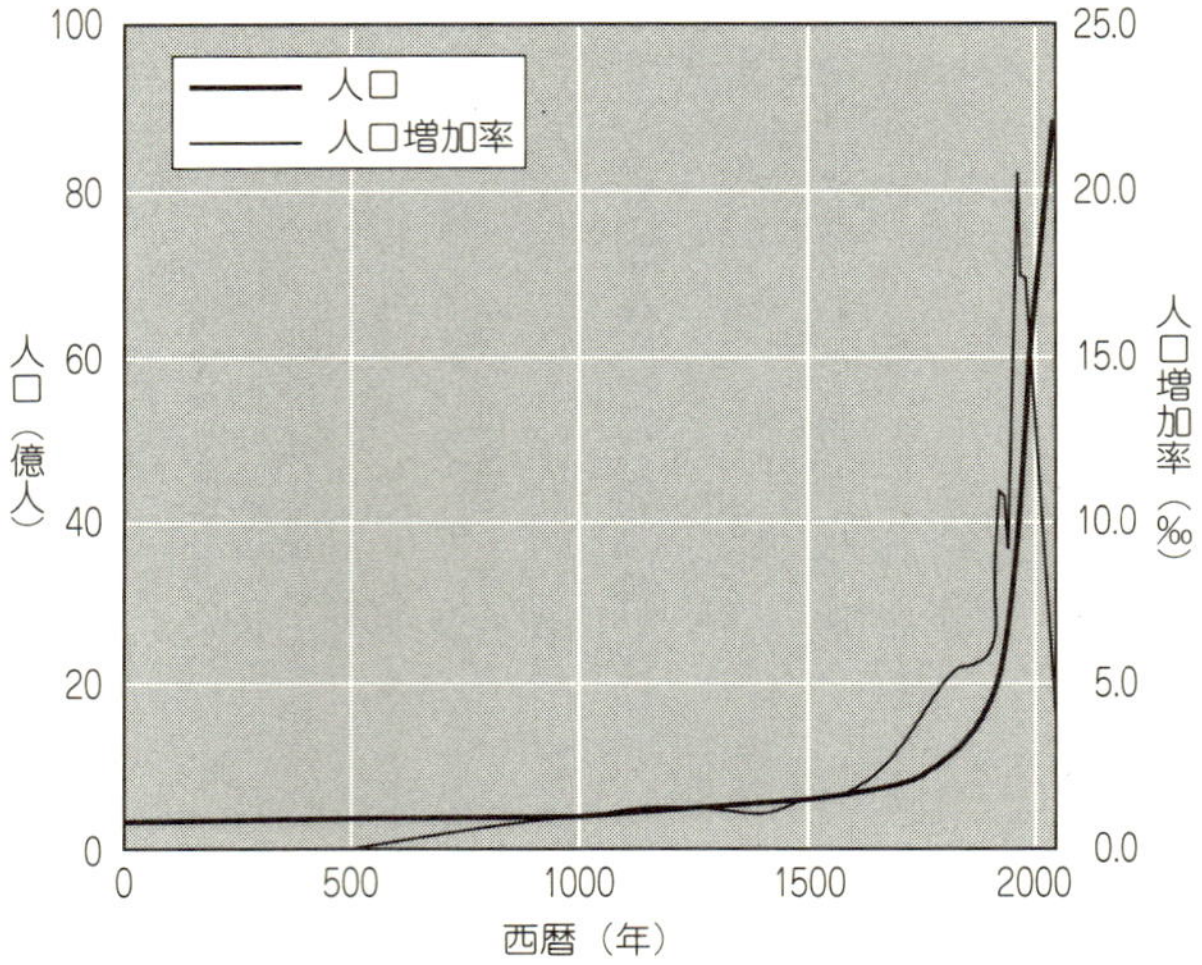

図5・1　世界の人口と人口増加率の推移

半には化石燃料の使用と産業革命の動きが重なる。

それ以降、地球上の人口は爆発的に増加し、一九二〇年には20億人、一九七〇年には40億人を数え、一九九九年十月十二日には60億人に達したと見られる。しかも人口の倍増期間は次第に短くなっており、人口増加に起因する人類の悲惨を指摘したマルサスの予言が二百年経った今、新たな形で再登場してきたともいえる（図5・1）。

最近、国連による二〇五〇年世界人口の予測は、一九九二年推計値の100億2000万人からこの数年で11％も下方修正がされ、一九九八年推計値では89億1000万人とされた。この長期予測を変えたのは、一つは先進国で経験されてきているように、技術に支えられた経済・文化的進展の下で人口が飽和あるいは微減する傾向である。もう一つは、いくつかの最貧国、途上国で起こっている、人口増加に食糧、住居、就学機会等の提供が追いつかず、また森林破壊、土壌汚染、水位低下が進行し、結果として死亡率の増加につながっている傾向である。しかし、これらの傾向はまだ一部の国に見られるだけであり、しばらくは途上国を中心とした地球人口の伸びはその傾向を維持するであろう。

そうすると、これから半世紀のうちに地球上には現在の1・5倍近い人が住むことになり、その最小限の欲求を満たすだけのためにも、世界の経済規模を数倍にする必要があるといわれる。このため、人口問題は二一世紀に直面する問題群のなかでもきわめて根元的なものとされる。この問題をとらえる基本的な視点としては、人口の増大を単なるトリレンマの背景として見るだけでなく、トリレンマ解決への種々の処方箋が人口にもたらす影響もとらえておくことが重要である。

b　人口変動の要因

さて、人口変動は、出生、死亡、および移動から構成される。このうち出生と死亡は、人口の長期変動の趨勢について一九四五年にF・ノートシュタインが提起した概念である「人口転換」において中心的な指標である。人口転換とは、人口変動が時間的に一定の段階を経て展開するという仮説である。

この仮説では、まず始めは、①人口規模が小さく、出生率と死亡率がともに高く、ほとんど人口が変化しない段階にある。そこから、②出生率は変化しないかやや増加し、死亡率が減少する人口急増の段階（死亡率転換）に移り、人口規模は急速に大きくなる。次に、③死亡率は低くなったままで出生率が減少する、人口の緩やかに増加する段階（出生率転換）に移る。そして最後に、④出生率、死亡率がともに低い、人口安定化の段階に至る、という（図５・２）。実際の人口転換が世界の各地域、各国の人口動態の事実に合致しているとは必ずしもいえない。しかし、人口変動の動きを考察する際の基本的な概念モデルとしては非常にわかりやすい。ここでは地球規模での人口変動を考えるときの基本的な要素として、人口転換の中心的指標である出生、死亡という人口変動の支配要因について考えてみる。

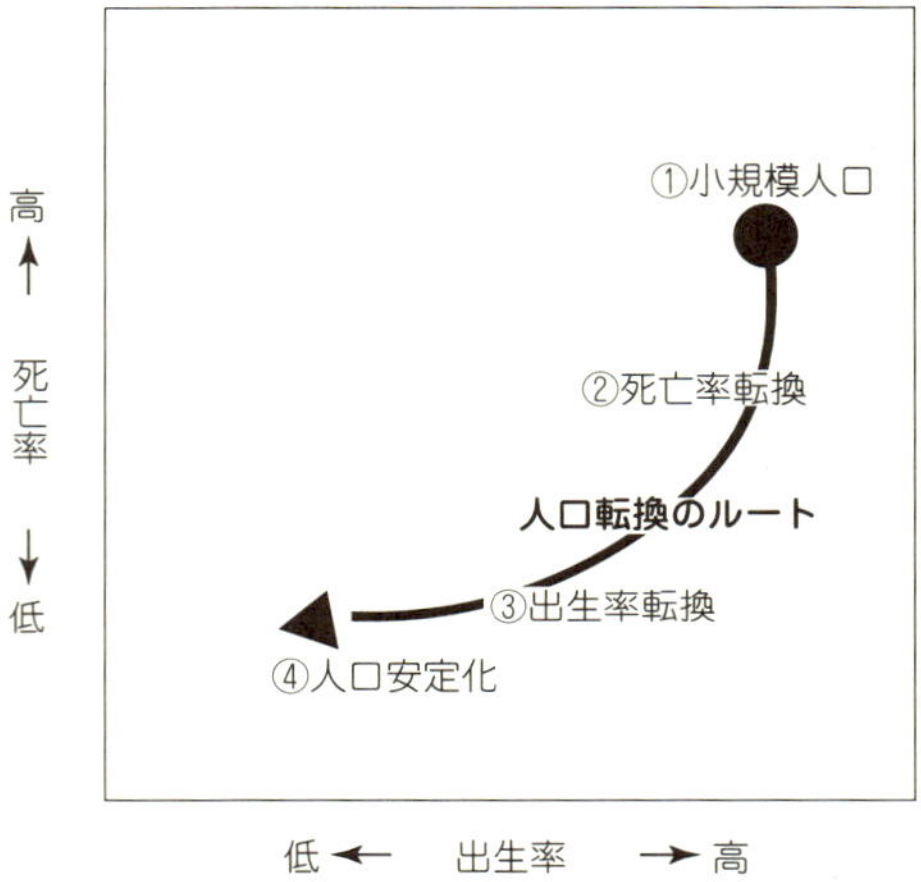

図５・２　人口転換の道筋

出生には、出産可能な年齢にある女性の数、女性の婚姻年令、独身者の割合、そして女性一人当たりが生む子供の数（出生力）が関係する。さらにこれらは女性の社会における地位、教育水準、社会進出の度合い、それらの背景として、居住環境、医療・保健衛生のインフラ整備、経済水準とその安

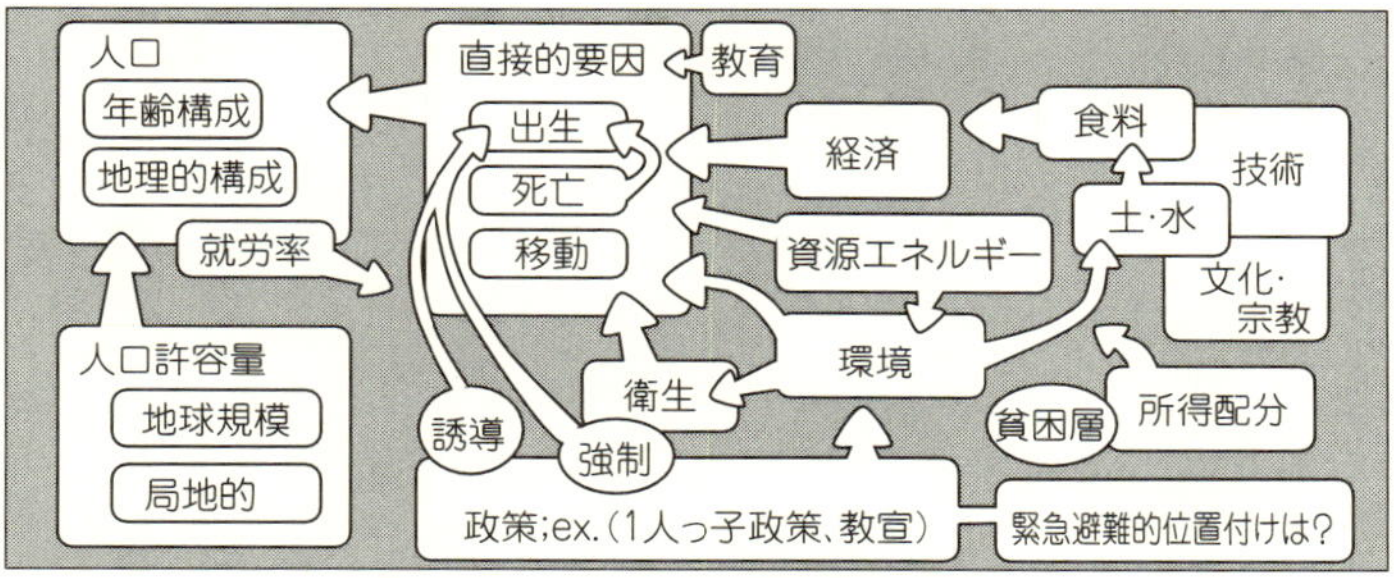

図5・3　人口変動の関連要因

定性などがかかわっている。また宗教上、産児制限を否定している国の出生率が高いように、文化、風土、宗教などもかかわってくる。死亡には、乳児期の死亡率が重要な意味をもつが、その背景には出生に関するそれと同様のものがある。移動は社会経済要因による場合がほとんどで、国を単位としてみると特殊な場合を除き人口の大勢に影響するほどではない（図5・3）。

c　国連による人口予測

国連の人口統計は、人口の推定と予測において最もよく参照されるデータである。一九九八年の国連統計で、二〇五〇年までのちょうど中間期である二〇二〇年～二〇二五年における年当たり人口増加率を見ると次のようである。世界の平均は0・84％である。しかし地域別にみると、アフリカの増加率が1・8％と際だって高く、この高い増加率のため人口は二〇五〇年までに倍増（約10億人増加）する。次に増加率が高いのは中南米で0・97％と世界平均を上回っている。アジアとオセアニアは世界平均を若干下回りそれぞれ0・79%と0・65%である。アジアの中では、現在の最大の人口を擁する中国は「一人っ子政策」の効果のために二〇四五年~二〇五〇年で遂に人口減少国になる。一方インドは、中南米に近い高い増加率のため、二〇五〇年には人口が15億人を上回り、中国を抜いて世界最大の人口大国になる。最も人口増加率の低い欧州は、中間期の年当たりの増加率はマイナス0・31%で、二〇〇〇年以降二〇五〇年まで人口減少状態が継続し、二〇五〇年には1億人の人口減少が起こる。それに次いで低いのは北米の0・28%であるが、これも二〇四五年~二〇五〇年には遂に人口減少となる。

このような人口増加率の結果、二〇五〇年時点での地域毎の人口構成比率は、アジアの60%はほぼ現状と同じであるが、アフリカが20%まで急増し、逆に欧州が7%まで急減する。中南米はやや増加して9%、北米は4%半ばまで減少する。オセアニアは現状と変わらず0・5%である。

このように全地球的な人口変動だけでなく、地域的に偏りのある人口構成変化は国際的な経済発展に大きな影響を与えるかも知れない。その意味で、予測される人口増加に対処する政策シナリオが国際的に論議される必要があろう。

またこれと裏腹なこととして、国連の人口予測自体に若干目標設定的な意味合いも読み取れないことはない。たとえば、出生に関する最も基本的な指標である合計特殊出生率(女性一人が生涯に生む子供の数の平均、以下単に合計出生率という)については、世界の全地域が二〇五〇年に向かって2・0人に収斂されていることがある。現状の人口を維持するためには、合計出生率は先進国で2・

08～2・10、途上国で2・4～2・5であることが必要とされている。国連予測では最も高いアフリカの5・06が2・04に低下し、また最も低い欧州の1・42が1・78に上昇している。しかしこの予測は、自然にまかせたままでそうなるということではなく、世界の各地域、各国において、非常に過酷な状況を克服するための政策を実施しなければ、地球規模の持続可能性を達成できないというシナリオから導き出された、政策的目標値であると理解するのが適当であろう。

出生時余命を見ると、二〇二〇年～二〇二五年で、北米が79・8歳、アフリカが61・7歳と、両者には18歳の差がある。二〇四五年～二〇五〇年では、アフリカ以外の地域では余命が約80歳で頭打ちになるのに対し、アフリカは急伸して70歳を越える。合計出生率の低い欧州では若年者の人口比率が減少するために、二〇五〇年時の高齢人口比率（65歳以上）は28％近くにまで上昇し、三人に一人が高齢者という社会状況が出現する。その一方で、総人口が急増するアフリカでは8％程度である。

2　人口問題を支配する要因

人口問題を支配する種々の要因の効果を定量的に考察するのは難しい。すでに述べたように、人口変動にかかわる要因は、きわめて広範かつ奥深いだけでなく、要因間にすでに因果関係があり、それぞれを個別に評価すると加重されたり相殺されたりする。これらを踏まえながら、ここでの考察は、先進国と途上国・最貧国における人口変動の構造はどう違うのか、それらの特徴、相互関係、さらに有効な政策は何かという問題意識に対する示唆を得ることを目指す。そのなかでも特に、これまで定量的分析では考慮されることの少なかった「貧富の格差」の問題を取り上げたいと思う。

社会の貧富の格差を表す指標としてはジニ係数（相対差平均とも呼ばれる）がポピュラーである。ジニ係数は、元来は集団の所得配分の不平等さを示す指標であるが、所得に限らず集団の中の何らかの格差、バラツキを示す指標としても用いることができる。ジニ係数は単位を基準化したものであるため、性質の異なる要因についての指標値であっても、それらを相互に比較するときに恣意性はなく、客観性を有している（囲み記事「ジニ係数」）。

まず、一人当たりの平均所得について。これは世界全体では一九七〇年から一九九三年の二三年間で名目値で5・2倍に増大した。インフレ率を加味しても所得は大きく伸びたことになる。ちなみに人口の伸びは1・5倍である。平均所得の伸びは大きいが、国間の貧富格差はどうであろうか。そこで、各国の一人当たり国内総生産（GDP）をもとに、世界の国間の貧富格差をジニ係数の値で求めてみると、一九七〇年には0・67であったものが一九九三年には0・76となった。言い換えれば、世界の国間の貧富格差はこの間に14％拡大したことになる。

一方、人口変動要因についても、世界の各国間の格差をジニ係数の値で求めてみる。すると平均的豊かさが増すのに合わせて、普通死亡率（人口に対する年間死亡者数の比率）の格差は28％縮小した。しかし、逆に合計特殊出生率や乳児死亡率の格差はそれぞれ34％、14％拡大した。もし、経済的豊か

ジニ係数

所得や資産の不平等さを示すために、1912年にイタリア人C. Giniが提案した指標。所得や資産が一部の階層に集中している度合を示すという意味からジニ集中指数ともいわれる。所得に対して使われることが多い。ある集団に属する各人どうしの所得の差を、比較する組み合わせの数と平均所得で割ると、その集団の所得のジニ係数となる。所得が均等に配分されているほどジニ係数は0に近づき、一部に集中しているほど1に近づく。

対象者が多い場合は、所得の大小によって人口を何区分かに分け、それぞれの平均所得を用いる。順序付けをしているという意味で、分位という言葉が用いられる。国際的な比較には5分位程度が一般的である。全世界のジニ係数を求めるときは、各国の1人当たりGDPをベースとするが、人口の差異を適正に反映する工夫をする。

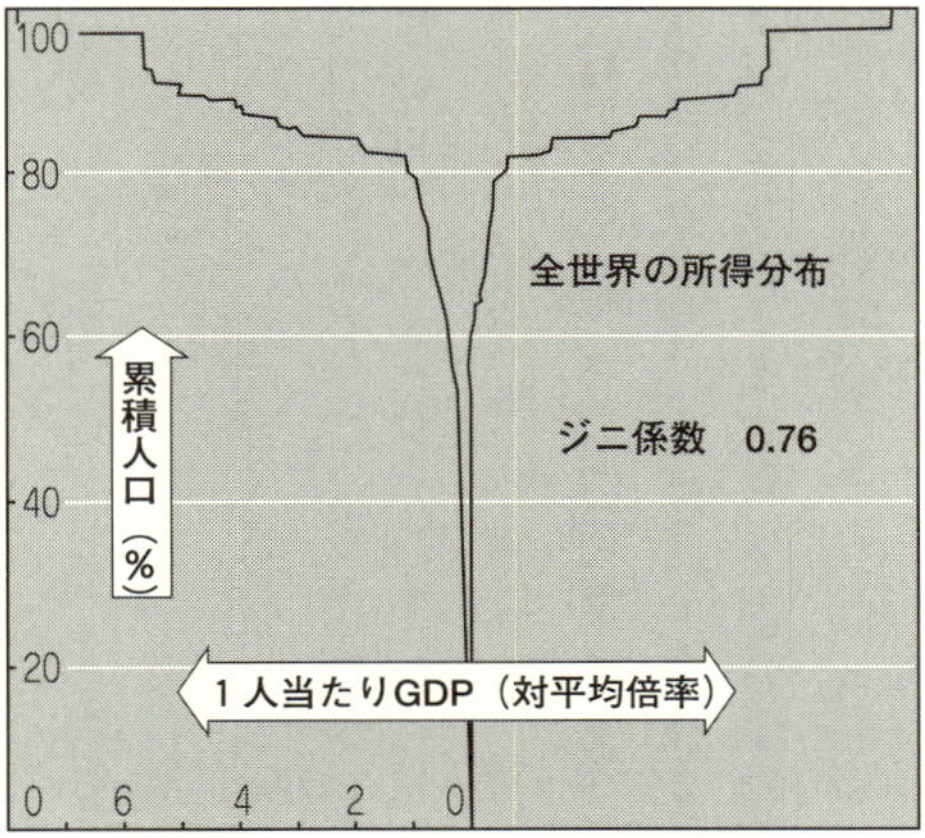

世界開発報告1995より

さの向上が今後の人口問題を解決するための大きなキーファクターであるならば、単に平均的な豊かさの向上だけでなく、世界に存在する貧富格差との連関を十分に考慮し、これを縮小するために有効な方策を同時に推進することが肝要である。

以上は、主として国単位の時系列データにもとづいた話であるが、同様な分析は国別のクロスセクションデータを用いても行える(1)。表5・1に、人口変動に関係する主な指標間の相関係数を示している(2)。指標のうち、一人当たりのエネルギー使用量、所得および医師一人当たりの人口などは、国によって数値の桁が大きく異なるため対数値に変換している。表のうち、Gで示されているのが前述のジニ係数で国内の貧富格差を表す。したがって1からGを差し引いた値は国内の所得配分の平等さを表す。

この相関係数の表からは、まず、合計出生率と乳児死亡率の相関が高いことがわかる。両者のデータを散布図で示すと、その分布はグラフ上で右下半分に偏っており、所得が低い国は右上方に分布し、高い国が左下に分布する傾向がある。このことは、人口転換で指摘された出生率と死亡率の間にある一種の社会的関係がクロスカントリーのデータにも現れていることを示している(図5・4)。

次に、一人当たりGDPに所得配分の平等さを掛けた指標は、人口変動の基本的な指標である合計出生率および乳児死亡率との関係が強く、さらには、人口増加率とも関係が深い。また、成人女性の非識字率、都市人口比率、一人当たりのエネルギー使用量、医師一人当たり人口、一次産業からの転換などとも大きな相関を示している。各指標のデータ数、すなわち母集団が異なることから、相関係

表5・1　人口変動に関係する主な指標間の相関係数

指　標	合計出生率	乳児死亡率	人口増加率	都市人口比率	log(エネ使用／人)	log(GDP／人)	貧富格差	成人女性非識字率	log(人口／医師)	GNP／人平均増加率	農業就業者比率	データ数(参考)
合計特殊出生率	1.00											132
乳児死亡率	0.86	1.00										132
人口増加率	0.91	0.72	1.00									132
都市人口比率	−0.70	−0.72	−0.63	1.00								132
log(エネルギー使用/人)	−0.79	−0.86	−0.71	0.80	1.00							126
log(GDP/人)	−0.68	−0.76	−0.64	0.77	0.85	1.00						131
貧富格差	−0.81	−0.83	−0.80	0.83	0.91	1.00	1.00					71
成人女性非識字率	0.86	0.88	0.75	−0.71	−0.79	−0.80	−0.80	1.00				92
log(医師1人当たり人口)	0.79	0.84	0.66	−0.71	−0.85	−0.52	−0.49	0.70	1.00			53
GNP/人平均増加率	−0.33	−0.23	−0.28	0.02	0.16	0.31	0.32	−0.31	0.17	1.00		118
農業就業者比率	0.67	0.78	0.59	−0.83	−0.85	−0.84	−0.84	0.75	0.76	−0.03	1.00	69

（注）貧富格差は、（1人当たりGDPの対数）×（1－ジニ係数）で表している。

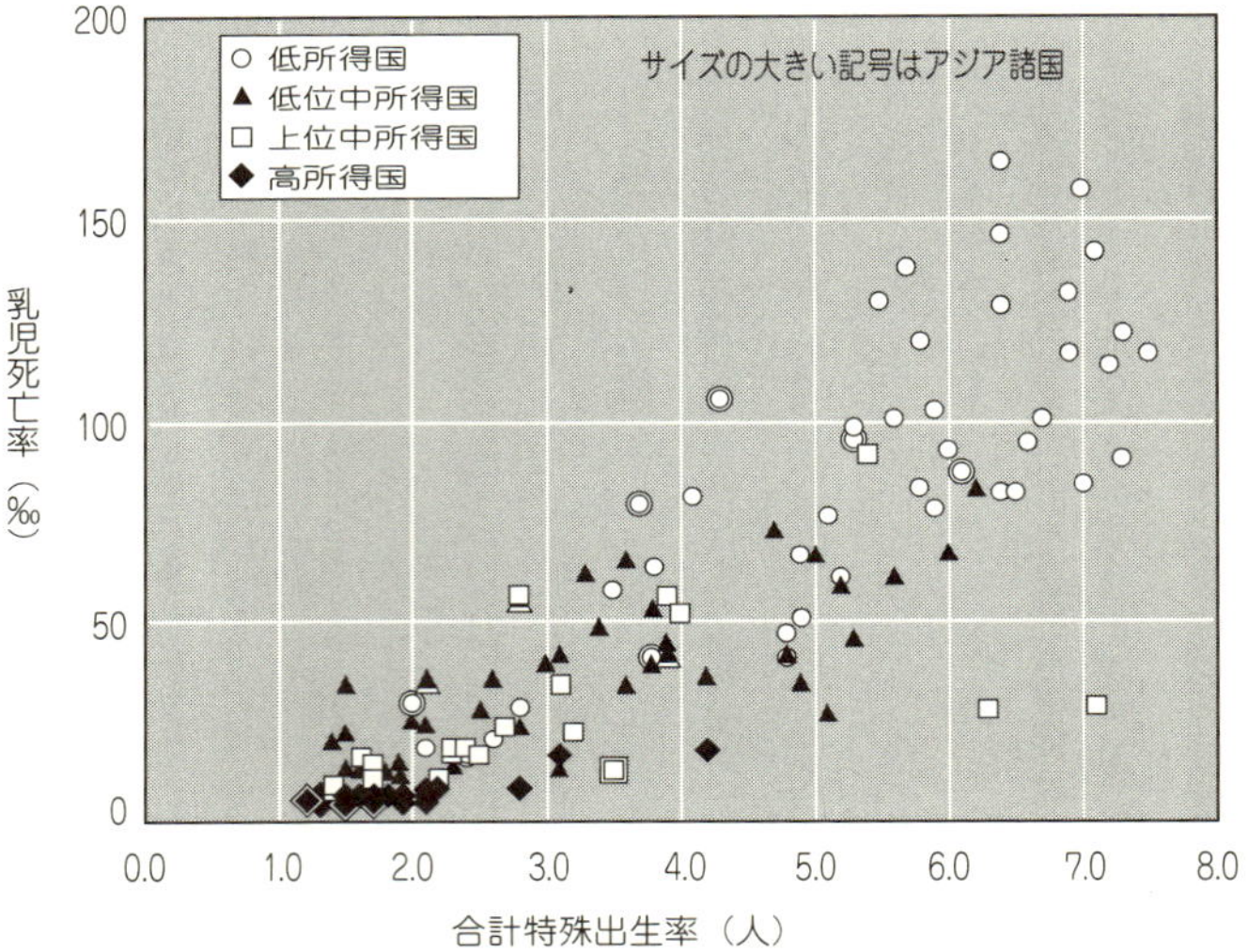

図 5・4　合計特殊出生率と乳児死亡率の相関

数の大小をそのまま比較するには慎重にならざるを得ない。しかし、最貧国、途上国を中心に、教育・女性の地位の改善向上、生活様式の変化、保健・医療基盤整備などによって、合計出生率と乳児死亡率がともに低下していく可能性がある。また、経済的豊かさの向上、就業構造の二次、三次産業への転換とともに、合計出生率、乳児死亡率の低下が進展する可能性を示唆している。したがって、それらに向けた政策は有力な人口抑制策として期待できる。

3　貧富格差と人口変動

さて、国内の貧富格差が人口変動、つまり出生、死亡に影響するのかどうかを考え

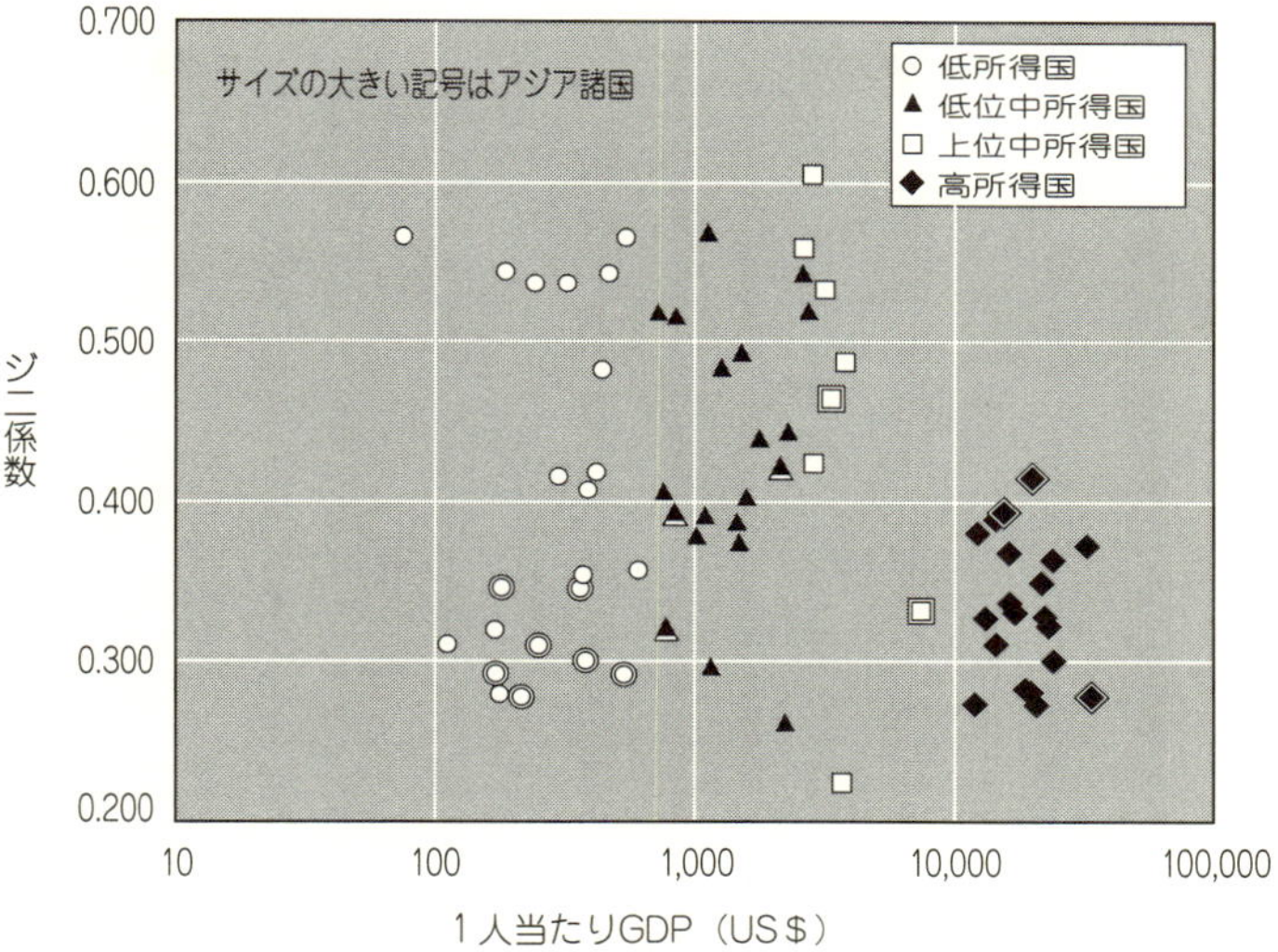

図5・5　1人当たりGDPとジニ係数

てみたい。ジニ係数で表した国内の貧富格差と一人当たりGDPとの相関係数はマイナス0・38と小さいが、両者の散布図を見ると、先進国のように一人当たりGDPが大きくなるとジニ係数は0・27〜0・42の間に収まり、ばらつきは小さい。途上国、最貧国のばらつきはそれに比べると大きい。特に途上国では、ブラジルが0・6を越えて最大のジニ係数であるのに対して、ハンガリーでは0・22と最も小さい値であり、ばらつきが大きい。経済的な豊かさの進展によって、国内の貧富格差を縮小する機能が形成されていく可能性とともに、一部の途上国では国内の所得配分メカニズムが十分でないとも考えられる。しかし、国間の貧富格差は縮小していないため、貧富格差という相対的な状態に関しては、必ず

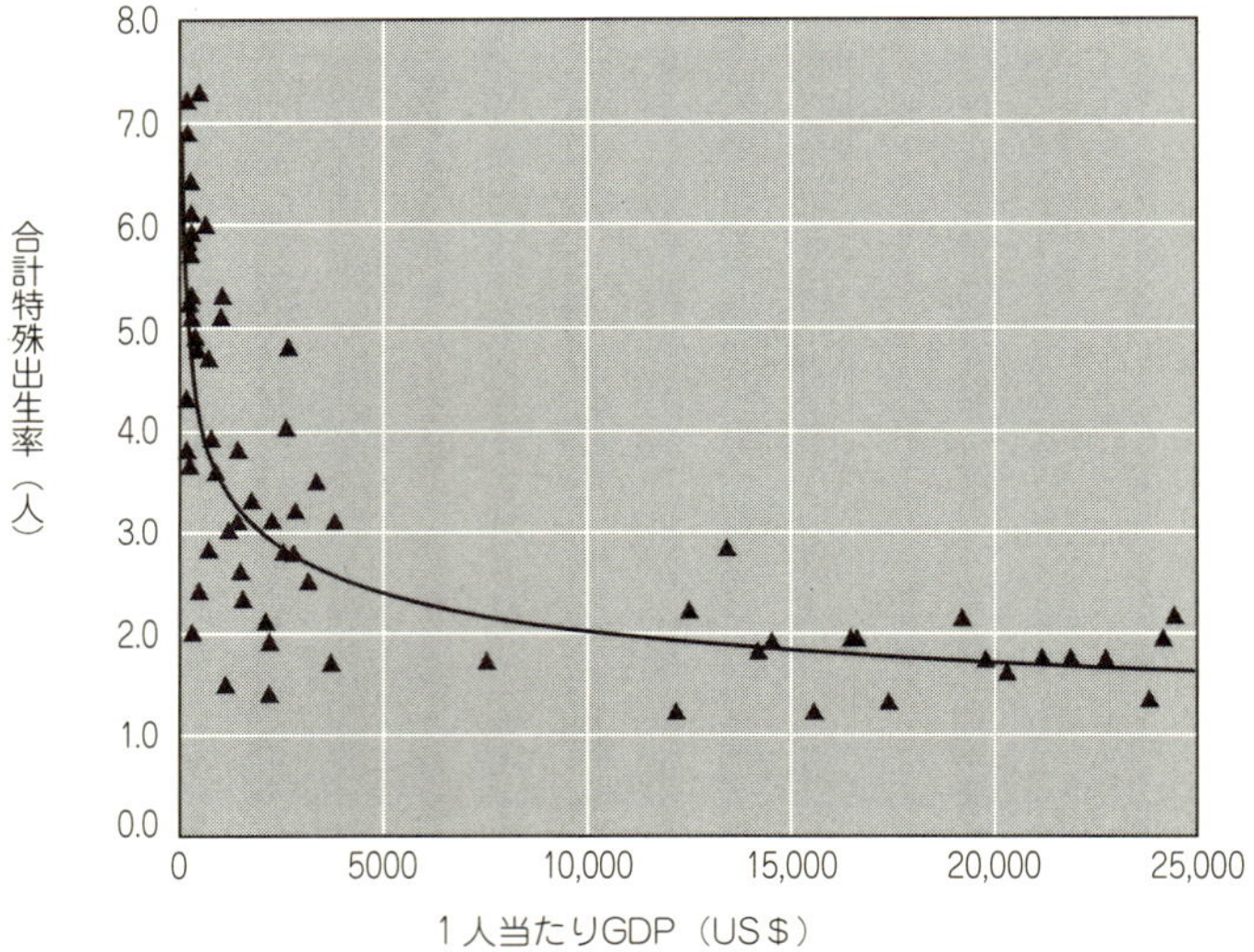

図５・６　１人当たりGDPと出生率の相関

しもそのような楽観的進展が実現するとは言い切れない（図５・５）。

考察を進めるために、いま一人当たりＧＤＰと合計出生率との関係を散布図で概観すると、その間には累乗の関係(3)が想定できる（図５・６）。乳児死亡率との間にも同様の関係が見られる。そこで、合計出生率とジニ係数で表した国内貧富格差との間にも累乗の関係があると仮定し(4)、この二つの要因について重回帰分析を行ってみる。この結果から得られる関数を用いると、合計出生率に対する貧富格差の弾性値（貧富格差が１％変化すると合計出生率が何％変化するか）が推定できる。さらにその弾性値から、一人当たりＧＤＰと貧富格差との代替関係（一人当たりＧＤＰが１％変化することが貧富格差の何％変化に相当するか）が推定できる。乳児死亡率についても同様の分析を行うことができる（囲み記事「相関と回帰」）。

結果は、表5・2のようになる(5)。すなわち、合計出生率では、貧富格差の1％減少が一人当たりGDPの1・8％増加に匹敵し、また、乳児死亡率では、貧富格差の1％減少が一人当たりGDPの1・2％増加に匹敵する。なお、普通出生率では、貧富格差の1％減少が一人当たりGDPの2・5％増加に匹敵する。

貧富格差が1％減少することの具体的なイメージを描くとすると、たとえば、国内の貧富格差がジニ係数で0・4である国の場合には次のようになる。まず、国民総所得の0・4％に相当する額を、一人当たり所得が上位五分の一に入っている裕福層から税金等で集める。それを残りの五分の四の国民におしなべて再配分する。このとき、貧富格差は1％減少することになる。

このことは、国内の貧富格差を減少させるような所得の再配分メカニズムが構築されるならば、経済的豊かさの向上が果たす出生率、死亡率に及ぼす効果を代替あるいは補完するという関係が示されたことになる（図5・7）。

では、アジア諸国に注目して同様の分析(6)を行ってみると、表2・2の括弧内の数値で示した結果となる。まず、一人当たりGDPの弾性値は合計出生率も乳児死亡率も世界全体の値とほぼ一致している。一方、国内の貧富格差については世界全体の結果とは異なる値が得られた。すなわち、合計出生率に対する貧富格差の弾性値も、一人当たりGDPに対する貧富格差の代替率も世界全体の値よ

相関と回帰

集団の個々について2種類の量を観測したときの、両者の関係を示すのが相関である。ある学校で、学生の身長と体重を測ったとする。身長の大きい方が体重も大きいという一般的傾向が現れよう。このように、一つの量が増すと他の量も増す傾向にある場合、正の相関があるという。これと異なり、一方が増せば他方が減る傾向は負の相関と呼ばれる。正であれ負であれ、関係の強さを数量的に把えるのが相関係数である。

体重をkgで表すかポンドで表すかという問題や、温度の場合の摂氏や華氏のように0点さえ異なるという問題がある。これを解消するため、測定された量から平均値を差し引いたり、その差を全体的なばらつきの幅で割ったりする。この処理を経れば、正の相関が最も強い場合のそれは1となり、負の相関が最も強い場合は－1となる。関係がほとんど認められない場合は0に近づく。

測定された両者の関係を最も簡単に表示するものに主成分分析がある。これに対し、父親の身長が高ければ息子の身長も高いといった因果関係の認識される分析を、ゴールトンは回帰分析と名付けた。原語は、初め「リヴァージョン」でその後「リグレッション」となったが、生物学的な意味での「退行」である。背の高い父親から生まれた息子の平均身長は父親たちの身長を下回り、背の低い父親から生まれた息子の平均身長は父親たちの身長を上回るということを意味する。

人口増加率や出生率、死亡率を結果として、経済活動を原因として回帰分析を行うことについては異論があろう。人口が経済に影響する面と、経済が人口に影響する面があり、簡単な一方向にだけ影響する因果関係としては説明しきれないからである。しかしながら、この章で敢えて経済活動を原因とし、人口増加率等を結果として扱っているのは、何をなすべきかという問題意識によるものである。

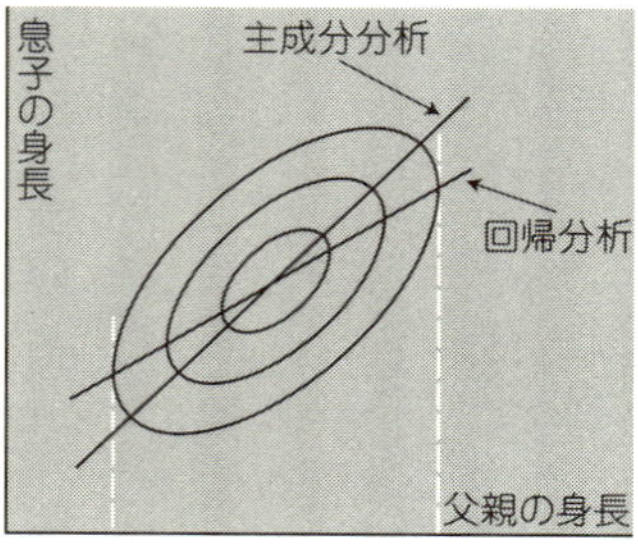

表５・２　出生率、死亡率に対する弾性値

人口変動指標	弾性値		1人当たりGDPに対する貧富格差の代替率
	1人当たりGDP	貧富格差（ジニ係数）	
合計特殊出生率（アジア諸国）	−0.236（−0.217）	0.415（0.119）	−1.76 −（0.550）
乳児死亡率（アジア諸国）	−0.533（−0.537）	0.631 ——	−1.18 ——

（注）弾性値は、例えば貧富格差が１％減少すると合計特殊出生率が0.415％減少することを意味しており、代替率は、貧富格差１％減少が GDP/人 1.76％の増加に相当することを意味している。

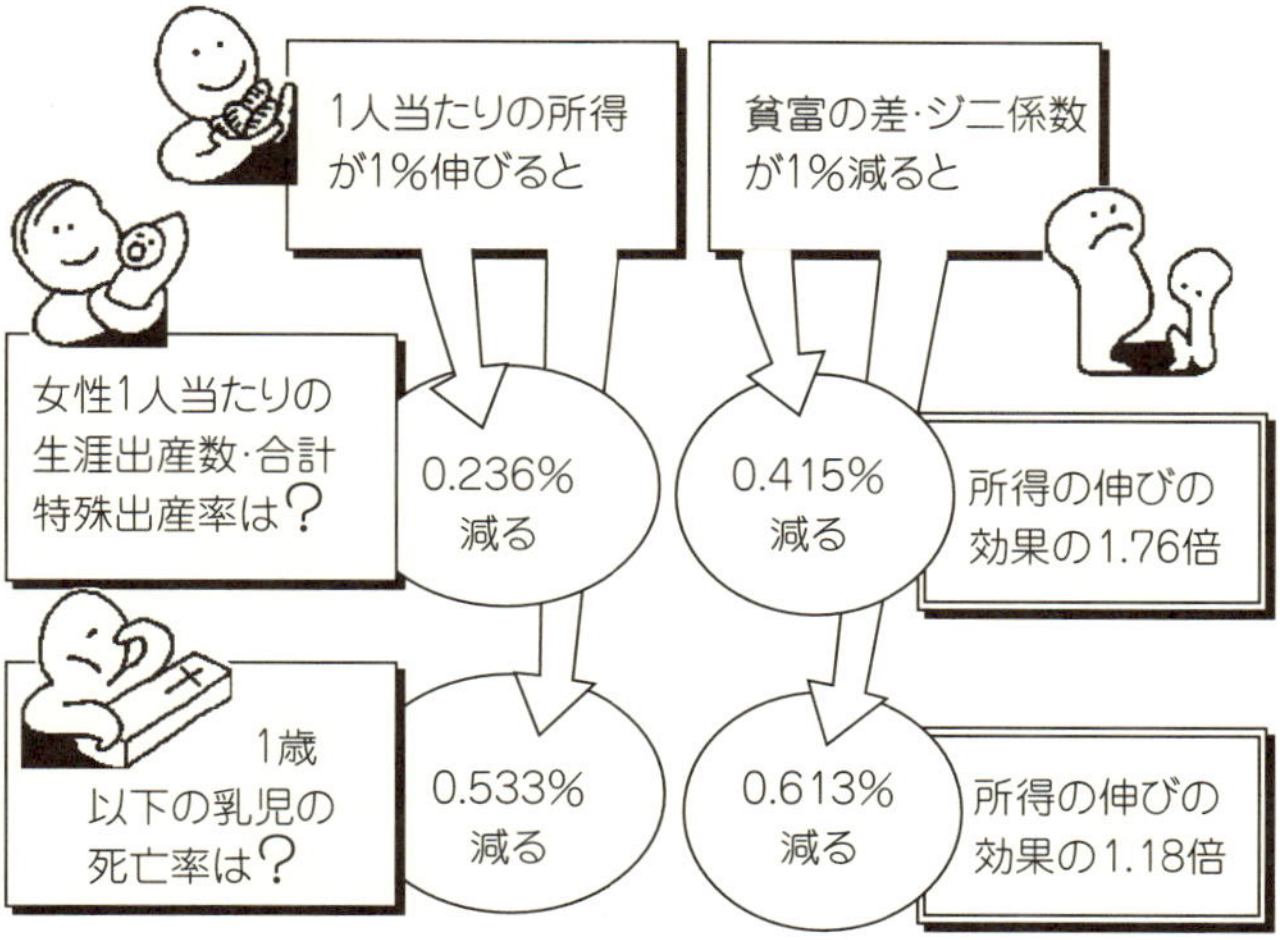

図５・７

表5・3　人口変動要因と社会・経済要因との関係

社会・経済要因が変化した場合の人口変動指標の動き	生活様式の都市化		経済的豊かさの向上	貧富格差縮小	教育・女性地位の向上	保健・医療基盤の整備	生活の安定性向上	一次産業からの転換
◎ :非常に減少 ○ :減少 △ :やや減少	都市人口比率	エネルギー使用量/人	GDP/人	GDP/人×(1−ジニ係数)	成人女性非識字率	人口/医師	GNP/人平均増加率	産業別就業者比率
合計特殊出生率	○	○	○	○	◎		○	
乳児死亡率	○～△	◎	○	○	◎	◎～○	○～△	

（注）人口変動指標の減少に寄与する大きさを、重回帰分析の偏回帰係数をもとに区分とした。

り小さく、乳児死亡率に関しては貧富格差の弾性値は得られなかった。これは、分析の対象としたアジア諸国のなかには、所得水準は低いが所得配分のシステムが機能している国が含まれており、その影響が考えられる。この結果については、経時データにもとづいてさらに検討する必要がある。

次に、合計出生率と乳児死亡率に対して、いくつかの社会・経済要因を同時に考慮して重回帰分析を行ってみる。検討する要因は、生活様式の都市化、貧富格差の縮小を加味した経済的な豊かさの向上、教育・女性地位の向上、保健・医療基盤の整備、生活の安定性向上、一次産業からの転換である。それらを代表する指標は、都市人口比率、一人当たりエネルギー使用量、一人当たりGDP、成人女性非識字率、医師一人当たり人口、一人当たりGNP年平均増加率、産業別就業者比率である。貧富格差は、それを考慮しないケースと、所得配分の平等さの指標である（1マイナス　係数）を一人当たりGDPに掛けて得られる調整GDPとするケースの両方を考える。

合計出生率と乳児死亡率に関する重回帰分析(7)の結果は、表

5・3にまとめている。対象とした指標のなかでは、成人女性非識字率の影響が、合計出生率、乳児死亡率のいずれに対しても最も大きい。教育機会の増大で非識字率が低下することが、出生率、死亡率の低下に繋がることを意味している。また、一人当たりGDP、都市人口比率、一人当たりエネルギー使用量の増大は、出生率、死亡率の低下と関係が大きいことがわかる。医師一人当たり人口は成人女性非識字率と同様の影響がある。貧富格差については、一人当たりGDPをジニ係数で調整した場合の方が、調整しない場合よりも大きな回帰係数が得られる。このことは、貧富格差が縮小し、すなわちジニ係数が小さくなれば、出生率、死亡率は低下することを示している。

4 政策の提案

以上の考察から、人口変動要因と社会・経済的要因との関係を敷衍して、最貧国、途上国を中心にした人口問題の改善に有効と考えられる政策について提案する。

(1) 出生率

居住環境、交通システム、ライフラインなど都市・社会インフラの整備された都市に人口が集まり、エネルギーを多量に使える都市化した生活様式が可能になれば、出生率は低下する。この都市化は、一次産業から二次、三次産業への転換と同時併行して進む。

所得水準の向上といった経済的豊かさの向上は、家計を支える多数の低賃金労働力を必要としなくなり、高い出生率の必要性を低くする。そして、二次、三次産業への転換は所得水準の向上をもたらす。

教育機会の増大や女性の地位向上は、結婚、出産、育児に対する知識と理解の深まりや、女性の就業機会、より高賃金の就業機会をもたらし、出生率の低下に強く結びつく。

医者、看護婦、病院の拡充など保健・医療基盤の整備によって、乳幼児の死亡が減少すれば、単純な働き手としての児童を確保するための高い出生率は必要なくなる。

最貧国や途上国では、これらを支援する政策が出生率を低下させ、適正な持続可能人口への移行を可能にする有力な人口抑制策となろう。しかし、最貧国、途上国の多くでは、首都圏に全人口の30%〜40%が集中している国は珍しくない。都市インフラの許容量を超えた過度の都市集中は、都市居住環境の劣悪化、公衆衛生の低下、災害リスクの増大、過密による経済効率低下をまねき、乳児死亡の増加、疫病の流行、貧困の拡大等を引き起こし、人口変動に影響を現に及ぼす恐れがあることも忘れることはできない。

(2) 死亡率

都市・社会インフラの整備された都市への人口集中により、多くの人口にとってエネルギーの利用しやすい快適な都市生活様式が可能になれば、死亡率は大きく低下し平均寿命が延びる。そして、次第に老齢人口比率の大きな社会に移行する。

経済的豊かさの向上は、飢餓の恐れからの解放や必要な栄養の確保をもたらし、医療サービスを受ける機会を増し、乳・幼児死亡率の減少を促進する。しかし、所得レベルが高くなり次第に高齢化社会へと移行するにつれ、老齢者層の死亡率が上昇し、全体として死亡率の上昇傾向が現れる。

教育機会の増大や女性の地位の向上は、保健・医療、育児に対する知識と理解を高め、出生率の低下に強く結びつく。

医者、看護婦、病院の拡充など保健・医療基盤の整備によって、乳幼児の死亡率が急激に減少し、平均寿命を延ばす。

最貧国などにおいては、出生率の低下を目指した人口抑制策は、死亡率の低下、平均寿命の延伸という、社会的貧困の打開にも繋がる。ここでも、最貧国、途上国における過度の都市集中が人口変動に与えるマイナス影響に注目すべきである。

(3) 貧富格差の影響

過去二十数年間で、世界の貧富格差は一人当たりGDPでみると縮小するどころか、逆に拡大した。しかし、人口変動要因の基礎指標である合計出生率や乳児死亡率は経済格差を上回る格差の拡大があった。経済的豊かさの向上は今後の人口変動に係わる重要な要因であり、社会・経済的要因、人口変動要因などの動きと強く結びついている。したがって、人口問題への対応として、単に経済的豊かさの水準の向上を図るだけではなく、国間の貧富格差を縮小するための有効な方策を同時に推進することが重要である。

また、国内での貧富格差が非常に小さい国と格差が非常に大きい国とでは、社会的サービスの受け方が異なる。貧富格差の違いによってサービスが切り捨てられる場面や、サービスを供給しても求めている人に届かないなどといった「非効率・無駄」の生じることが考えられる。貧富格差が大きい国では、低所得層で劣悪な居住環境と医療サービス、不十分な教育機会しか受けられない可能性が強く、そこでは高い出生率と乳児死亡率が予想され、短い平均余命になる可能性がある。一方、貧富の差の少ない国では、格差の少ない居住環境や医療サービス、機会均等な教育機会によって、より安定した人口変動が予想される。

本考察で明らかになった、合計出生率や乳児死亡率に対して、国内の貧富格差の減少が、経済的豊かさの向上に代替、補完する効果を有するという点に注目すれば、今後の人口問題への対応に向けて、国内の貧富格差を縮小させる所得の再配分メカニズムの構築という政策は検討の価値があると考える。

注

（1）この場合、国によってデータ欠損に偏りがあるため、事前にデータの相関をよく分析しておく必要がある。データソースについては、人口変動に関連する社会、経済的要因はきわめて多種多様と考えられるが、国別データが比較的整っている世界銀行の開発報告一九九五年版を用いる。ちなみに国別データは、人口１００万人以上の全１３２カ国中、１３０〜１３１カ国でそろっている。データ調査時点は一九九三年のものが中心である。各産業の就業者比率については、ＩＬＯ（国際労働機関）のデータを用いた。また項目によっては欠損データのある場合があることには留意する必要がある。たとえば医師一人当たりの人口が知れているのは53カ国に過ぎない。

（２）対象とする指標データが国によって桁違いにかけ離れているものは、対数（log）値（何桁違うかを示すもの、たとえば基準値の10倍であれば一桁で１・０、１００倍であれば２桁で２・０、50倍であれば１・７桁で１・７となる）を採用している。

（３）累乗の関係とは、変量ＸとＹの間に、$Y = kX^{a}$（ｋ、ａは定数）という関係があること。

（４）（合計出生率）＝（定数）×（一人当たりGDP）^{a}×（国内貧富格差）^{b} という関係を仮定する。

（５）得られた回帰式は厳密な理論式や非常に精度の高い実験式ではないため、ここで求めた代替率の値が完全に正しい値であるとはいえない。しかし二つの指標の間の相関は非常に小さく、また回帰式の重相関係数も合計出生率が０・84で、乳児死亡率は０・92と高いため、ある程度信頼できる値と考えられる。

（６）ジニ係数データのあるアジアの国は15カ国と少ない。得られた回帰式と、一人当たりＧＤＰの回帰係数は統計的に有意であるが、ジニ係数に対する偏回帰係数の信頼度は高くない。このため、この弾性値と代替率は世界全体の結果とアジアとを比較するための参考値である。

（７）データをすべて平均値０、分散１となるように基準化し、偏回帰係数が各指標毎の人口変動要因に対する寄与度の大きさの目安を与えるようにした。説明変数間には相関があるため、厳密には偏回帰係数が被説明変数に対する寄与度にはならないが、おおよその目安を知ることができる。

主な参考文献

(1) Barro, Robert J., *Determinants of Economic Growth, A Cross-Country Empirical Study*. The MIT Press, 1997.
(2) ボウエン、イーアン『人口変動の経済学』岡崎陽一訳、東洋経済新報社、一九七九
(3) Brown, Lester R., Gardner, Gary, and Halweil, Brain, *Beyond Malthus: Nineteen Dimensions of the Population Challenge*. W.W. Norton & Company, 1999.
(4) チポラ、カルロ・M『経済発展と世界人口』川久保公夫他訳、ミネルヴァ書房、一九七二
(5) コーエン、ジョエル・E『新人口論―生態学的アプローチ』重定南奈子他訳、農文協、一九九八
(6) 速水融／町田洋『講座　文明と環境（第7巻）人口・疫病・災害』朝倉書店、一九九五
(7) 国際連合『世界人口予測１９５０→２０５０［Ⅱ］性・年齢別人口分布の推計』阿藤誠監訳、原書房、一九九六
(8) 国連開発計画『人間開発報告書１９９７―貧困と人間開発』国際協力出版会、一九九七
(9) Malthus, T.R., *An Essay on the Principle of Population. Selected and Annotated by Yuichi Mito*, Kaibunsha（開文社出版英文選書）, 1961.
(10) 大山昊人（監修）『静止人口社会―２１００年に２００億人口は避けられないのか』電力新報社、一九九三
(11) Rayner, S. and Malone, E.（ed.）, *Human Choice & Climate Change*. Vol.4, *What Have We Learned*. Battelle Press, 1998.（邦訳　近藤次郎（監修）『気候変動と人間の選択』毎日新聞社、一九九九）
(12) Schultz, P.W.（ed.）, *Food for The World Population— The Long View*.（by Frank W. Notestein）, Univercity of Chicago Press, 1945.
(13) セン、アマーティア『不平等の経済理論』杉山武彦訳、日本経済新聞社、一九七七
(14) 世界銀行『世界開発報告１９９５―統合を深める世界における労働者』イースター・ブック・サービ

ス、一九九五
(15) 竹内 啓『人口問題のアポリア』岩波書店、一九九六
(16) 若谷佳史『貧富格差に注目した人口変動要因の分析―人口問題の解決に向けて』電力中央研究所報告 No.Y99001、1999.
(17) 綿抜邦彦（編著）『100億人時代の地球―ゆらぐ水・土・気候・食糧』農林統計協会、一九九八
(18) 依田直（監修）『トリレンマへの挑戦』毎日新聞社、一九九三

6章 都市化問題

三橋規宏

1　二一世紀アジアの巨大都市

a　スラム都市化の恐れ

二一世紀のアジアにとって、都市の巨大化は、最も頭の痛い問題と言えるだろう。経済の発展にともなって、地方から都市部へ人口が集中するのは、ある意味では歴史の自然の流れでもある。このことは、戦後の日本を振り返れば明らかである。しかし急速な都市への人口集中は、国土の過疎、過密問題を引き起こし、地方の荒廃や農業の衰退を招くだけではない。都市部は都市周辺の乱開発、雇用条件の悪化、自動車の排ガスなどによる大気汚染、交通混雑、劣悪な居住空間、さらに上下水道の未整備などによる水質汚濁、トイレ不足など不衛生な生活環境や病院不足などによるさまざまな伝染病の発生、麻薬患者の急増、犯罪の多発などが同時、複合的に発生し、巨大なスラム都市に陥る恐れが強い。このことは、途上国の有識者の間でも、深刻に受け止められている。

図6・1は、わが国の政府開発援助の実施機関であるOECF(海外経済協力基金)とJICA(国際協力事業団)が九六年七月から八月にかけて、発展途上国が直面する二一世紀の諸問題について、途上国50カ国の有識者(政府関係者、民間企業幹部、大学教授、ジャーナリスト等)を対象に実施したアンケート調査結果である(回答者数246名)。

二一世紀に直面する自国の諸問題について、二〇一〇年にどのような状態になっているかを尋ねた質問に対し、都市への一極集中が「深刻化する」との答えが、「やや」および「非常に」を含め、73・2%で、環境破壊の59・7%、所得格差の52・0%を大幅に上回った。一方、環境破壊は、二〇一〇年に向け、改善されるとの見方は、「やや」および「非常に」を合わせ38・6%、所得格差も、46・4%の回答者が改善に向かうと答えているのに対し、都市の一極集中が改善に向かうとの答えは、24・8%と際だって低く、悲観的である。また都市への一極集中を改めるための障害になっている要因として、「適切な制度の欠如」、「資金不足」を指摘する声が多かった。

一昔前までは、途上国問題といえば、貧困、人口問題、食料問題、経済インフラ不足などの問題が上位を占めていた。だが、最近の経済発展がプラスにはたらき、これらの問題は、二〇一〇年に向け

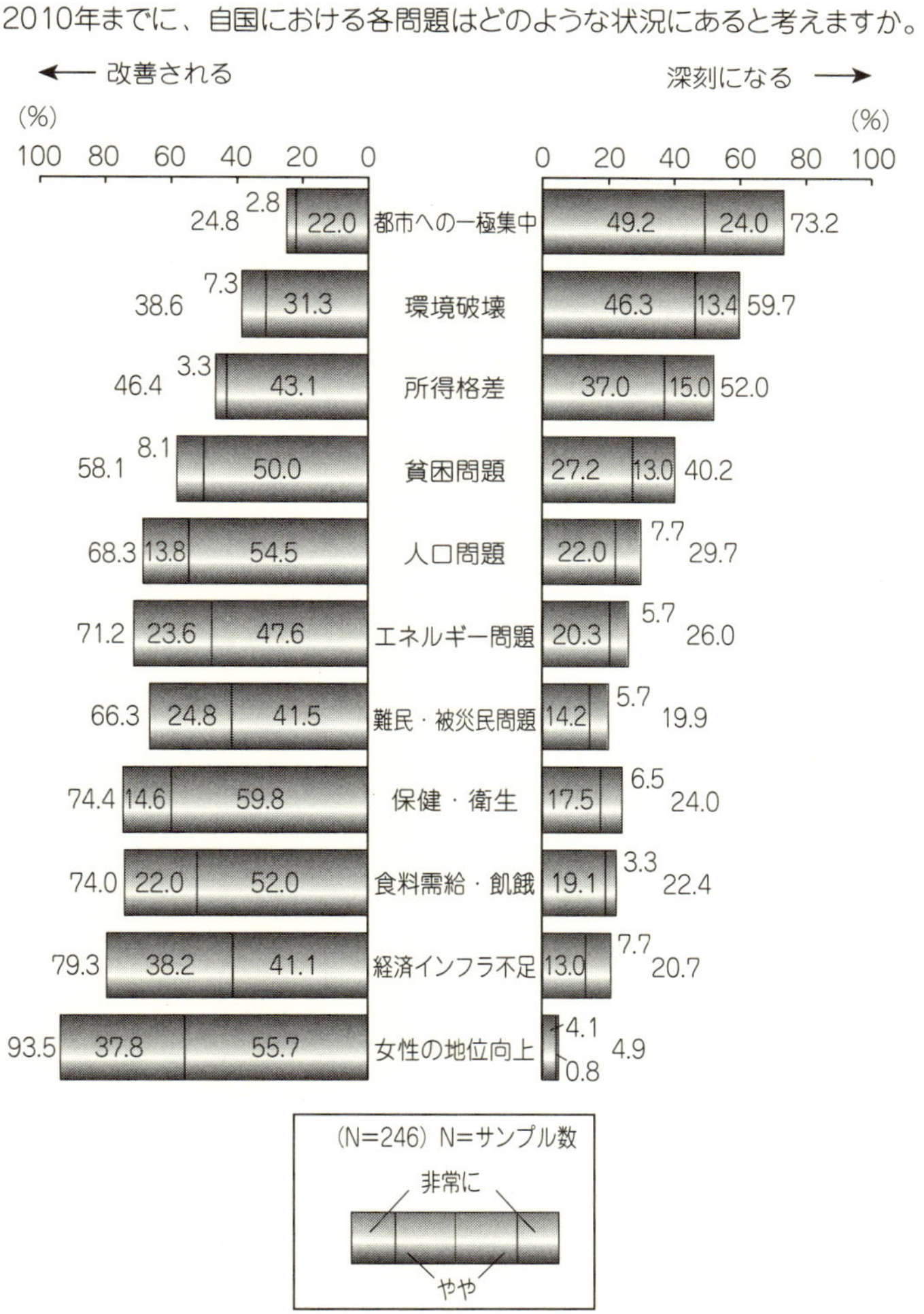
2010年までに、自国における各問題はどのような状況にあると考えますか。
改善される
深刻になる
(%)
100 80 60 40 20 0
0 20 40 60 80 100
都市への一極集中 24.8 2.8 22.0 | 49.2 24.0 73.2
環境破壊 38.6 7.3 31.3 | 46.3 13.4 59.7
所得格差 46.4 3.3 43.1 | 37.0 15.0 52.0
貧困問題 58.1 8.1 50.0 | 27.2 13.0 40.2
人口問題 68.3 13.8 54.5 | 22.0 7.7 29.7
エネルギー問題 71.2 23.6 47.6 | 20.3 5.7 26.0
難民・被災民問題 66.3 24.8 41.5 | 14.2 5.7 19.9
保健・衛生 74.4 14.6 59.8 | 17.5 6.5 24.0
食料需給・飢餓 74.0 22.0 52.0 | 19.1 3.3 22.4
経済インフラ不足 79.3 38.2 41.1 | 13.0 7.7 20.7
女性の地位向上 93.5 37.8 55.7 | 4.1 0.8 4.9
(N=246) N=サンプル数
非常に
やや

図 6・1　自国における途上国問題の状況予測

て、大方の有識者は「改善される」と楽観的であり、いまや都市への一極集中が途上国の有識者が考える最大の難問として浮上してきていることがわかる。

表6・1は、図6・1を地域別に分割して比較したものである。アジア地域の有識者が、他の地域の有識者よりも、都市への一極集中と環境破壊を特に心配している姿がわかる。

このことは、最近の十数年、アジア地域の経済発展がめざましく、それに伴って人口の都市への集中が急増していること、しかしその一方、都市には、増え続ける人口を受け入れるだけの社会基盤、住宅、雇用、公共サービスの供給などが間に合わず、スラム化現象が一部の都市ですでに発生しているなど都市問題が深刻化してきていることと無縁ではないだろう。

b　アジアで目立つ巨大都市化の動き

事実、二一世紀前半に予想されるアジアの変化のなかで、最も懸念されているのが、人口の大都市への急速な集中である。国連人口基金は、毎年「世界人口白書」を発表しているが、九六年版の国連人口白書は、サブタイトルが「変貌する都市――人口と開発のゆくえ」で、人口の大都市集中問題を特集している。

そのなかで、二〇一五年の世界の30大都市が予想されている。その予測から二つのことが読みとれる。第一は、アジアで巨大都市が群生する傾向が目立つことだ。30都市のうち、東京を含め、アジア

表6・1　自国における途上国問題の状況予測（地域別）

	全体（N=246）			アジア（n=138）			アフリカ（n=51）			中近東（n=13）			中南米（n=44）		
	改善される	深刻になる	D1	改善される	深刻になる	D1	改善される	深刻になる	D1	改善される	深刻になる	D1	改善される	深刻になる	D1
都市への一極集中	25%	73%	−48	20%	77%	−57	28%	73%	−45	23%	77%	−54	35%	61%	−25
環境破壊	39%	60%	−21	31%	66%	−35	47%	53%	−6	45%	54%	−8	50%	50%	0
所得格差	46%	52%	−6	44%	54%	−11	37%	63%	−25	46%	46%	0	66%	34%	32
貧困問題	58%	40%	18	62%	37%	25	43%	57%	−14	62%	31%	31	64%	34%	30
人口問題	68%	30%	39	57%	31%	36	57%	33%	33	62%	39%	23	77%	20%	57
エネルギー問題	71%	26%	45	66%	30%	36	80%	20%	61	62%	39%	23	80%	16%	61
難民・被災民問題	66%	20%	46	66%	22%	44	71%	20%	51	62%	23%	39	64%	14%	50
保健・衛生	74%	24%	50	75%	23%	52	67%	29%	37	85%	15%	69	77%	23%	55
食料需給・飢餓	74%	22%	52	71%	22%	46	78%	18%	61	77%	23%	54	77%	18%	59
経済インフラ不足	79%	21%	59	77%	23%	54	84%	16%	69	77%	23%	54	82%	18%	64
女性の地位向上	94%	5%	89	92%	5%	87	94%	6%	88	100%	0%	100	95%	5%	91

（注）D1＝「改善される」－「深刻になる」（小数点1位で計算）。上表作成時に「改善される」、「深刻になる」、D1の各値の小数点1位以下を四捨五入したので、整数値による計算結果とは必ずしも一致しない。N＝サンプル数

の都市は、全体の約6割、17都市を占める。第二に二〇一五年には、人口が2千万人を超える巨大都市が7都市になるが、このうち、東京、ムンバイ（インド・旧ボンベイ）、上海（中国）、ジャカルタ（インドネシア）、カラチ（パキスタン）の5都市がアジア圏に属する（他の2都市は、ラゴス（ナイジェリア）とサンパウロ（ブラジル）である）。まさに近い将来、アジアはかつて世界のどの地域も経験しなかった巨大都市乱立の時代を迎えることになるわけだ。

一つの都市の人口が2千万人を超えるという現象は、実は二〇世紀には見られなかった現象である。一九九〇年時点で、人口が2千万人を超える都市が一つだけある。それは東京だ。しかし、この場合の東京の人口とは、いわゆる東京都の人口ではない。東京都のほかに埼玉、千葉、神奈川三県の人口を合計した東京圏の人口（ちなみに東京都の人口だけなら、約1200万人）であり、一都市の人口ではない。

一九五〇年には、人口が1千万人を超えていたのは、ニューヨークだけだった。上位15大都市のうち、11が先進工業国地域にあり、15番目の都市はベルリンで人口は330万人だった。一九九〇年時点でも、欧米工業国地域で1千万人を超える人口を抱える都市は、アメリカの2都市（ニューヨークとロスアンジェルス）だけで、ヨーロッパでは、パリ、ロンドンでさえ1千万人以下である。それでも、巨大都市化に伴うさまざまな問題――失業、ホームレス、麻薬、各種犯罪など――が深刻な社会問題になっている。

これに対し、二〇一五年には、すでに指摘したように、アジアに人口2千万人を超える大都市が東京を含め、五つも存在する。1千万人以上の都市になると、その数は北京（中国）、ダッカ（バングラデシュ）、メトロマニラ（フィリピン）、ソウル（韓国）など12都市にもおよぶ。

このように二一世紀のアジアに集中的に起こってくると見られるアジアの巨大都市化は、アジアの急激な工業化の動きと裏腹の関係にあるわけだが、それに伴って発生してくるさまざまなマイナス現象は深刻で、このままで推移すれば、二一世紀のアジア諸国は、大都市問題の解決に多大のエネルギーを投入せざるを得なくなるだろう。

c　圧縮型工業化にも原因

それでは、なぜこれまで考えられなかったような速さで、アジアの大都市化が進展しているのだろうか。いくつかの原因が考えられるが、最大の原因は、アジア諸国が経済の近代化（工業化）を短期間に実現させようとしていることである。

日本を含め、先進工業国は、今日のような成熟社会に到達するまでに、かなり長い時間をかけてきた。イギリスやフランス、アメリカなどの先進国の中での先発グループは、一八世紀後半の産業革命以来今日まで、200年以上の歳月をかけて経済を発展させてきた。ドイツやイタリア、日本などの先進国の後発グループも100年以上の歳月をかけて今日の成熟社会に到達している。この間、農業から紡績などの軽工業、鉄鋼、造船、石油化学などの重化学工業、さらに家電、自動車などの耐久消費財産業、そして今日のコンピュータとインターネットに支えられた情報、通信産業へと段階を踏んで、経済の高度化を進めてきた。

これに対し、アジア諸国は、25年から50年といった短期間に経済の近代化、高度化を進め、先進工業国にキャッチアップする政策を強力に押し進めてきた。先進諸国が、時間をかけ、順を追って発展させてきた軽工業から重化学工業、さらに耐久消費財産業、情報、通信産業の過程をアジア諸国は、思い切って短縮し、それらに必要な技術と資金を先進工業国から同時並行的に取り入れ、先進国が経てきた過程を一気に飛び越えて工業社会を目指そうとしている。

この「圧縮型工業化」路線は、当然のことながら高度成長をもたらす。一般に一人当たりGDPが1千ドルを超えるあたりから経済は高度成長期を迎える。日本の場合、一人当たりGDPが1千ドルを超えたのは一九六六年(昭和四一年)のことだった。その後、日本は10%成長の時代に入った。日本を除くアジア地域では、すでに八〇年代に入ったあたりから、アジアNIESがこの段階に入っており、八〇年代後半から九〇年代初めにかけて、ASEAN諸国もこの段階にさしかかった。一方、中国全体では、まだ1千ドルラインに達していないが、上海、広州などの沿海部では、すでに1千ドルを突破し、現在沿海部を中心にめざましい発展を遂げており、東アジアを中心にアジアは、世界一の成長センターに育ってきた。

九〇年代に入ってから前半の5年間の経済成長率を比較すると、アジア諸国の経済成長率は、欧米先進国の3倍近くも高くなっている。

しかし、九七年七月のタイ通貨バーツの暴落ではじまった突然のアジアの金融・経済危機は、それまで快調に高度成長路線を走ってきたアジア諸国経済に深刻な影響を与えた。

特に、影響が深刻だった韓国、タイ、インドネシア三国は、IMF（国際通貨基金）から緊急支援を仰がねばならぬほど経済を悪化させてしまった。この影響は他のアジア諸国へも波及し、回復までにはなお数年の調整期間を必要とした。しかし、調整後のアジア諸国は、これまでのような10％前後の高度成長は見込めないものの、二〇一〇年ごろまでは、少なくとも欧米先進国よりははるかに高い成長を維持する公算が大きいだろう。

圧縮型工業化による経済発展は、農業部門と工業部門の生産性格差を大幅に広げ、アジア諸国の人口を、農村から都市へ移動させる最大の要因としてはたらいていると推測される。

d　急速に進むアジアの都市化率

国連の推計によると、約50年前の一九五〇年には、世界の都市人口は約7億人で、都市化率（総人口に対する都市人口の比率）は、29・3％だった。この時代、世界人口の約7割が地方に住み、主として農業に従事していた。図6・2からもわかるように、アジアの都市化率は、さらに低く世界平均の半分程度（15％前後）で、アジア諸国の大部分の人びとが農民だった。

世界の都市化率は、その後、時代の経過とともに上昇を続けており（図6・2参照）、二〇二五年

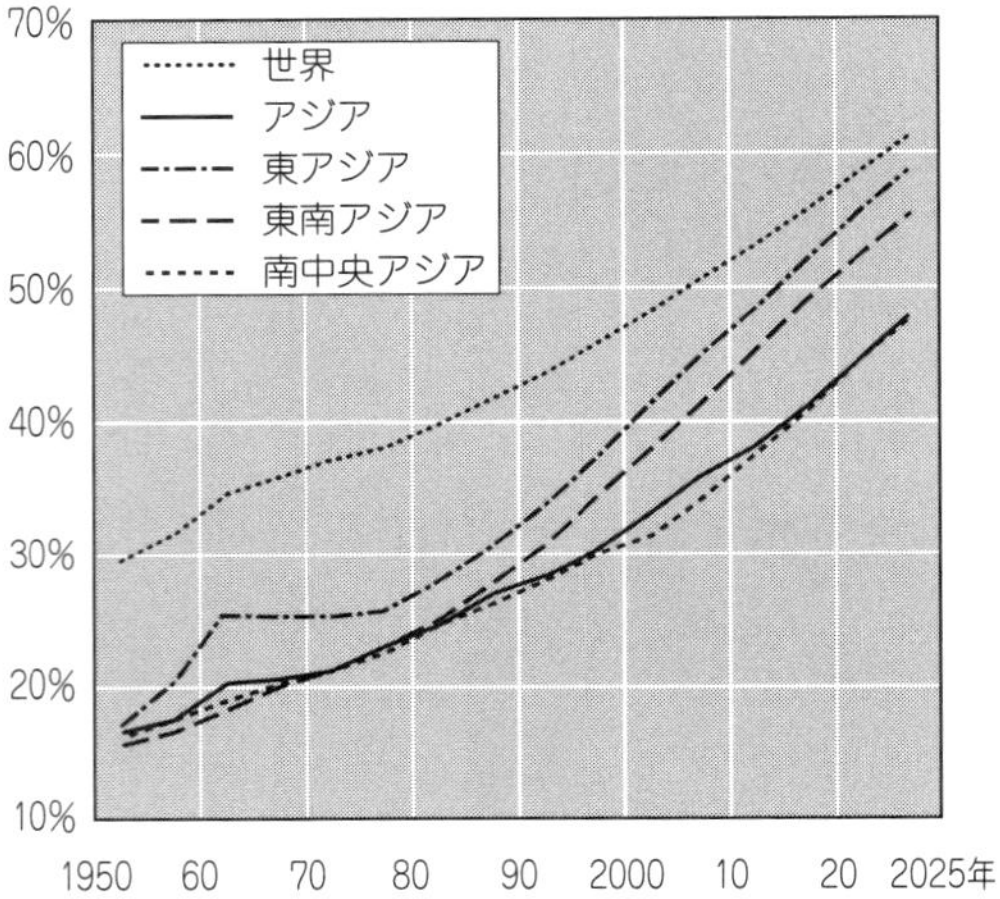

（出典）United Nations, 1995より作成。

図6・2　都市化率の推移（1950〜2025年）

には60%を超えるものと推定されている。九五年現在、先進工業国の都市化率はすでに70%を超えており、国民の多数派は、都市住民なのである。日本の都市化率は、九四年現在で77・5%に達しており、二〇二五年には、80%を突破すると推定されている。経済の高度化と都市化率は、きわめて強い相関関係があることがわかるだろう。

アジア諸国が経済発展を背景に、先進工業国の後を追いかけるように、都市化率を高めるのは、いわば自然の流れである。問題は、都市化率の上昇テンポが早すぎることである。一九五〇年には、アジアの都市化率は15%程度だったのが、二〇二五年には50%近くまで上昇する。そのなかでも、経済発展が特に著しい東アジアの都市化率は、二〇二五年には、世界平均とほぼ同水準の60%まで上昇する見通しだ。

ちなみに、二〇一五年に2千万人都市になると見られている上海の人口は一九五〇年当時には、まだ600万人にも達しておらず、ムンバイは300万人程度、ジャカルタは200万人以下だった。

アジアの都市化がいかに急速に進んでいるかについて、『アジア経済白書―一九九七年・九八年版』は、アジアと欧米先進国との違いを次のように比較している。

「たとえば、イギリス、フランス、アメリカといった欧米諸国の場合、都市化率が20％から50％へ上昇するのにそれぞれ70‐80年、１００年、60年を要している。また50％から70％に達するまでに、それぞれ35年、28年、40年かかった。ところが日本の場合、20％から50％への移行に31年、50％から70％への移行は15年と都市化に要した期間は半分だった。また、韓国は日本以上に圧縮した形で都市化が進行し、20％から50％への移行に30年、50％から70％への移行には、10年しかかかっていない」と。

以上のことからも明瞭なように、後発組の資本主義国ほど都市化の速度が早くなっているのがわかる。

世界人口の約6割を占める人口密集地のアジアで、これから都市へ向けた本格的な「人口移動」がはじまることになるわけだ。しかも、歴史上経験しなかったような短期に、そして人口移動の規模も、かつての「ゲルマン民族の大移動」や「モンゴル大帝国」の建設に伴う人口移動とは比較にならないほどの、規模を伴って進むことになる。当然、それがもたらす弊害もまた、これまで経験しなかったような規模と複雑さを伴って発生してくる恐れが強い。

e　過密都市の問題点

　地方から都市への急激な人口移動は、過疎、過密問題を引き起こす原因になる。日本の体験だけからみても、都市への急激な人口移動によって、地方の農村は目に見えて疲弊していった。若者は、高賃金を求めて都会に出ていくため、地方には年長者が残され、彼らが高齢化していく過程で農業や森林が目に見えて衰退していった。

　一九六〇年の日本の就業構造をみると、農業を中心とする第一次産業の従事者は、全就業者の32・6％を占めていたが、35年後の九五年には、10％を割り込み7・3％までに減少している。これと歩調を合わせるように、GDPに占める第一次産業の生産額は、一九六〇年の14・9％から九五年には1・8％まで低下している。

　その裏返しとして、都市部の人口が急増した。産業立地は、人が集まる都市部かその周辺が適している。しかも関連産業が互いに近くに立地し合うことが合理的だ。こうして都市部の工業化が進めば、それだけ、新たな労働需要がおき、地方から都市へ人が流出していく。

　高度成長期の六〇年代の日本では、集団就職という言葉がはやり、東北や北海道、九州や四国などの地方から中学を出たばかりの若手労働力が「金の卵」ともてはやされて、就職列車に乗って、東京や大阪、名古屋などの大都会に続々と送り込まれた。

しかし、大都会には、急増する人口を受け入れるだけの十分な社会インフラ、住宅、福利厚生施設などが極端に不足していた。このため、都会に住む人びとは、当時のＥＣ（欧州共同体）から「ウサギ小屋まがいの貧弱な住宅に住む働き中毒」と指摘されるような生活を強いられた。片道一時間以上も満員電車にゆられ、休日も満足に取れない長時間労働に耐えなければならなかった。

石油産業や鉄鋼などの重化学工業の発展は、日本経済の高度成長を実現させた。ちょうど、このころからモータリゼーションも急速に進んだ。自動車の普及は、人びとに日本もようやく先進国の仲間入りをした、という満足感を与えた。だが、その半面で、重化学工業が排出する有害廃棄物や自動車の排ガスに含まれるＳＯｘ（硫黄酸化物）やＮＯｘ（窒素酸化物）などによる大気汚染、水質汚濁、土壌汚染、さらに高速道路や新幹線の敷設に伴う振動や騒音などの公害、さらに交通混雑なども頻繁に発生し、過密都市の弊害が噴出してきた。都市部にあった公園や小川は道路や駐車場に替わり、高層ビル群が出現し、都市から緑が失われ、小川が消え、東京のような大都会は、夏場には、きわめて住み心地の悪いヒートアイランドになった。暑さをしのぐため、エアコンが必需品になった。エアコンが売れれば、経済成長率は高まるが、その分大量のエネルギーを消費し、最近では、それが地球温暖化の一つの原因にもなっている。

一方、都市が吐き出す廃棄物の処理も深刻な問題になっている。『九八年版環境白書』によると、このまま廃棄物が増え続ければ、産業廃棄物の処分場は、東京を中心とする首都圏では一年以内に満杯になってしまう、と指摘している。このため、首都圏では、東北地方など県外に廃棄物を持ち出すケースが増えている。しかし、これまでゴミを受け入れてきた地方も、最終処分場から漏れるダイオキシンなどの有害物質を嫌ってこの数年、拒否する姿勢を強めている。

幸いなことに、日本では平成不況が大きな契機になって、東京などの大都市への人口流入は、ほぼ止まっている。二一世紀には、日本の人口そのものが頭打ちになり、二〇一〇年頃からは、絶対数が減少に向かう上、人口の高齢化にともない都市から地方に移り住む人が増える傾向にあり、都市問題がこれ以上深刻化することはないだろう。しかし、これから人口の都市への移動が加速してくるアジア諸国にとっては、都市化に伴う問題は、日本が経験した何倍もの深刻さが予想される。

2　アジアの都市化が抱える問題群

a　社会インフラ不足

アジアの都市化に伴って最も懸念される問題は、急増する人口を受け入れるだけの社会インフラの整備が間に合わないことである。都市が効率的に機能するためには、道路や鉄道、架橋、港湾や空港施設などの社会資本の整備、拡充が必要である。また都会に集まってきた人びとが健康な生活を送るためには、快適な住環境、上下水道施設、学校や文化会館などの教育・文化施設、さらに病院などの医療施設などが欠かせない。しかしこれらの社会インフラを整備するためには、膨大な資金が必要だ。ところが、資金を生み出す経済成長には自ずと限りがある。すでに経済がテイクオフの段階にさしかかっている多くのアジア諸国はＯＤＡの卒業生で、自力で社会インフラ資金を調達していかなくてはならない。人口が急増するからといって、社会インフラの形成を短期間に一気に整えることなど不可能である。この結果、都市に流入してきた人びとは、劣悪な住環境のなかで暮らしていかざるをえなくなる。都市への人口流入を抑制し、社会インフラの整備など都市の受け入れ体制のテンポに見合うように改めなければ、都市のスラム化が急速に進むだろう。

b　環境破壊

環境破壊も深刻化する恐れが強い。北京やジャカルタ、バンコクなどのアジアの主要都市を訪れると、まず気がつくのが、自動車の排ガスによる大気汚染のすごさである。たとえば、この数年、北京市内の自動車が急増した結果、薄い紫色の排ガスが地上数十メートルの当たりを常時覆ってしまうため、太陽がいつも赤く霞んで見えるほどだ。都心部の主要な交差点は、殺到する自動車が溢れ、エンジン音や急ブレーキ、クラクションなどの騒音が絶えない。排ガスを防ぐため、ハンカチを鼻に当てながら歩く人びとがめっきり増えてきた。こんな光景は、いまやアジアの主要都市を訪れると、どこでも見られる。

裏道に入ると、あちこちに廃棄物の山が見られ、都市部の河川は、廃棄物処理場のようにゴミが散らかり、工場排水や生活排水で、汚れ悪臭が漂っている。

二一世紀には、農業用の灌漑施設や工業用水の需要がますます高まり、地下水利用も自然の許容限度を超えて使われるようになるため、「水不足問題が中国やインドでは特に深刻化するだろう」と、アメリカの環境問題研究機関、ワールドウオッチのレスター・ブラウン所長は最近の地球白書のなかで警告している。

二一世紀のアジアの都市は、増え続ける廃棄物、自動車の排ガス、工業化に伴う大気、水、土壌汚染などの環境対策に頭を悩ませられるだろう。

c 失業問題

都市への人口集中を受け入れられるだけの雇用機会を創り出すことができるかどうかも問題である。東アジア地域の失業率は、八〇年代後半から九〇年代にかけて、安定した動きを示している。九〇年代に入ってからは、九七年七月の突然の通貨・経済危機に見舞われるまでは、2~3%台で安定している国が多かった。ほとんどの先進国よりも低く、同程度の経済発展段階にある中南米諸国と比べても半分程度だった。もっとも中国の失業率は、公式統計では八〇年以降3%前後で安定しているが、この統計には、農村地域の失業者は入っておらず、これらを含めると20%程度に膨らむと予想されている。

このように国によって違いはあるものの、東アジアの雇用は安定していたが、九七年の通貨・経済危機以降、状況が変わってきている。経済不振を背景に韓国、香港、シンガポール、台湾、中国など東アジア地域の失業率は着実に上昇に転じている。この傾向が不況に伴う一時的な現象ならよいが、これまで東アジアの発展を支えてきた外資導入、輸出主導型の高度成長路線が破綻したとすれば、二一世紀のアジアの経済発展はこれまでよりは低下せざるをえなくなるだろう。なぜなら、二一世紀には、世界的に環境重視の経済運営が求められる時代になり、これまでのように、資源浪費型の右肩上がりの成長を続けることは、先進国だけではなく、アジアなどの発展途上国でも許されなくなる公算が大きいからである。

そうなれば、これまでのように都市に集中してくる労働力を積極的に吸収できなくなり、雇用不安が広がる恐れも考えられる。経済発展に見合う形で、都市への人口流入が続けば問題はないが、それ以上のテンポで人口流入が続けば、都市に失業者があふれ、社会不安の原因をつくりかねない。

3　解決への道はあるのか

アジアの都市化が抱える問題群の解決策はあるのだろうか。そのポイントの一つは、すでに都市化を完成させている先進国の事例が参考になる。その失敗や経験を振り返れば、都市部と農村部の均衡のとれた発展をいかに実現させるかがいかに大切かがわかる。そのためには、同じ都市といっても、2千万人を超えるような大都市ばかりが増えることは決して好ましいことではない。大都市のほかに、中堅都市、小規模都市がそれぞれの役割を担いながら農村部とも共存する姿が望ましい。

その点で、先進国で唯一、人口2千万以上の都市を実現している東京圏の事例は、参考になるだろう。まず、第一に指摘しなければならないことは、東京圏の場合、人口の流入を法律などによって規制する政策をとらなかったことである。むしろ、流入する人口増に合わせて、住宅提供や、鉄道、地下鉄などの交通網、道路網などをその場しのぎで拡充してきた。その結果、経済は発展したが、一方で劣悪な住宅、満員通勤電車、交通渋滞、大気汚染、騒音など住み難い都市環境を生み出した。この反省に立てば、これから巨大都市化に向かうアジアの都市は、人口の上限を設定し、それ以上の人口流入を法律で規制するなどの措置をとるべきだろう。すでに人口流入の激しい上海やジャカルタなどの都市では、流入規制を始めている。

その際、それぞれの国は、大都市、中都市、小都市、さらに農村などに人口がバランスよく住めるような総合的な国土利用計画や都市計画を策定することが必要だろう。自然の流れに任せておけば、大都市への人口流入は、都市を荒廃させるだけである。

急増する廃棄物対策として、東京都は九七年五月に知事を本部長とする「循環型社会づくり推進本部」を設置し、循環型都市づくりに本腰で取り組みはじめた。こうした東京の経験は、これから大都市化問題に直面するアジア諸国にとって、きわめて重要な参考資料になるだろう。

第二のポイントは、都心部に自動車が集中するような都市化を避ける視点が必要である。

先進国の大都市では、地下鉄や路面電車、バスさらに都市と郊外を結ぶ列車などの公共輸送機関が発達しているにもかかわらず、都市部に自動車があふれ、大気汚染、交通渋滞、騒音などを引き起こしている。アジアの主要都市では、そうした公共輸送機関が著しく遅れている分、都心部への自動車乗り入れが激しく、自動車公害が目立つ。都心部への自動車の乗り入れ規制、公共輸送機関の拡充など新しい発想にもとづく都市設計も重要な課題である。

第三のポイントは、都市に必要な社会インフラの整備、拡充に、民間資金をいかに参加させていくか、その仕組みを創り出すことである。政府資金には、自ずと限界があり、内外の豊富な資金を使って、さまざまな社会インフラを構築していく必要がある。その場合には、当然情報の公開や会計基準の国際標準化などが前提になるだろう。

参考文献

（1）ＯＥＣＦニューズレターNo.45、一九九六／十二月
（2）United Nations, World Urbanization Prospects: The 1994 Revision, 1995.

7章 食料・農村問題

中川光弘

1 食料問題の悲観論と楽観論

人口増加と経済発展に伴う食料需要の増加に食料増産が追いつかず、食料需給が逼迫化して食料価格が高騰し、栄養不足人口が増加することを食料問題と呼んでいる。食料問題の発生は、人びとの栄養状態を悪化させ、発病率や死亡率を高めるだけでなく、食料価格の高騰に伴う都市労働者の労賃水準の上昇、食料生産部門への生産資材や社会資本の増投、食料輸入のための外貨不足等のため、その国の経済発展を抑制することが、これまで多くの途上国で観察されてきた。

食料問題のなかには、①自然災害や地域紛争により食料輸入が途絶える場合のような偶発的危機、

②天候の変動による食料価格の高騰の場合のような循環的危機、③輸出国の外交戦略の一環として穀物輸出が禁止あるいは制限される場合のような政治的危機も含まれるが、このような食料問題は食料供給の一時的不足の問題であり、食料備蓄や外貨準備、食料援助、穀物貿易協定等を整備することで対応できるので、ここでは長期的な食料問題を中心に農村問題も含めて考察することにする(1)。

世界の長期的な食料問題に関しては、楽観論から悲観論までその見通しが大きく分かれている。一般に楽観論者たちは、農産物市場の価格を介した需給調整機能やバイオテクノロジーに代表される農業技術進歩への高い信頼から、人口増加や経済発展に伴う食料需要の増加を満たすに十分な食料増産がこれからも可能であろう、と見通している(2)。他方、悲観論者たちは、食料生産のための土地や水資源の制約、地球温暖化に代表されるような地球環境問題の深刻化、農業技術進歩の停滞等のため、将来、食料需給の逼迫化は避けられないであろう、と警告している(3)。

このように世界の食料問題の見通しに関しては、楽観論者たちと悲観論者たちでその見解が大きく異なっている。そこで以下では、楽観論者たち、悲観論者たちがそれぞれの見通しの論拠としている①農産物市場の需給調整機能、②農業技術進歩、③土地資源の制約、④水資源の制約、⑤地球環境問題の食料生産への影響について、検討してみることにする。

2　食料問題を規定する諸要因の動向

a　農産物市場の需給調整機能

食料問題についての楽観論者たち、特に先進穀物輸出国の多くのエコノミストたちは、世界の農産物市場が政府の介入などで歪曲化されていなければ、農産物市場本来のもつ価格を介した需給調整メカニズムが働いて食料需給は均衡化され、中長期的には食料問題の発生は起こらない、と見通している。これは不作等の何らかの原因で供給不足が起こった場合には、まず食料価格が上昇して食料需要が抑制され、さらにその翌年には上昇した市場価格に反応して食料増産が図られるので、短期的な需給変動はあるものの中長期的には食料問題は発生しない、という考え方である。

図7・1には、世界の主要食用穀物の一つである小麦の生産量、期末在庫量、市場価格の推移が示されている。これによると、世界の小麦の市場価格は、需給情勢を反映して変動を繰り返しているが、この市場価格に小麦生産も反応して変化してきたことがわかる。一九七〇年代以降、小麦の市場価格は七三年、七九年、八八年、九五年と四回の急騰を記録しているが、この市場価格の急騰に反応して、七三年以外はすべてその翌年にかなりの小麦生産の増加が起こっている。

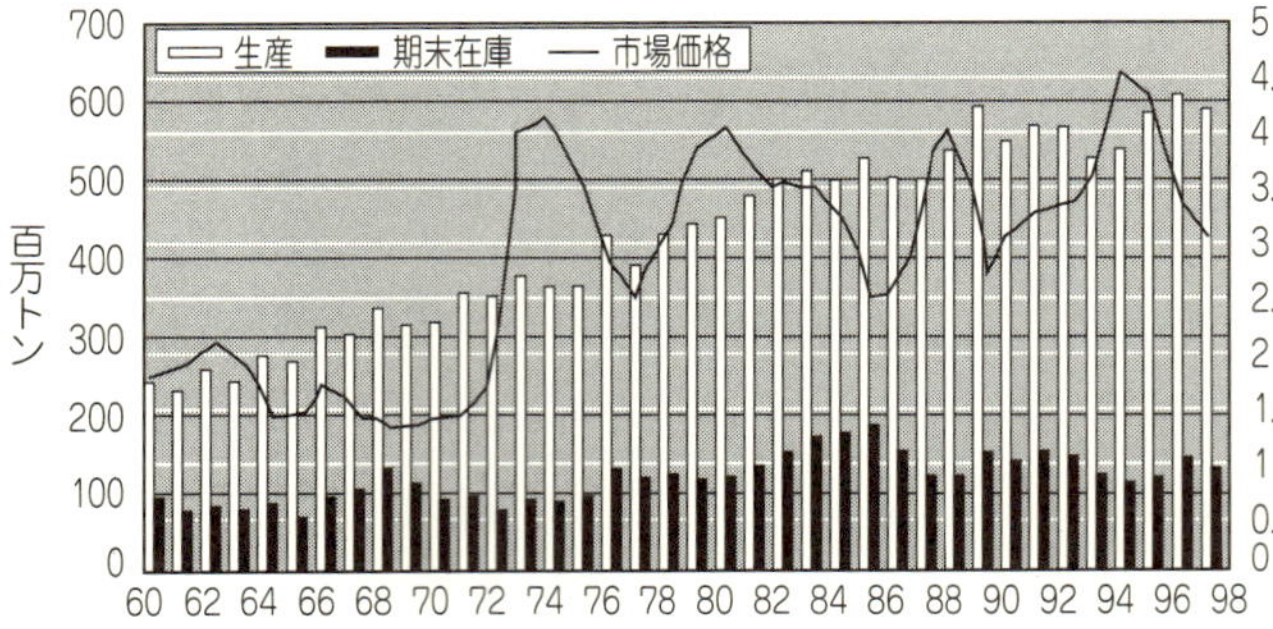

（注）市場価格はアメリカの農家受け取り価格。
（出典）USDA, “PSD View: March 1999”.

図7・1　世界の小麦の生産量、期末在庫、市場価格の推移

最近では、一九九四年から九五年にかけてシカゴ穀物相場の小麦価格が年平均でブッシェル当たり3・46ドルから4・55ドルに32%上昇したが、この価格高騰に反応して翌年の世界の小麦作付面積は5%拡大し、作柄が平年作に戻ったこともあって、小麦の生産量は5億3900万トンから5億8300万トンへ8%増加した[4]。このように、世界の農産物市場が価格を介した需給調整機能をもっていることは、小麦以外の米やトウモロコシ、大豆等の市場でも観察されており、楽観論者たちが重視する農産物市場の需給調整機能は、かなりの説得性をもつ論拠だといえよう。

ただし、図7・1は、六〇年代以降、農業の技術進歩を主因に順調な増加を続けてきた世界の小麦生産が、九〇年代に入ってその増加傾向を鈍化させていることも示している。

表7・1　アジア主要国の米単収上昇率の推移（%）

	1960年代	1970年代	1980年代	1990年代
日本	1.4	0.9	1.1	0.7
韓国	1.4	2.2	2.2	1.2
中国	5.6	2.6	2.9	1.6
フィリピン	3.1	3.3	2.1	0.7
インドネシア	1.1	3.2	2.1	0.2
ベトナム	−0.1	−0.3	4.3	3.0
タイ	1.0	−0.2	1.0	1.7
ミャンマー	0.7	3.0	1.9	0.1
バングラデシュ	0.8	1.6	2.6	0.8
インド	1.2	1.3	3.7	1.4
パキスタン	5.7	0.8	−0.7	3.5

（注）単収上昇率は３カ年移動平均値の平均年上昇率。1990年代の単収上昇率は1990-96年間について計算したもの。
（出典）USDA, "PSD View: January 1998".

b　農業の技術進歩

農業の技術進歩に関しては、一九六〇年代半ば以降、途上国の穀物単収を順調に伸ばしてきた「緑の革命」の効果をどう展望するかが重要である。七〇年代、八〇年代のように「緑の革命」の進展によって途上国の人口増加率を上回るテンポで穀物の単収が上昇を続けるのなら、たとえ作付面積の拡大がなくとも、人口増加と経済発展に伴う穀物需要の増加を満たすに十分な穀物の増産が今後も可能であろう。

表７・１には、アジア主要国の米の単収上昇率の推移が示されている。これによると、タイとパキスタンを除いてすべ

ての国で九〇年代に入って米の単収上昇率が低下してきたことがわかる。

一九九八年にインドネシア、フィリピン、バングラデシュは、米不足のためわが国に食料援助の要請を行ったが、この背景にはエルニーニョによる干ばつや大雨の発生、アジアの通貨不安による外貨準備の不足等があったものの、九〇年代に入って米の単収が伸び悩んでいることもある。インドネシア、フィリピン、バングラデシュでは、八〇年代には2・1%、2・1%、2・6%で単収が上昇したが、これが九〇年代に入ると0・2%、0・7%、0・8%にそれぞれ軒並み低下している。「緑の革命」の輝かしい成果として八〇年代には米の自給を達成した三国であるが、インドネシアは一九九三年から、フィリピンとバングラデシュは一九九五年から100万トンを上回る米の輸入を必要としている。

このように最近のアジア主要国の米の単収上昇率の推移をながめてみると、「緑の革命」が終焉しつつあるという印象は否めない。米以外の小麦やトウモロコシについても、九〇年代に入って単収上昇率の低下傾向が見られ、この趨勢が続くと世界の穀物需給が逼迫化して国際価格が上昇することが見込まれている(5)。

c 土地資源

土地資源については、人口増加と経済発展に伴って今後ますますその制約が強まることが予想され

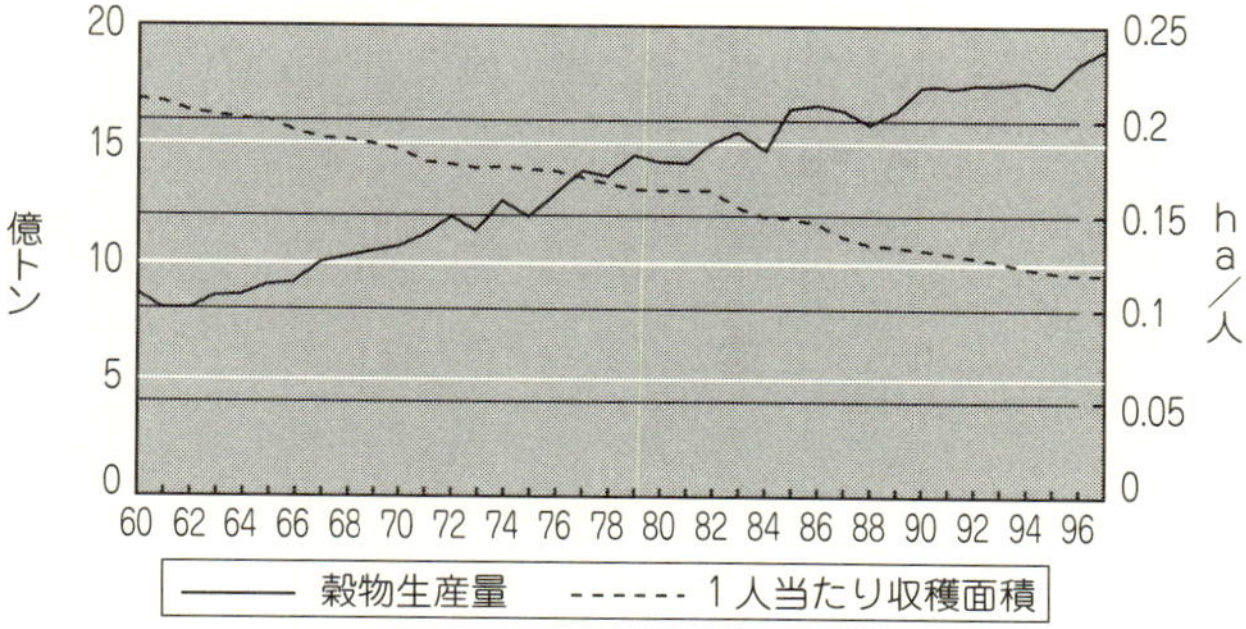

（出典）FAO. “FAOSTAT: 1996”.

図7・2　世界の穀物生産量と1人当たり穀物収穫面積の推移

る。図7・2には、世界の穀物生産量と一人当たりの穀物収穫面積の推移が示されている。これによると、世界の人口増加のため一人当たりの穀物収穫面積が一貫して減少を続けていることがわかる。世界の一人当たりの穀物収穫面積は、六〇年代初頭には22アールほどであったが九〇年代半ばには12アールにまで半減している。

このように一人当たりの穀物収穫面積は六〇年代以降ほぼ半分に減少しているが、穀物生産量の方は同期間に8億トンから19億トンへ2・4倍近く増加している。同期間の穀物収穫面積の増加は一割足らずにすぎなかったので、穀物生産量の増加のほとんどは単収の上昇によってもたらされたものである。ただし、先述したように、この単収の上昇も九〇年代に入ってその上昇傾向が鈍化してきているのである。

現在、地球上には48・7億ヘクタールの農地があり、このうちの13・5億ヘクタールの耕地と34・0億ヘクタールの永年牧草地を使って19億トンの穀物と14億トンのいも類、2億トンの食肉等を生産して60億人近くの世界人口を養っている（図7・3参照）。農地以外の陸地面積として森林が41・7億ヘクタール、その他の土地（ほとんどが砂漠）が40・0億ヘクタールあるが、これらを農地として大々的に開墾することは難しいと思われる。

森林の農地への開墾は、すでに熱帯雨林の消失問題として種々の問題を引き起こしている。その他の気象・土壌条件の悪い土地や永年牧草地の農地への転用は、土壌の塩類化、砂漠化、灌漑用水不足等の種々の問題を引き起こすことが知られている。これらの点を考慮すると、世界の食料生産のための土地資源をめぐる情勢は厳しいといえよう。

d 水資源

土地資源とならんで水資源についても、今後その制約がますます強まることが予想されている。表7・2には、世界の主要地域別の水資源量の賦存状況が示されている。これによると、一年間の一人当たり水資源量は中所得国が1万2719トンと最も多く、低所得国が4089トンと最も少ないことがわかる。低中所得国の地域別内訳を見ると、一人当たりの水資源量が最も少ないのは中東・北アフリカの854トンで、次いで南アジアの3017トン、東アジア・大洋州の5075トンとなっている。

先に見たように、現在世界平均の一人当たりの穀物収穫面積は12アールで、この収穫面積で一人当

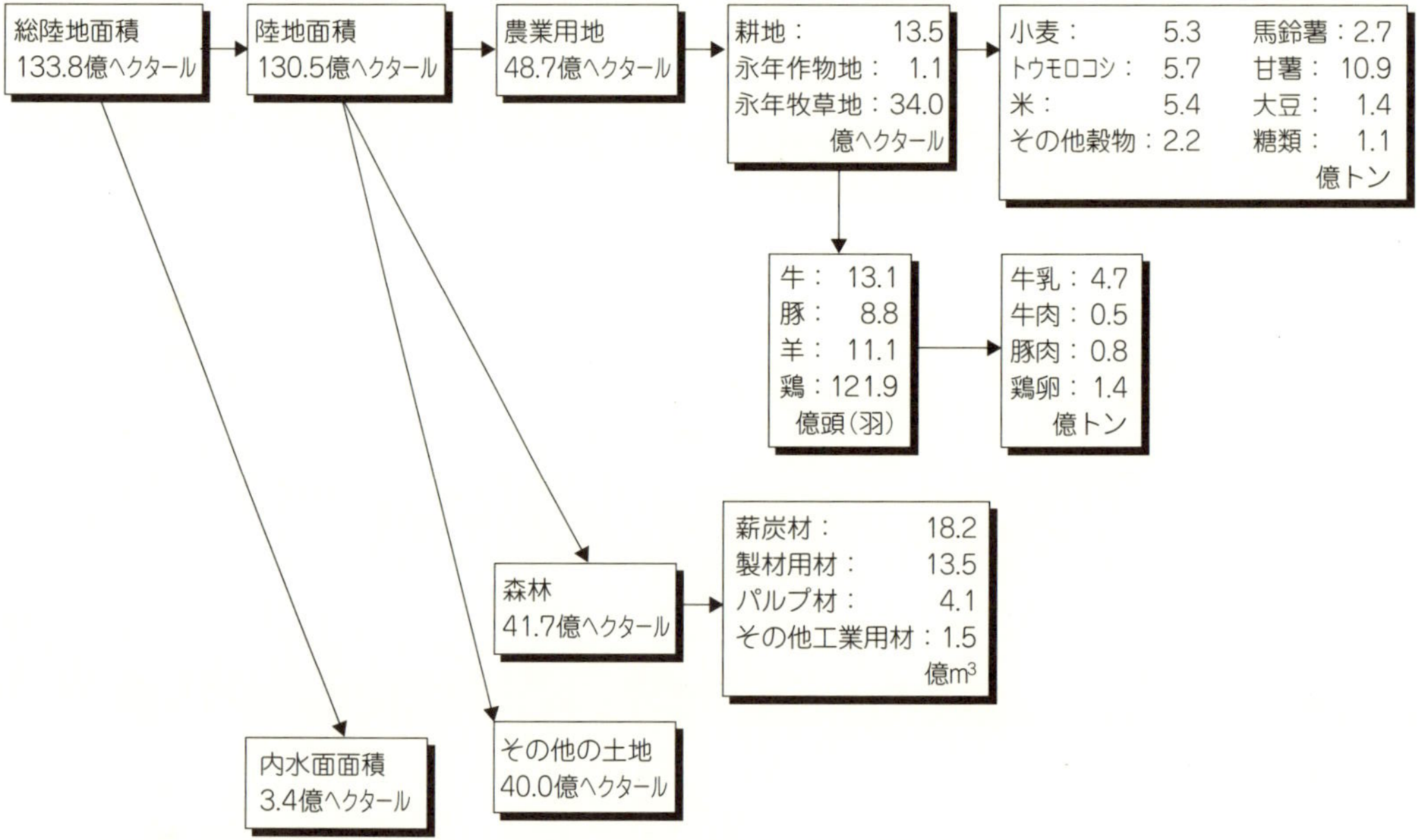

（出典）内嶋善兵衛『地球温暖化とその影響――生態系・農業・人間社会』裳華房、1996年、p.95の図を更新したもの。
FAO. "FAOSTAT: 1996".

図 7・3　世界の土地利用内訳と農林産物生産

表7・2　世界主要地域別の水資源の賦存状況（1996年）

	1人当水資源量（トン／人）	水使用の内訳（%）		
		農業用	工業用	民生用
低所得国	4,089	90	5	4
中所得国	12,719	66	23	11
下位中所得国	11,154	66	24	10
上位中所得国	16,447	68	17	14
低中所得国	6,961	80	13	7
東アジア・大洋州	5,075	84	8	7
ヨーロッパ・中央アジア	11,411	52	37	11
中南米	22,011	77	11	12
中東・北アフリカ	854	84	8	8
南アジア	3,017	95	3	2
サブサハラアフリカ	7,821	85	4	10
高所得国	9,378	40	45	15

（出典）The World Bank, "World Development Indicators 1998"

たり年間330キログラム近くの穀物を生産しているが、この330キログラムの穀物生産を行うために世界平均で一人当たり一年間に2000トン近くの農業用水を必要とするといわれている(6)。中東・北アフリカの一人当たり水資源量はすでにこの水準を大きく下回っており、また南アジア、東アジア・大洋州の一人当たり水資源量もこの水準に急速に近づきつつある。

水資源の利用は農業部門だけでなく、工業部門、民生部門でも必要である。水資源の農業用利用率は、低所得国で90%、中所得国で66%、高所得国で40%と、経済発展が進むに従ってその割合を低下させている。このことは人口増加率が高く、経済発展が著しい途上国では、水資源の利用をめぐる競合が今後さらに強まることを示唆しており、世界の食料生産に利用できる水資源の制約がますます高まることを示している。

e　地球環境問題

地球温暖化、酸性雨、オゾン層破壊、熱帯林消失、砂漠化等の地球環境問題も、長期的には世界の食料生産に影響を及ぼすことが懸念されている。これらの地球環境問題は、食料生産の基盤である大気、土壌、水資源、遺伝子資源等の地球規模での劣化を引き起こしており、世界の潜在的な食料生産力を低下させる可能性が高い。また、地球環境問題の深刻化に伴って食料生産の変動性が高まることも予想されており、低い在庫水準の下では世界農産物市場の変動性が高まることも懸念されている。

図7・4には、地球環境問題の中でもその影響が最も多方面に及ぶことが予想されている地球温暖化の食料生産への影響が示されている。この図のAの部分は海水位上昇の影響地域で、バングラデシュ、チャオプラヤ川デルタ、珠江デルタ、上海周辺、黄河河口域、ナイル川デルタ、北海沿岸地域等で海水位上昇によって浸水が起こるだろうと予想されている。アジアのこれら海岸低地では水田地帯が形成されているので、かなりのコストをかけたインフラ整備が行われない場合には、水田面積の減少と土壌の塩類化が起こる可能性が高い。

図でBの部分は、作物の夏季生育期間に土壌水分が非常に不足することが予想されている地域であ

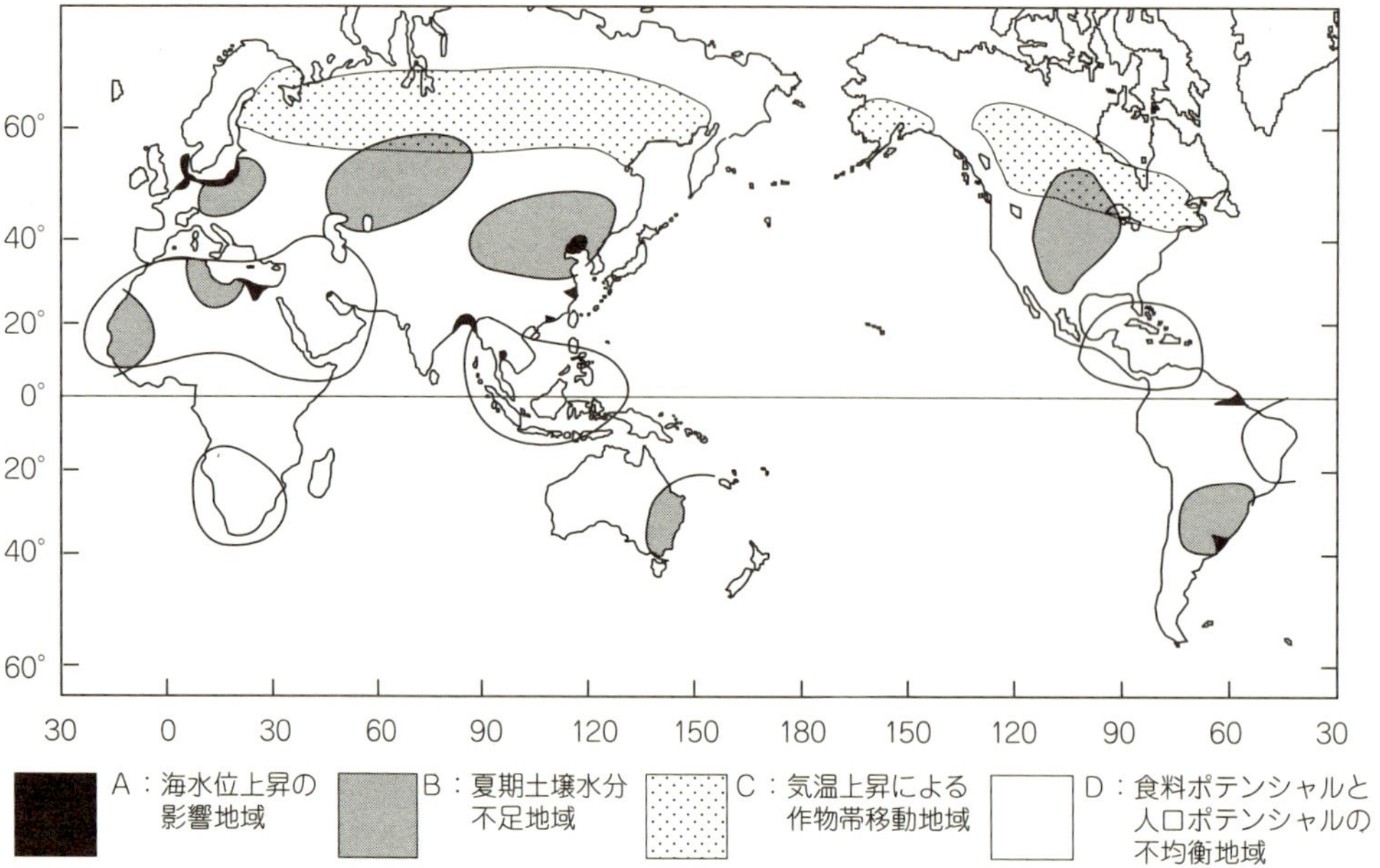

（出典）内嶋善兵衛『ゆらぐ地球環境——地球・生物・ヒトの持続的共生をめざして』合同出版、1990年。

図7・4　地球温暖化の食料生産への影響

る。これには北アフリカ、西アフリカ、西ヨーロッパの一部、中国の北部と中央部、中央アジアとシベリアの一部、アメリカ合衆国南部、中央アメリカ、東部ブラジル、オーストラリア西部等が含まれている。これらの地域には、世界の主要穀倉地帯がかなり含まれている。

図のCの部分は、気温上昇によって作物の生育地が北へ移動することが予想されている地域である。ユーラシア大陸の北緯55度~65度地帯、カナダ中央平原、アラスカ等が含まれている。これらの地域では、気温上昇に伴って作物の生産ポテンシャルは増加するが、それを増産に結び付けるためには温暖化に適応した品種、作目、作期、栽培方法等の変更を必要としている。

図のDの部分は、食料生産ポテンシャルと人口増加が不均衡となって、局地的に食料供給が逼迫化することが予想される地域である。これには北アフリカ、北東アフリカ、南アフリカ、西アラビア、東南アジア、中央アメリカ、東部ブラジル等が含まれている。

このように地球温暖化は世界各地の食料生産に種々の影響を及ぼすことが予想されている。図7・5には、IPCC(気候変動の政府間パネル)が取りまとめた地球温暖化の世界各地の穀物単収への影響予測をシナリオとして(7)、米と小麦について地球温暖化の国際価格への影響を予測した結果が示されている。ここでは単収低下が最大のシナリオであるケース1と単収低下が最小のシナリオであるケース2について、それぞれベースライン価格指数に比べての国際価格の変化として予測されている。地球温暖化のため二〇二五年時点で米の国際価格はプラス23%~マイナス14%、小麦の国際価格はプラス79%~マイナス22%変化することが予測されている。

地球温暖化の米国際価格への影響

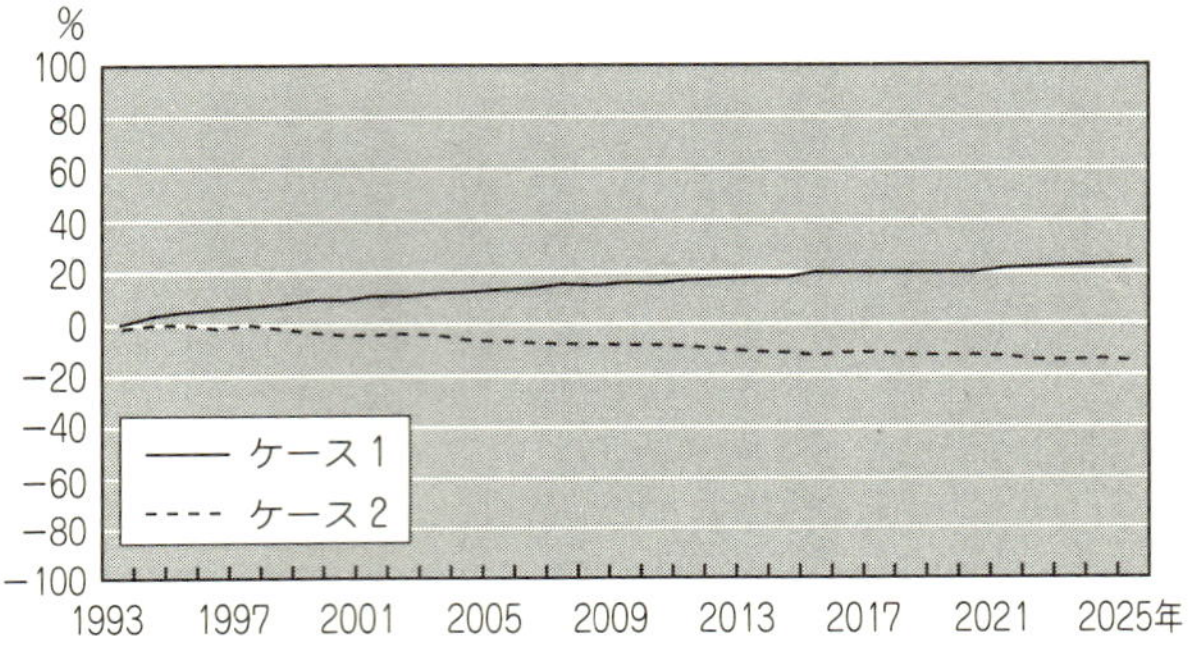

地球温暖化の小麦国際価格への影響

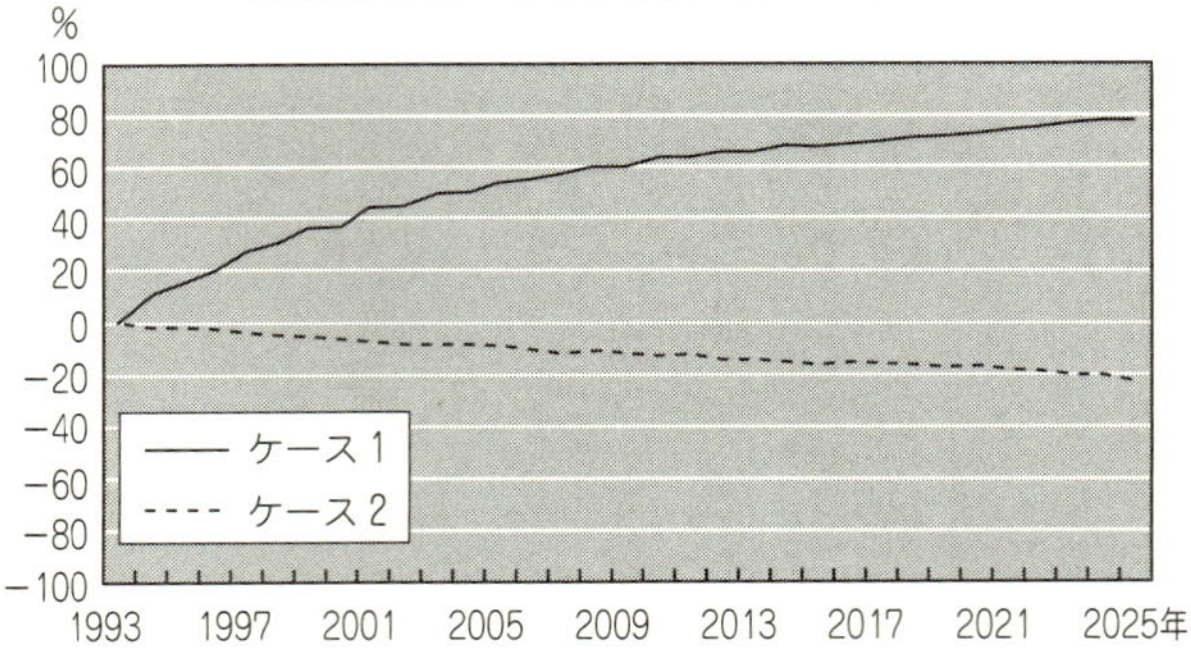

（注）ケース1は、温暖化による単収低下が最大の場合。ケース2は、温暖化による単収低下が最小の場合。いずれもベースライン価格指数との比較。
（出典）長澤敦・井上荘太郎・中川光弘「地球温暖化の世界穀物需給への影響――ICPO評価シナリオを用いた予測」、『日本農業経済学会論文集』1998年。

図7・5　地球温暖化の穀物価格への影響

地球温暖化の影響は各地域の穀物貿易も変化させ、たとえば中国の米輸入量が著しく増加することやアジアやアフリカの多くの諸国で国際価格の上昇のため米と小麦の輸入量が減少することも予測されている(8)。地球温暖化は、概して輸入依存度の高い低所得国の食料安全保障を脅かすことが予測されている。

3 食料問題の展望

以上、世界の食料問題を規定する主要因として楽観論者たちや悲観論者たちがその論拠としている、①農産物市場の需給調整機能、②農業技術進歩、③土地資源の制約、④水資源の制約、⑤地球環境問題について、その動向を振り返ってみた。

農産物市場の需給調整機能に関しては、楽観論者たちが指摘するように価格の変動に対応してかなり弾力的に穀物生産が反応していることが認められる。しかし、農業技術進歩に関しては、九〇年代に入って穀物単収の伸び悩み傾向が見られ、七〇年代、八〇年代と途上国の穀物単収を人口増加率を上回るテンポで引き上げてきた「緑の革命」の効果が、全体的に鈍化してきていることが認められる。

土地資源については、人口増加に伴ってその制約が強まっており、一人当たりの穀物収穫面積は六

表7・3　世界の穀物需給の要因別成長率の推移（%）

	供給サイド		需要サイド	
	収穫面積増加率	単収上昇率	1人当消費増加率	人口増加率
1960 - 69年間	0.57	2.30	1.04	2.04
1970 - 79年間	0.78	2.23	0.86	1.87
1980 - 89年間	−0.45	2.19	−0.11	1.75
1990 - 99年間	0.15	0.77	−0.56	1.58

（注）各期間の平均増加率。
（出典）USDA, "PSD View: August 1997".

〇年代初頭から九〇年代半ばにかけて22アールから12アールにほぼ半減しており、新たな農地開拓も森林消失や砂漠化の問題を引き起こす可能性があり、難しいようである。水資源についても、人口増加に伴って一人当たり水資源量は減少しており、経済発展に伴って工業部門、民生部門での水需要との競合も強まっている。さらに長期的には地球環境問題の影響もあり、地球温暖化の進行により世界の穀物供給が不安定にある可能性もある。

このような諸要因の動向から判断して、価格上昇に反応して作付面積拡大の余地があり、技術進歩が順調に進展している条件の下では、深刻な食料問題の発生は起こらないであろうが、作付面積拡大の余地が少なくなり、技術進歩のポテンシャルも枯渇してきた場合には、水資源や土地資源の制約、地球環境問題の影響等が強まって食料問題が深刻化する可能性を秘めているといえよう。

表7・3には、世界の穀物需給の要因別成長率の推移が示されている。これによると、穀物需要を堅実に増加させてきた人口増加率については、六〇年代から九〇年代にかけて2・0%から

1・6%へ一貫して低下しているにもかかわらず、特に九〇年代に入って単収上昇率が著しく低下したため、一人当たりの穀物消費量は八〇年代以降減少していることがわかる。

表7・4には、FAO（国連食糧農業機関）が公表した栄養不足人口の推計結果が示されている。これによると、途上国における栄養不足人口は、七〇年代初頭の9億1800万人から九〇年代初頭の8億2200万人へ減少を続けていたが、九〇年代に入ってこの動きが逆転して九〇年代半ばには8億2800万人に若干増加したことがわかる。

特に九〇年代前半に栄養不足人口が増加したのはサブサハラアフリカと南アジアである。サブサハラアフリカでは、九〇年代前半に栄養不足人口割合は40%から39%へ1ポイント低下したが、この間年率3%を上回る高いテンポでの人口増加が続いたため、栄養不足人口は1億9600万人から2億1000万人へ7%増加した。サブサハラアフリカでは、七〇年代初頭以来、全人口の4割近くが栄養不足という状況が続いている。南アジアでは、栄養不足人口割合は21%で変わらなかったが、やはりこの間の人口増加のため、栄養不足人口は2億3700万人から2億5800万人へ9%増加した。

先に九〇年代に入って特に「緑の革命」の効果が全体的に鈍化し、穀物単収の伸び悩みのため一人当たり穀物消費量が減少していることを見たが、このFAOの最近の栄養不足人口の推計結果も、九〇年代に入って世界の食料問題の解決が後退していることを示している。

このような情勢の中でさらに懸念される材料として、最近、世界の食料援助が減少していることが

表7・4　開発途上国における栄養不足人口の推移

	期間	栄養不足人口割合（%）	栄養不足人口（百万人）
開発途上国全体	1969 - 71	35	918
	1979 - 81	28	906
	1990 - 92	20	822
	1994 - 96	19	828
地域別：			
サブサハラアフリカ	1969 - 71	38	103
	1979 - 81	41	148
	1990 - 92	40	196
	1994 - 96	39	210
近東・北アフリカ	1969 - 71	27	48
	1979 - 81	12	27
	1990 - 92	11	34
	1994 - 96	12	42
東・東南アジア	1969 - 71	41	476
	1979 - 81	27	379
	1990 - 92	17	289
	1994 - 96	15	258
南アジア	1969 - 71	33	238
	1979 - 81	34	303
	1990 - 92	21	237
	1994 - 96	21	254
中南米	1969 - 71	19	56
	1979 - 81	14	48
	1990 - 92	15	64
	1994 - 96	13	63

（出典）FAO『第115回FAO理事会資料』1998年。

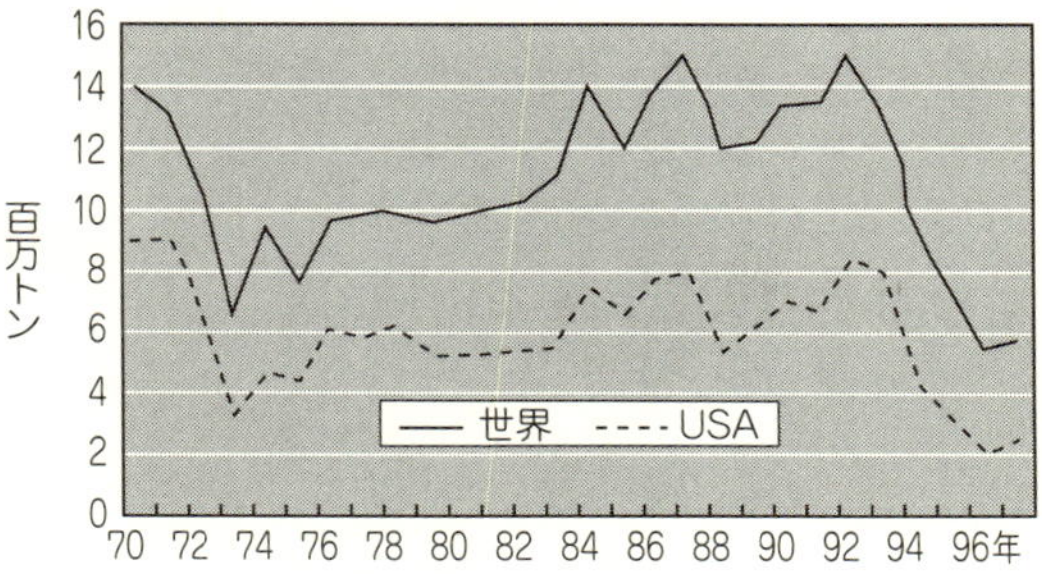

（出典）FAO. “FAOSTAT: 1998”.

図7・6　世界とアメリカの食料援助（穀物）の推移

ある。図7・6には、世界とアメリカの食料援助（穀物）の推移が示されているが、これが一九九三年以降急減していることがわかる。この背景には、世界の穀物需給が八〇年代の過剰基調から九〇年代に入って逼迫基調に変化し、穀物在庫が減少してきたこと、特にこれまで世界の緩衝在庫の機能を果たしてきたアメリカの政府在庫が農業財政削減への要請の高まりの下でその維持が次第に困難になってきていること等がある。

　食料事情の改善が遅れているアフリカや南アジアでは、これまで食料援助によって飢餓問題の深刻化を回避してきた国が少なくないので、九〇年代に入ってのアメリカを中心とした世界の食料援助の後退は、これら諸国の食料安全保障を脅かす要因となってきており、国際的な新たなセーフティネットの創設を必要としている。

4　アジアの農村問題と農村開発の課題

農村地域は、世界の60億人の人口に食料を供給する食料供給基地であるとともに現在32億人の人びとがそこに居住し、毎日の生活を送っている居住空間でもある。しかし、農村地域は、先進国においても途上国においても、一般に都市に比べて、社会資本整備の立ち後れ、所得格差、公共的サービス利用の制限等の問題を抱えており、これらを総称して農村問題と呼んでいる。

特に途上国では、農村地域に過剰な人口が滞留し、過剰労働力問題、偽装失業問題を生じており、貧困の温床となっている。途上国の都市での無秩序なスラムの形成、多数の都市雑業層の滞留の背景には、農村地域の過剰労働力問題があり、農村地域の健全な発展がなければ、都市問題の抜本的解決も、国民経済の安定的成長も実現することは困難である。

表7・5には、アジア諸国の貧困率が示されているが、現在でも途上国の農村では貧困ライン以下の生活を余儀なくされている多くの人びとがいることがわかる。アジアのなかで農村の貧困率が特に高いのはベトナムとフィリピンで、両国の貧困率は5割を上回っている。次いで南アジアに位置するバングラデシュ、インド、パキスタンの貧困率も3割を上回っている。中国の農村の貧困率は8％と他の諸国に比べれば著しく低いが、それでも一人一日1ドル未満の消費支出の人びとの割合は国全体

で22％、一日2ドル未満の割合は58％にも達しており、決して貧困問題が解消したとはいえない。

このようなアジアの農村の貧困問題の背景には、限られた土地や水資源の下での人口圧の問題がある。図7・7には、アジア主要国の農業就業人口の推移が示されているが、人口増加率が高いパキスタン、フィリピン、インド、バングラデシュ等では、現在も農村の農業就業人口が増加を続けていることがわかる。農業以外の雇用機会が限られているこれら諸国では、農業部門に労働力が滞留する形で農業就業人口が増加を続けており、労働の限界生産力の低い過剰就業の状態が続いている。統計上は失業者には分類されないが、実態は偽装失業の状態にある多くの農業労働者が存在すると推測される。

表7・5　アジア諸国の農村と都市の貧困率（％）

	農村	都市	調査年
中国	7.9	2.0	1996
フィリピン	51.2	22.5	1997
インドネシア	14.3	16.8	1990
ベトナム	57.2	25.9	1993
タイ	15.5	10.2	1992
バングラデシュ	39.8	14.3	1995
インド	36.7	30.5	1994
パキスタン	36.9	28.0	1991

（出典）World Bank, “STARS: 1998”.

一方、経済発展が本格化し、農業以外の産業が急速に拡大した日本や韓国では、非農業部門での雇用が拡大したのに伴って農業就業人口の急速な減少が続いている。日本と韓国の農業就業人口は、六〇年代初頭に比べて3割、4割近くまで減少した。中国、タイ、インドネシアにおいても、農業以外の産業の拡大に伴って最近では農業就業人口がほとんど伸びなくなってきている。

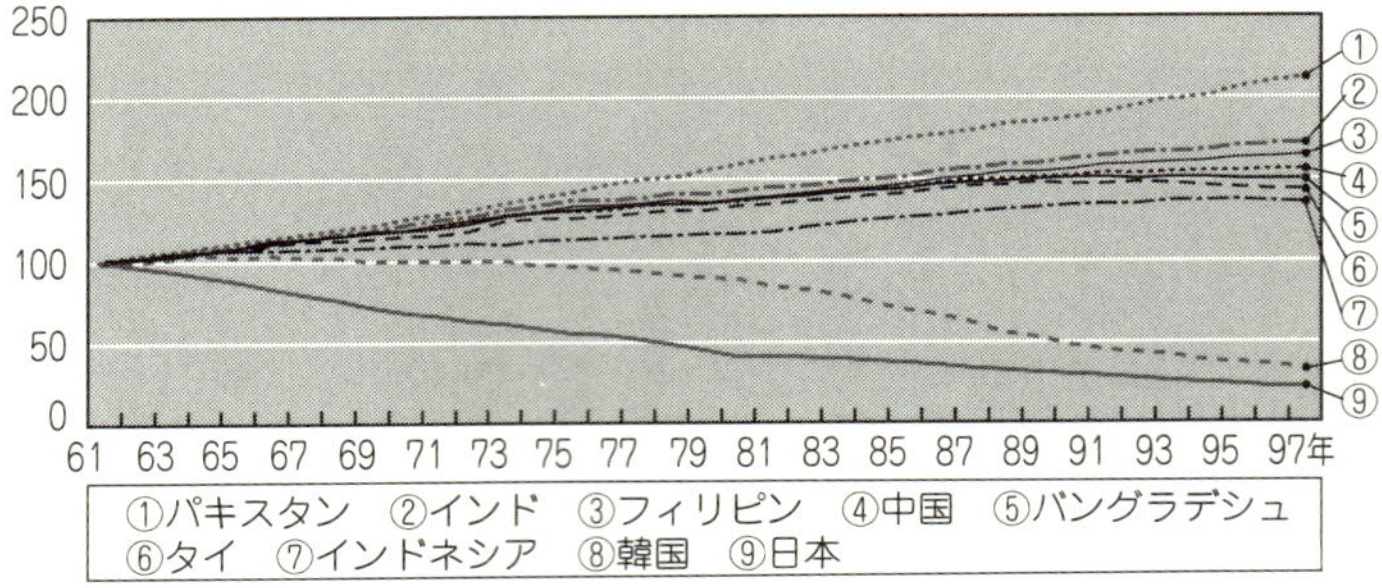

（注）1961年度を100とした指標表示。
（出典）FAO. “FAOSTAT: 1998”.

図7・7　アジア主要国の農業就業人口の推移

表7・6には、アジア主要国の農村と都市の人口増加率、農業労働生産性の変化が示されている。これによると、八〇年代、九〇年代を通じてどの諸国でも農村に比べて都市の人口増加率が高く、特にこの傾向が韓国で著しかったことがわかる。韓国では、九〇年代に農村人口は年率5・3％で減少したのに対して、都市人口は2・7％で増加を続けている。改革開放体制の下で10％近くの経済成長が続いている中国も、九〇年代の農村人口の増加はマイナスに転じている。

農村人口の増加率が比較的高いのはベトナム、パキスタン、インドで、これらの諸国では市場経済の導入や「緑の革命」の成果で農業生産は比較的順調に伸びたにもかかわらず人口圧のため農業労働生産性が低位に留まっている。日本、韓国の農業労働生産性の上昇は、農業就業人口の減少が主因となっている。日本とバングラデシュでは、農業就業人口一人当たりの農業付加価値額は実に130倍近くの格差がある。

表7・6　アジア主要国の農村と都市の人口増加率（%）と農業労働生産性の変化

	農村人口		都市人口		農業労働生産性	
	80年代	90年代	80年代	90年代	1979 - 81	1995 - 97
日本	0.1	−0.4	0.7	0.4	15,698	28,665
韓国	−3.5	−5.3	3.9	2.7	3,957	10,962
中国	0.6	−0.1	4.7	4.1	162	296
フィリピン	0.4	0.1	5.1	4.2	1,348	1,379
インドネシア	0.8	0.1	5.3	4.4	610	745
ベトナム	2.1	2.0	2.5	1.9	NA	226
タイ	1.6	0.6	2.8	2.3	630	928
バングラデシュ	1.7	0.9	5.7	4.7	181	221
インド	1.8	1.4	3.2	2.8	253	343
パキスタン	2.9	2.0	4.8	4.3	392	585

（注）農業労働生産性は、農業就業者一人当たりの農業付加価値額。（1995年USドル／人）
（出典）World Bank, "STARS: 1998".

これからの世界の人口増加は都市で集中的に起こり、農村地域では地方都市の形成を除いて、これまでに経験してきたような急速な人口増加は起こらず、農村の人口圧が今後軽減されることが予測されている。しかし、農村が取り残された地域とはならず、食料の安定的な供給基地として、また国土保全や自然環境保全、伝統的文化の継承発展を担う場として発展していくためには、国土計画にもとづくさらに一層の社会資本整備を図っていくことが必要であり、先進国からの途上国農村の発展への支援も必要である。

注

（1）食料問題を偶発的危機、循環的危機、政治的危機、マルサス的危機に分類し、それぞれへの対応策を論述したものとして、次の文献を参照されたい。速水佑次郎『農業経済論』岩波書店、一九八六年、二二七‐二三八頁。

（2）楽観的見通しの例として、世界銀行やアメリカ農務省は、世界の穀物需給は今後も過剰基調で推移し、穀物の実質価格は低下を続けるだろう、との見通しを公表している。Donald O. Michell and Merlinda D. Ingco, *The World Food Outlook*, the World Bank, 1993. USDA, "Long Term World Agricultural Commodity Baseline Projections", 1994.

（3）悲観的見通しの代表として、ワールドウォッチ研究所のレスター・R・ブラウン所長は、環境問題の深刻化と農業技術進歩の停滞のため、穀物需給が逼迫化する可能性が高いことを警告している。Rester R. Brown and Hal Kane, *Full House: Reassessing the Earth's Population Carrying Capacity*, W.W. Norton & Company, 1994. レスター・R・ブラウン著、今村奈良臣訳『食糧破局――回避のための緊急シナリオ』ダイヤモンド社、一九九六年。

（4）USDA, "PSD View: March 1999".

（5）長澤淳・井上荘太朗・中川光弘「世界穀物市場とポストグリーンレボルーション――アジア地域を中心とした経済発展の影響」『農業経営研究』三六巻二号、一九九八年、六七‐七〇頁。

（6）国際連合食糧農業機関編、国際食糧農業協会訳『ＦＡＯ世界の食料・農業データブック――世界食料サミットとその背景（下）』農山漁村文化協会、一九九八年、四頁。

（7）IPCC, *IPCC Second Assessment: Climate Change 1995*, Cambridge University Press, 1996, pp.438-448.

（8）長澤淳・井上荘太朗・中川光弘「地球温暖化の世界穀物需給への影響――ＩＰＣＣ評価シナリオを用いた予測」『日本農業経済学会論文集』一九九八年、二〇三‐二〇九頁。

8章　資源・エネルギー問題

七原俊也

1　資源の枯渇と二一世紀の資源・エネルギー問題

a　資源予測の動向

「石油はあと三〇～四〇年でなくなってしまう」とは、石油危機以来、幾度となく繰り返されてきた警告である。ローマクラブの「成長の限界」は、経済規模が幾何級数的に増大するとしたら、もっと短い期間の間に石油資源がなくなってしまうとの計算結果を、第一次石油危機の直前の一九七二年に公表し、大きな反響を巻き起こすこととなった。このような議論は他の枯渇性の天然資源などにも

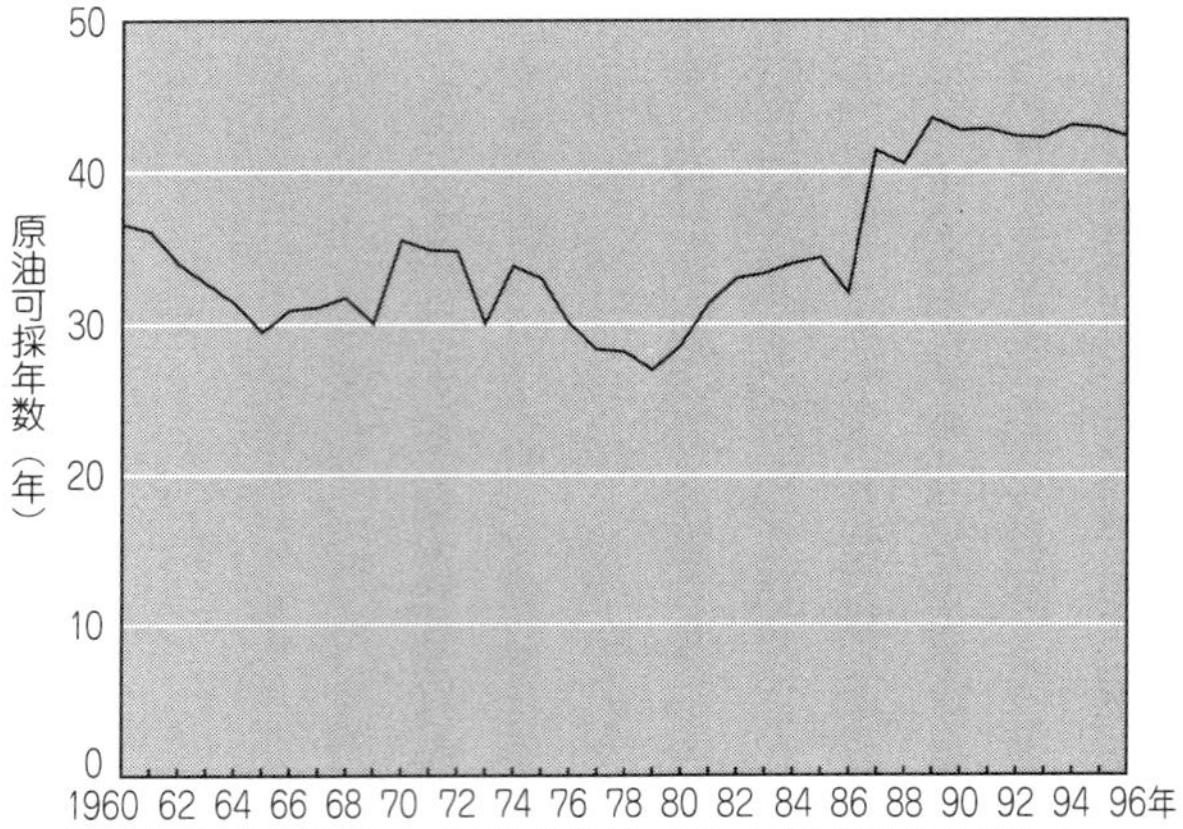

（出典）通産省監修：石油開発資料（旧・石油開発関係資料）

図８・１　原油の可採年数の推移

当てはまるものであり、実際、「成長の限界」においても石油以外のエネルギー資源や金属資源の寿命を計算している。しかしこれは、一面、誤解を招きやすい議論でもある。

石油がいつまで利用できるかについては、石油の確認可採埋蔵量を年生産量で除した可採年数（R／P比とも呼ぶ）を用いて議論されることが多い。上記の石油の寿命三〇～四〇年も可採年数を表しているが、図８・１に示すように、石油の可採年数は過去三〇年以上にわたって三〇～四〇年とほぼ一定で推移してきた。これは一見理不尽なことのように思えるが、新たな資源の発見があること、採掘技術の進歩があること、確認可採埋蔵量自身が政治的・経営的な色合いの濃い数値であることなどを考えれば、理解できないことではない。ともあれ、この数値だけを取り上げ単純に「寿命は三〇年」と論じることは、「オオカミ少年」

との誹りを受けてもやむをえない面がある。

一方で、最近は、石油等の化石燃料の資源量について楽観的な見方も目立つようになってきている。たとえば一九九八年九月にアメリカのヒューストンで開かれた世界エネルギー会議では石油などの「化石燃料は、現在のところ次世紀においても世界的な経済成長を持続させるには十分な量がある」との結論が採択されている。この背景には、石油危機以来、約二〇年が経ち当時の記憶が薄れてきたこと、原油自身が市場商品化の色彩を強めてきたことなどがあるだろうし、ヒューストンが石油産業の中心地の一つであることも関係しているかもしれない。

b　二一世紀の資源・エネルギー問題の課題

さて二一世紀の資源・エネルギー問題では、いったい何が主要な課題となるのだろうか。筆者は、最近の情勢を考慮し、次の三点が重要であると考えている。

第一の問題は、先に石油の可採年数は三〇～四〇年と一定で推移してきたと述べたが、その内容まで踏み込んで考えると、必ずしも楽観はできないことである。すなわち先ほど述べた最近の確認埋蔵量の増加分の多くは既知の油田における埋蔵量の見直しによるものであり、新たな油田が見つかっているわけではない。世界の埋蔵量（既生産分を含む）の約四割は埋蔵量50億バレル以上の巨大油田が占めているが、巨大油田については、一九八〇年代以降、発見が報告されていない。これを見ると、今後、巨大油田が多数発見されることは期待薄であろう。またこれから発見されるであろう油田は、深海や密林など採掘条件が厳しくコストも高い所にある可能性が大きい。すなわち来世紀をにらんで当分の間、石油が枯渇することはなかろうが、今後は既開発油田の衰退による供給力の低下や、新規開発油田の高コスト化などが避けられないのではないだろうか。一方で、ガソリンを始めとする液体燃料への需要は今後とも伸び続けるだろうから、石油への需要は今後とも根強いものがある。必然的に石油需給は厳しくならざるをえないのではないか。

第二に、地球規模でエネルギー需要の伸びを見ると、地域的なバラツキの著しいことがわかる。すなわち図8・2に示すように、アジアにおけるエネルギー需要の伸びは北アメリカやヨーロッパなどの先進諸国での伸びに比べ著しく高いこと、一方、旧ソ連や東ヨーロッパは政治的・経済的混乱のため一九八〇年代後半に入り大きく減少したことがわかる。アジアについては、前述のように、タイの通貨不安に端を発し一九九六年以降、アジア経済は危機的な状況を迎えたため、エネルギー需要の伸びも低下している。しかし、長期的に見れば、アジア経済は（必ずしもすべての国ではないかもしれないが）やはり伸びていくことが予想される。アジアは、中国のような世界屈指の産炭国こそあるものの、エネルギー資源賦存の観点からは全般的に恵まれていない地域である。原油生産量にアジアが占めるシェアは世界の10%（一九九六年）にすぎず、そのうち約半分を生産している域内最大の産油国である中国も一九九三年以降は石油の純輸入国に転じている。今後、アジア地域における石油・天然ガス等の液体・ガスエネルギーへの需要は増加の一途をたどるだろうが、これはアジアにエネル

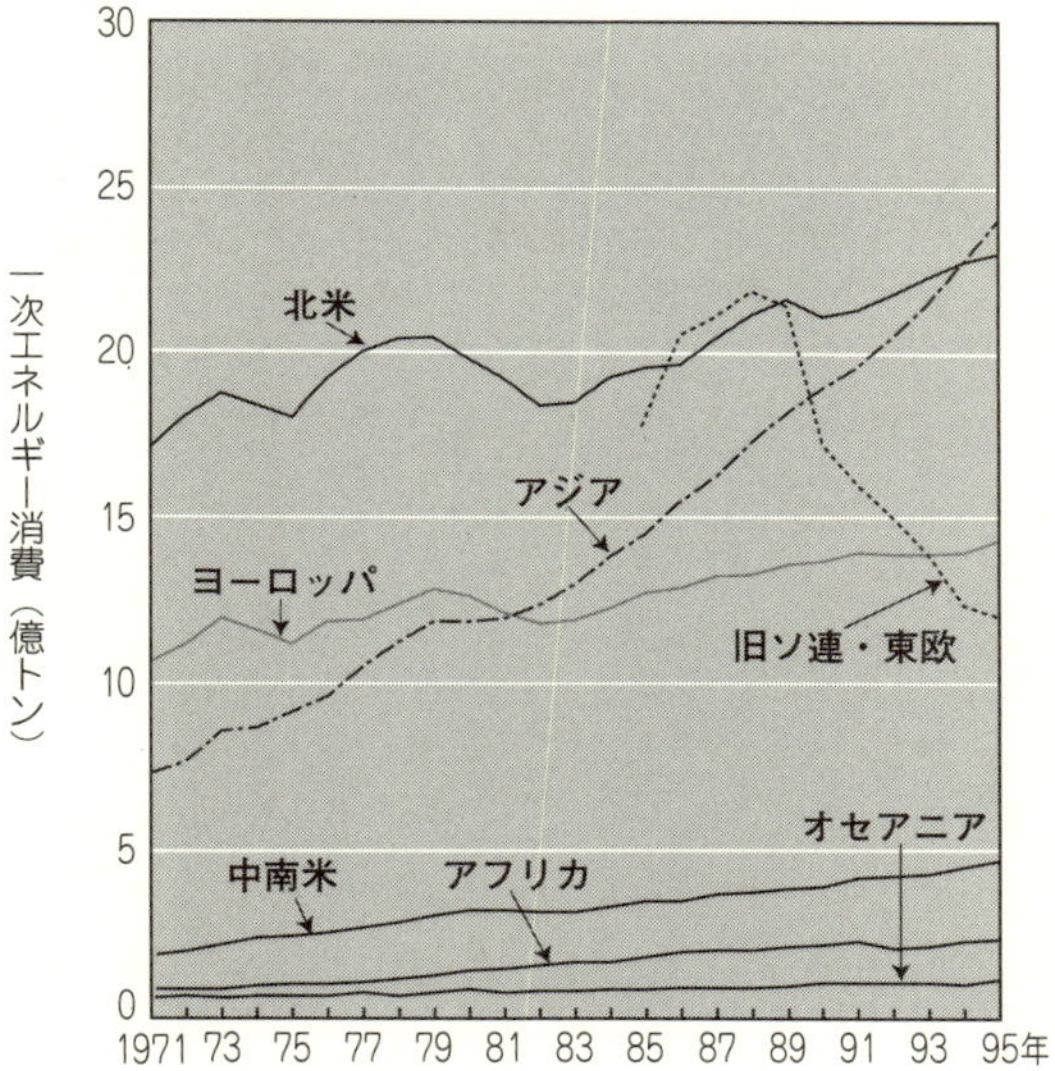

（出典）World Bank, World Development Indicators 1998.

図8・2　地域別に見た世界の一次エネルギーの推移

ギー・セキュリティに関わる新たな問題をもたらすことであろう。すなわち、アジアなどの地域で、資源確保やエネルギー輸送に際しての国際的な摩擦が激化することなどが予想される。これまでわが国では、エネルギーセキュリティの向上のために脱石油化やエネルギー多様化などの施策が採られてきたが、次に述べる地球規模の環境問題とも関連して、エネルギー・セキュリティについての新たな考え方が求められてくるように思われる。

第三の特徴として、地球環境問題を始めとする環境問題に対する関心が高まっているため、資源の利用の仕方が見直されようとしている点が指摘できよう。すなわち一九九七年十二月に京都で開催された気候変動枠組条約の第三回締約国会議（ＣＯＰ３）において、先進締約国各国は二酸化炭素などの温室効果ガスの排出量を二〇〇八〜二〇一二年の平均で見て一九九〇年レベルから５％以上減らす（わが国の排出抑制レベルはマイナス６％）という数値目標が定められた。化石燃料を燃やせば必然的に二酸化炭素が排出されることを考えると、これは将来の化石燃料使用を制限するものとなる。もちろん化石燃料の種別により単位熱量当たりの排出量は多少異なるが、単位熱量当たりの排出量は、それが小さい天然ガス（メタン）でさえ石炭の五割強である。資源量で見ると石炭がもっとも豊富な資源であることもあり、石炭から天然ガス等への燃料転換だけでは長期的、抜本的な解決とはなりえない。いずれにしても、環境問題により、化石燃料の利用の方法に何らかの変化が求められることは必定ではないだろうか。

さらに、将来社会の究極の理想像は「持続可能な社会」なり「循環型社会」なりであろう。それら社会でのエネルギー供給・消費のあり方については広い観点からの検討が必要であるが、そこでもエネルギー消費（すくなくとも化石燃料利用）には何らかの制約が課せられる可能性が大きい。いずれにせよエネルギー資源の枯渇の外に、環境面からのエネルギー資源利用への制約が厳しさを増すということは、近未来にありえそうなシナリオの一つである。

上記のようなエネルギーや資源面での制約は、人口は幾何級数的に増えるが、食料はせいぜい等差級数で増えるにすぎないと論じたマルサスの論点に相通じる点があるため、これをエネルギー・資源に関わるマルサス問題と呼ぶこともできよう。問題は、このマルサス問題が経済へどのような影響を与えるかである。実際、ローマクラブの「成長の限界」でも、資源制約が経済社会にどのような影響を及ぼすかについて分析し、資源制約を考慮した場合における経路として経済ゼロ成長の途を提示した（そしてそのシミュレーション結果は侃々諤々たる議論を巻き起こした）。次項では、最近のデータをもとに、このエネルギー消費と経済成長の関係に焦点を絞って分析してみよう。

2　経済成長とエネルギー消費

a　エネルギー消費の推移

エネルギー消費が経済の成長に伴って増えてきたことは、歴史的事実である。図8・3に日本、韓国、タイ、アメリカを例にとり一九七一〜一九九五年における国内総生産（GDP）とエネルギー需要の関係を示すが、同図より明らかなように、いずれの国においても両者の間には明らかな相関のあることがわかる。また個々の国が経済発展につれ通っていく経路は、いずれの国も似通っている、つまりこの図の上に経済社会の一般的な経済発展経路を想定できることがわかる。さらに先進国とそれ以外の国を比べると、GDPの大きい豊かな国ほど両者の関係を表す線の傾きが小さいこと、すなわちGDPを増やすために必要なエネルギー需要の小さいことがわかる。これは経済が発展するにつれ、

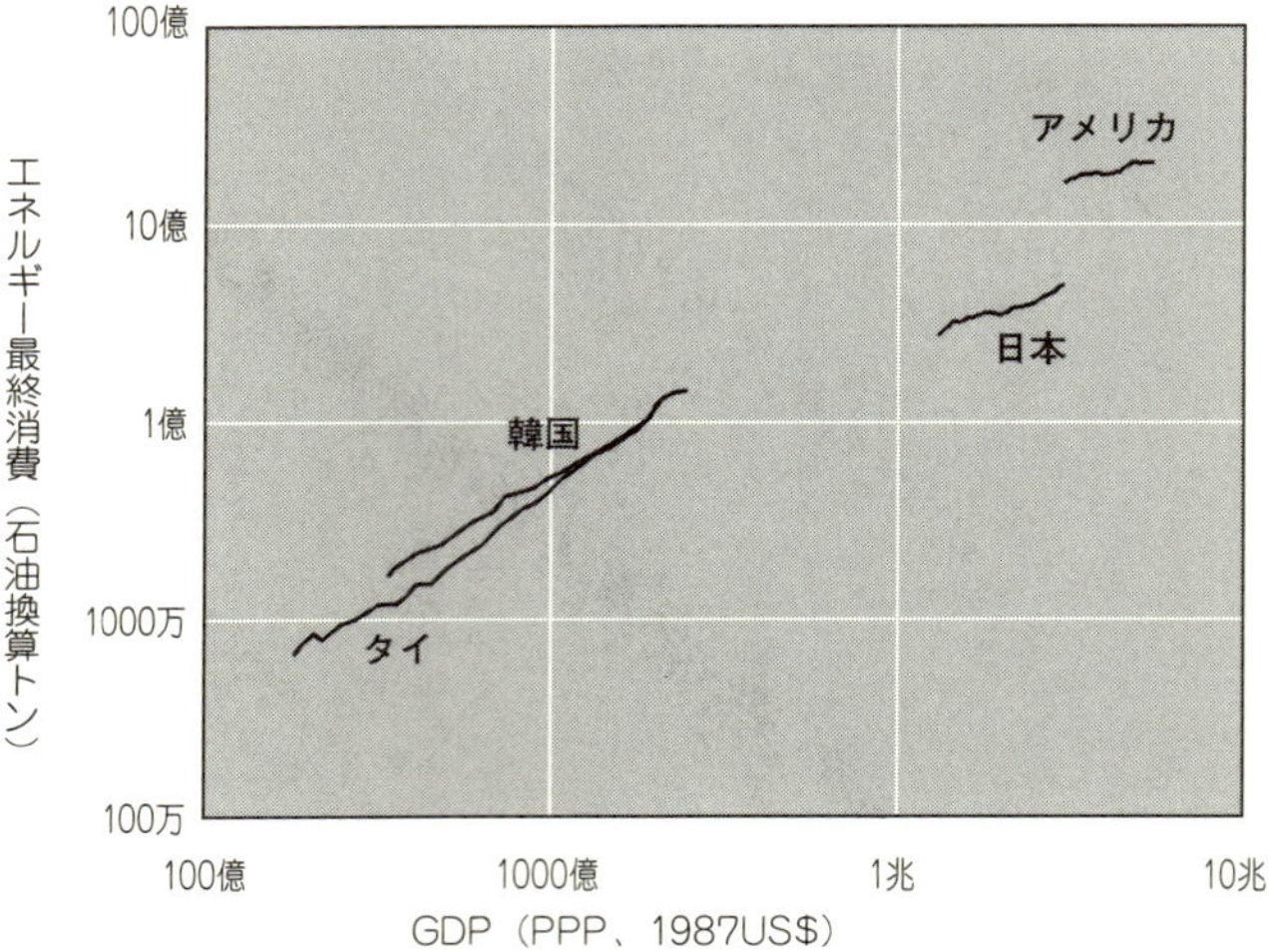

（出典）World Bank, World Development Indicators 1998.

図８・３　経済成長とエネルギー消費の関係（日本、韓国、タイ、アメリカ）

産業構造が変化していくため、増加分だけを見ればより省エネルギー的になることを示唆している（囲み記事「エネルギー需要の対GDP弾性値」参照）。

わが国の長期的な推移を見ても、同様の特徴が見られる。すなわち図８・４にわが国の一八八五年（明治一八年）から一九九六年（平成八年）における超長期的な国民総生産（GNP）とエネルギー需要の関係を示すが、同図によれば、やはり経済とエネルギーの間にはきわめて強い繋がりがあることがわかる。詳しく言えば、戦後の一九五五年頃までのカーブは敗戦に伴う経済的混乱を反映し昭和初期のカーブとほぼ重なったり、第二次石油危機以降は経済成長に伴うエネルギー需要増が多少低下したり（カーブの傾きがやや小さい）など、いろ

エネルギー需要の対ＧＤＰ弾性値

エネルギー需要の対GDP弾性値とは、GDPが１単位変化した場合にエネルギー需要がどれだけ変化するかを表す指標である。弾性という言葉の直感的な理解を助けるため、バネ秤を例にとって考えてみよう。重みをかければバネが伸び、重さがわかる。そして加わる力とバネが伸びた長さの比率が、「弾性」係数と呼ばれている。これを上記の対GDP弾性値に対応づければ、重りがGDPの増加分に、バネの伸びがエネルギー消費の増加分に対応する。ただしGDP、エネルギー消費は別の次元を持つ量であるため、ともに現在の値に対する％値で表している点が多少異なるだけである。

エネルギー需要の対GDP弾性値は、長期的なエネルギー需要と経済の関係を示す指標である。産業構造、技術、エネルギーの消費パターン等がまったく変化せず経済活動が増大するとしたら、弾性値は１となるはずである。しかし実際には、産業構造が変化するとともに、技術進歩によりエネルギー効率の向上などがあるため、弾性値が１となることは少ない。一般に、新興工業国などでは重化学工業などの振興が図られるため弾性値は１を上回り、先進国では第三次産業中心の産業構造へのシフトがあるため弾性値は１を下回ることが多い。

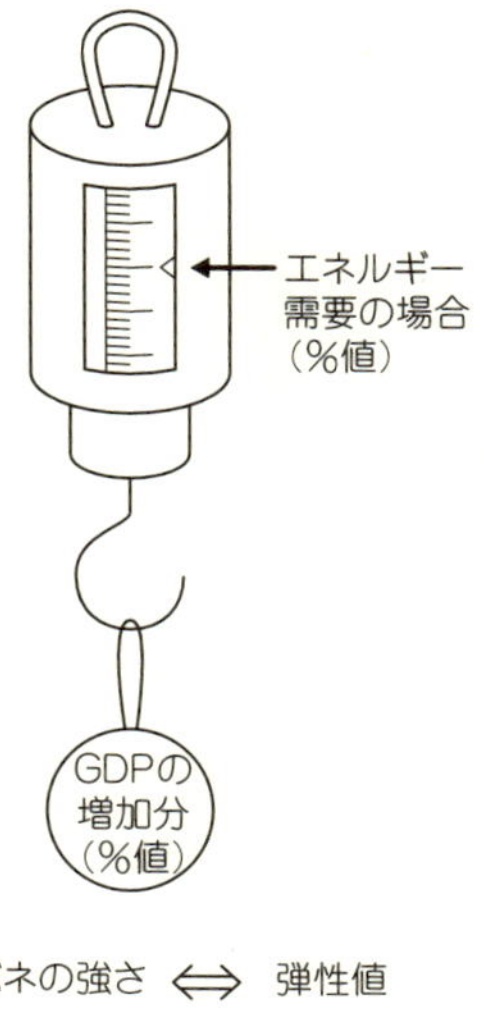

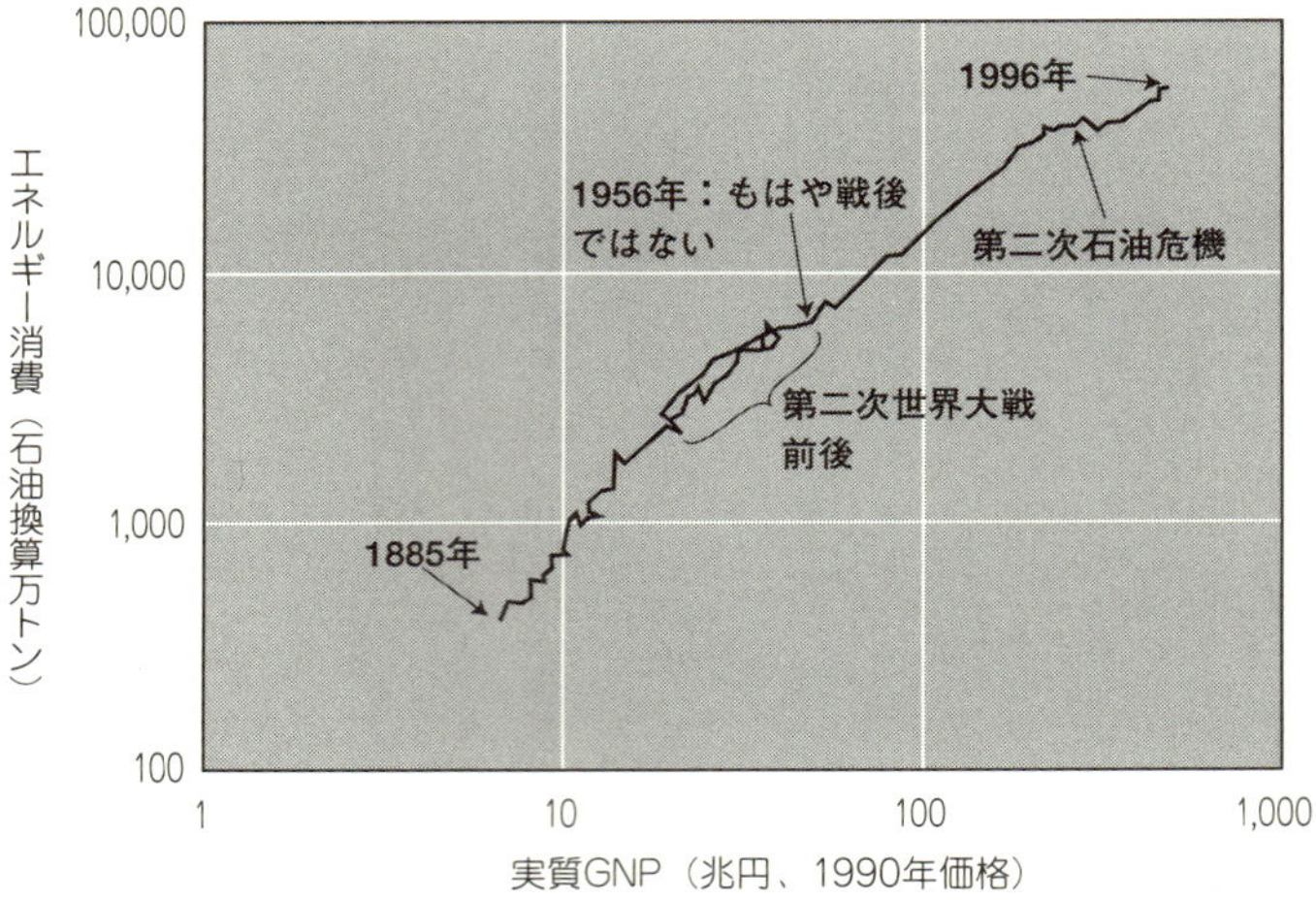

（出典）日本エネルギー経済研究所編、エネルギー・経済統計要覧 '98

図 8・4　経済成長とエネルギー消費の関係（わが国の長期的推移）

いろな外乱への対応はあるものの、経済とエネルギーの関係はほぼ直線的であり両者は連動してきていると考えるのが自然であろう。ただし直線的とはいえ、経済規模が拡大するにつれ、カーブの傾きが緩やかになっている。これは前記の国際比較から得られた結果とも符合している。

b　エネルギー消費と経済成長

エネルギー消費と経済成長は、いずれの国でも連動しているのだろうか。ヨーロッパの一部の国においては、最近、両者の繋がりが弱まる徴候が見られ始めている。この点を定量化するために、アジア、ヨーロッパ、北アメリカの各国に対し、一九七一年から一九九五年にかけてのエネルギー需要の対ＧＤＰ弾性値（189ページの囲み記事参照）と、GDPとエネルギー需要の間の相関係数（両者の相関の強さを表す指標）とを求めた結果を図8・5に示す。エネルギー需要の対GDP弾性値とは、GDPが一単位変化した場合にエネルギー需要がどれだけ変化するかを表す指標である。

図8・4をもとに、各国におけるエネルギー需要と経済成長の繋がりについて分析すると、次のことがわかる。

・豊かになる（一人当たりのGDPが多い）ほど、エネルギーの対GDP弾性値は低くなる傾向がある。すなわち多くのアジア諸国では弾性値が1を上回っているが、ほとんどの先進国（ヨーロッパ、北アメリカ、日本）では弾性値は1を下回っている。

・右記の点には例外もないわけではない。たとえばアジアのうち中国、ベトナムなどの計画経済国家の弾性値は1を下回っているし、ヨーロッパのうちポルトガル、ギリシア等の比較的GDPが低い南ヨーロッパの国々では弾性値は1を上回っている。

・ヨーロッパ諸国のうち、特にデンマーク、イギリス、オランダ、ベルギーなどの国々は、弾性値が低いだけでなく、経済とエネルギーの間の相関係数も小さい（すなわち相関も小さい）。参考までにこれらの国の経済規模とエネルギー需要の関係を図8・6に示すが、同図からも経済成長とエネルギー消費の関係の弱いことがわかる。

・アメリカ合衆国やカナダなど北米諸国の弾性値は0・5程度と、わが国とほぼ同程度である。

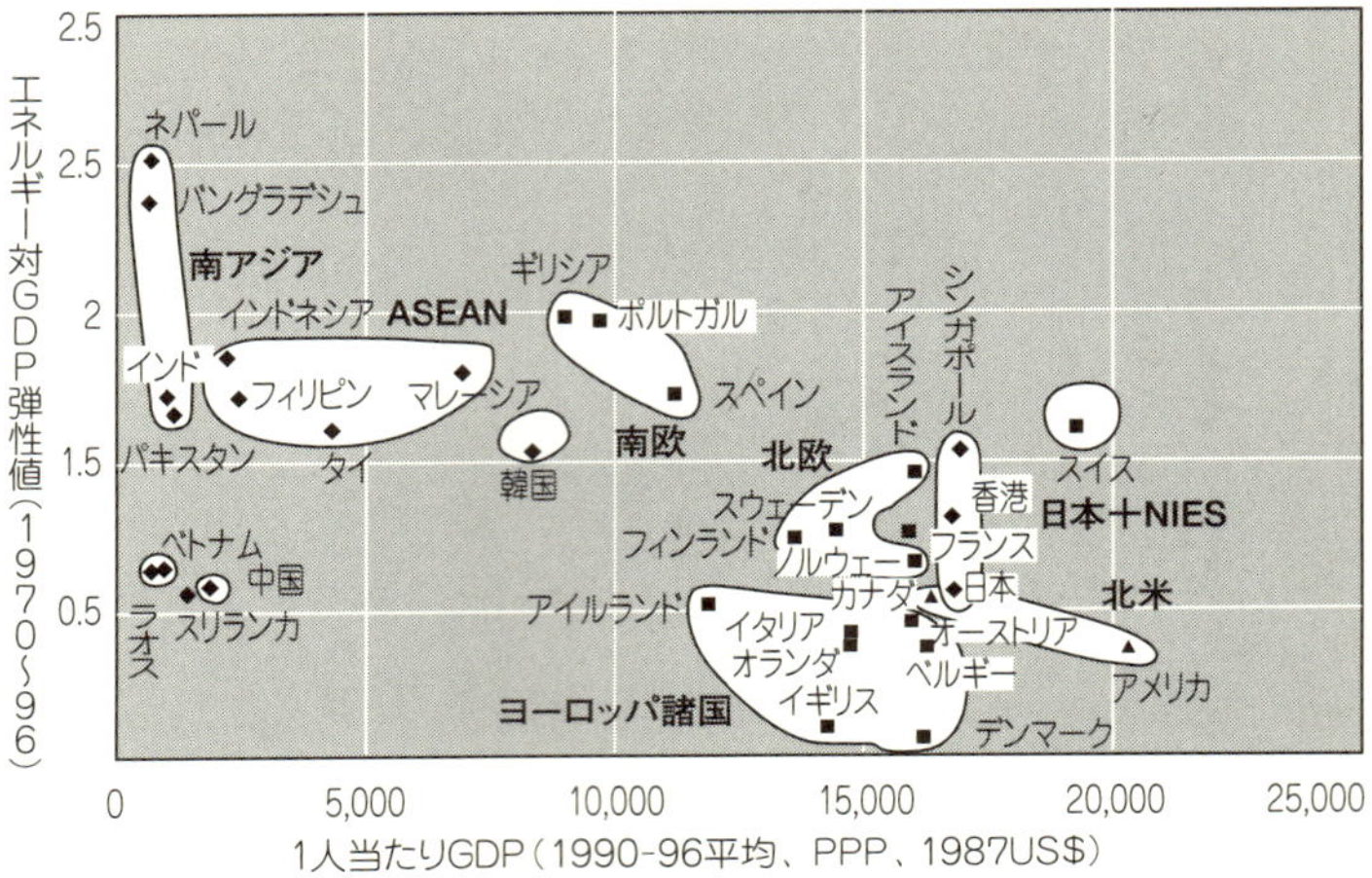

(a) エネルギー需要の対GDP弾性値

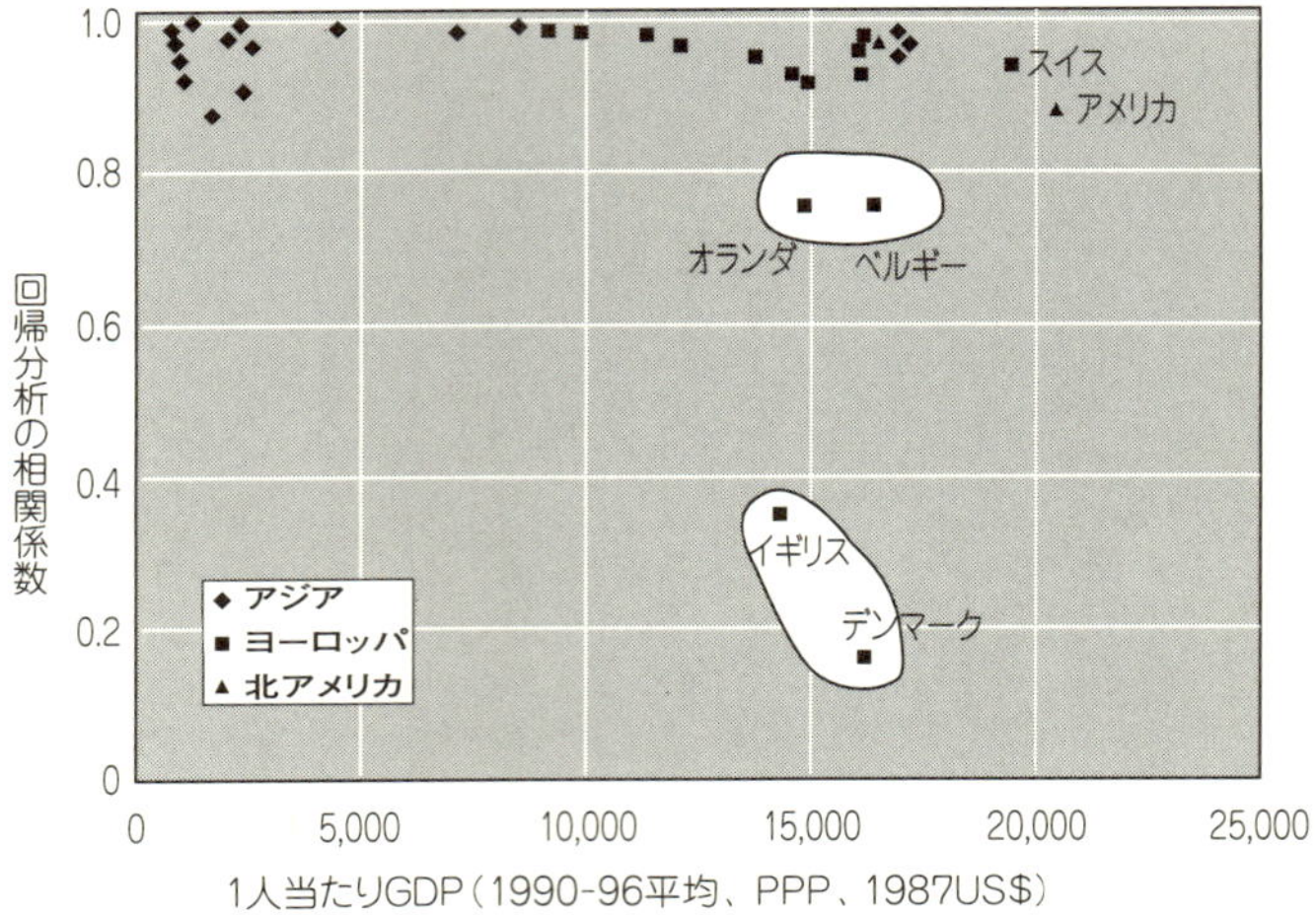

(b) エネルギー需要とGDPの間の相関係数

（注）対象期間は1971～1995年であり、回帰分析により求めた。
（出典）World Bank, World Development Indicators 1998.

図8・5　各国のエネルギー需要の対GDP弾性値と相関係数

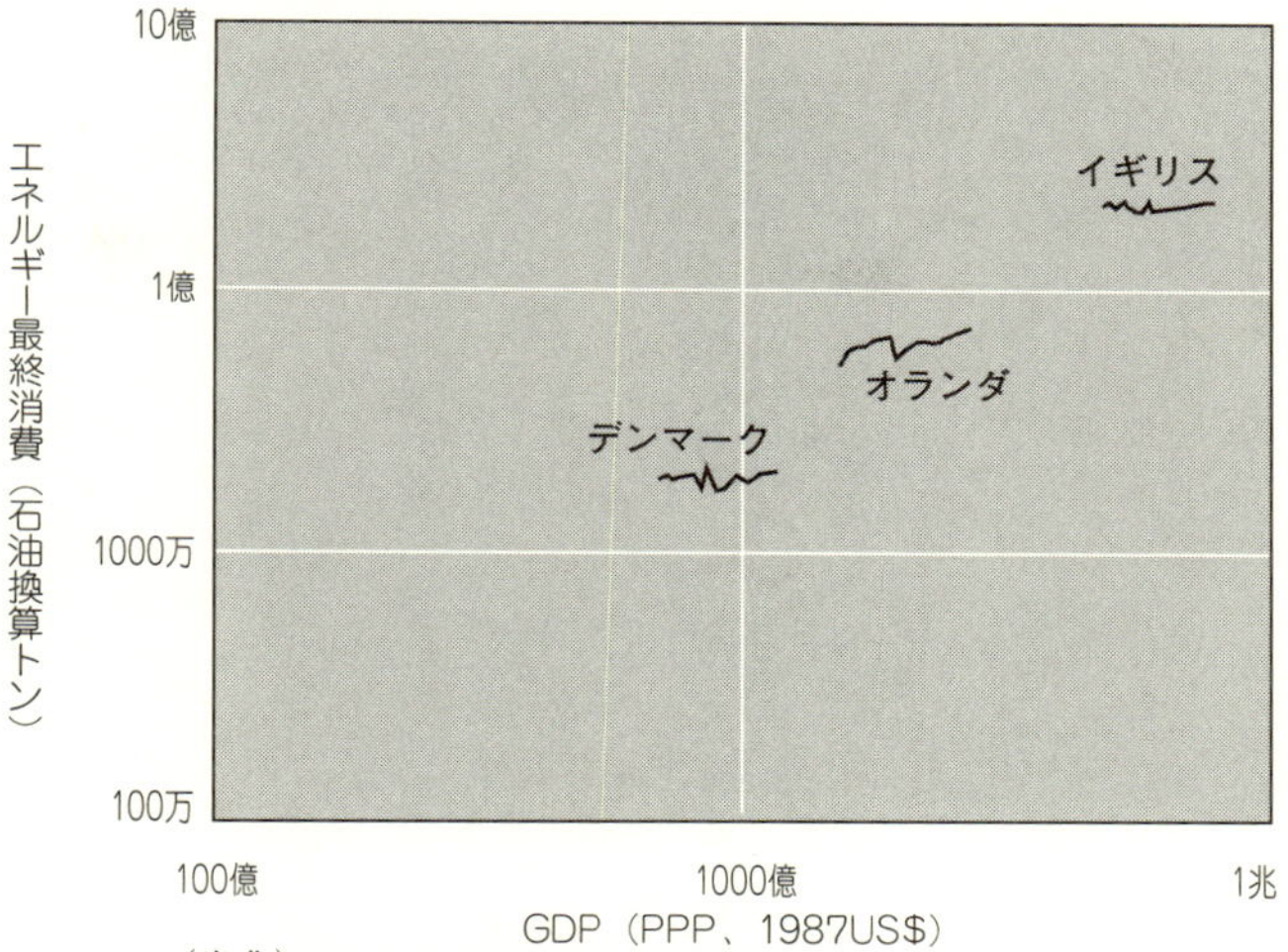

（出典）World Bank, World Development Indicators 1998.

図8・6　経済成長とエネルギー消費の関係（デンマーク、オランダ、イギリス）

さて以上の結果をどう見るべきか。これらの特徴の原因を解明することは途方もない企てである。ここでは、前述の結果とデータを元に、経済成長とエネルギー消費の繋がりを断ち切るためにどのような示唆が得られるかを探ってみることとしたい。なお発展途上国や新興工業国などでは、歴史的に見てエネルギーの対GDP弾性値が大きいため（すなわち経済成長のためには多くのエネルギーが必要であるため）両者の繋がりを断ち切ることは先進国以上に難しい。このため、次項では先進国に焦点を絞りたい。もちろん、そこで得られる示唆については、発展途上国にも当てはまるものも多い。

3　経済とエネルギーの繋がりを断ち切る？

経済成長とエネルギー消費の間の関連については次の二つの側面がある。すなわち経済活動のためにエネルギーを用いるという面と、豊かになればエネルギー消費が増えるという面の二つである。もちろんこの二面は本質的に複雑に絡み合ったものであり、どちらが卵でどちらが鶏というわけにはいかない。しかし大雑把に言えば、産業用のエネルギー消費が経済活動のために必要なエネルギーであり、家庭でのエネルギー消費は豊かになるにつれ増大すると考えることがわかりやすかろう。

このように考えると、エネルギーと経済の関係を検討するには、部門別の検討が必要となる。このため、図8・7に日本、アメリカ、イギリス、オランダ、デンマークを対象に、産業用など部門別のエネルギー需要の推移を対比して示す。これらの国は先進国の代表として選んだ国であるが、特にイギリス、オランダ、デンマークの三カ国は、経済成長とエネルギー消費の繋がりが弱いことがわかった国々である。以上のデータをもとに、経済とエネルギーの繋がりを断ち切るという観点からわが国を念頭におきつつマクロ的な分析を行うと、次のような示唆を引き出すことができよう。

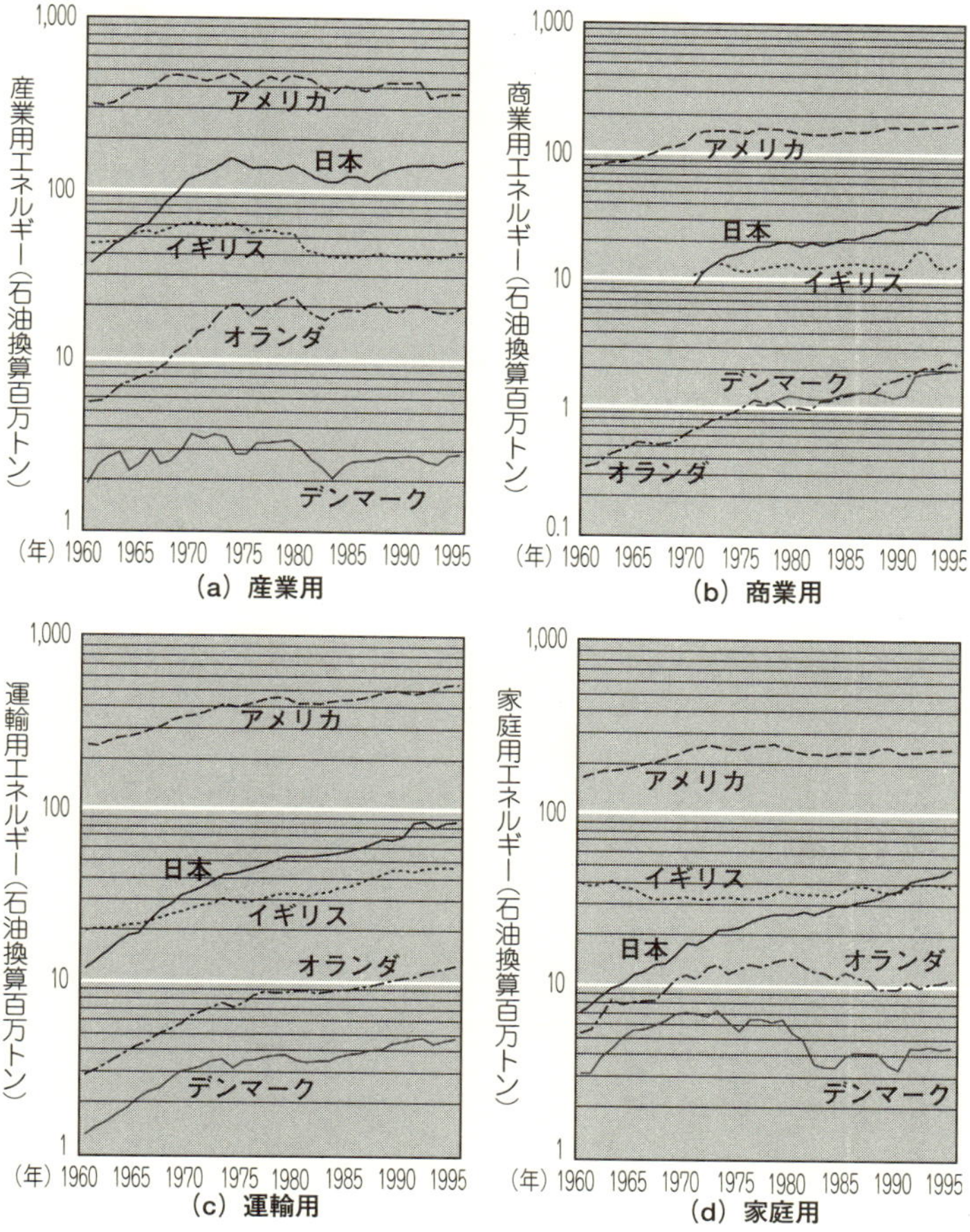

（出典）IEA: Energy Balances of OECD Countries.
なお同文献では、途中年度で集計方法が変わるため、データに飛躍が見られる場合がある。また日本について、国内集計値を用いてデータを見直した場合もある。

図 8・7　部門別のエネルギー需要の推移

(1) 第三次産業の比率増大とエネルギー消費

先進各国では、産業構造に占める第三次産業の割合が大きい。すなわちアメリカ、イギリス、オランダ、デンマーク等のGDPに占める第三次産業の比率は7割程度に達しており、しかもその絶対額、GDPに占める比率とも増大しつつある。しかし図8・7によれば、イギリス、アメリカ、デンマーク等では、商業用のエネルギー消費はあまり増大していない。これは、第三次産業の成長による、あまりエネルギーを消費しない成長の途がある可能性を示唆している。わが国のGDPに占める第三次産業の比率は6割弱であることを考えると、これらの国を参考にすれば、わが国にもエネルギーを増大することなく、経済成長を果たす余地のある可能性があり、その実現性について検討してみる価値もあろう。

なおオランダ、デンマーク等の国は地球温暖化防止に積極的な国であり、省エネルギー、再生可能エネルギーや地域熱供給などについて強力な施策を押し進めている国でもある。両国が人口が一千万程度の小国であること、気候環境がわが国と大きく異なることなどには十分な配慮が必要であろうが、これらの政策とエネルギー、経済の関係についても検討の価値があろう。

(2) 石油危機への対応と省エネルギー

石油危機に対応して省エネルギーの推進や産業構造の変化などが図られ、エネルギー需要の低減が図られた。第一次石油危機は一九七三年に、第二次石油危機は一九七九年頃であるが、これは図8・

4（190ページ）のプロットでカーブが途中で屈曲している点に、また図8・7ではわが国の産業用エネルギー需要などいくつかの国の複数の分野で伸び率が急に低下した年に対応する。石油危機の際にはエネルギー価格が高騰したため経済成長の減速がもたらされたことは当然であるが、それ以外にも、このようなグラフで影響を読みとれるほどのエネルギー効率の向上もあったことがわかる。たとえば、この時期にわが国では、産業界ではたとえば鉄鋼業での炉頂圧発電の導入など省エネルギー技術の導入、民生部門では冷蔵庫などの家電製品の効率向上などの省エネルギー努力がなされるとともに、産業構造についてもアルミニウム精錬業からの撤退など大きな変化があった。ただし石油危機の時の対応は、経済とエネルギーの繋がりを断ち切るまで至らなかったことも認識すべきである。

二一世紀を展望する時、省エネルギーがエネルギーと経済の繋がりを緩和するために重要であり、そのための努力が必要であることは言を俟たない。しかし、そこにはハード的な限界があることも認識しておく必要がある。すなわち省エネルギーは「濡れ雑巾を絞る」ことに喩えられるように物理的限界がある上に、省エネルギーのためには設備投資を要するものも多く、その場合はコスト・パフォーマンスが問題となる。つまり省エネルギーの余地があることはわかっていても、経済的に見合わないため着手されないことも多い。特にこれまで省エネルギーを推進してきた産業界では、コスト的に見合う省エネ設備投資の案件は次第に減ってきていると考えられる。最近の原油輸入価格（ＣＩＦ価格）は名目値で見ても第二次石油危機直後の半額程度であり、アジアの経済危機以降、原油価格はさらに低下している。このような石油の安値は、省エネルギー推進のための障害の一つであることは間違いない。

(3) 家庭用と輸送用エネルギー――堅調な伸び

図8・7（195ページ）によれば、わが国以外では家庭用エネルギーの伸びは、ほぼ一段落しているのに対し、わが国の伸びは堅調である。この伸びは主に冷房・暖房用のエネルギー消費の増大に起因している。つまりわが国では、豊かさが行き渡るとともに便利さ・快適さが求められるようになり、エネルギー消費が増大しているという傾向が見られる。家庭でのエネルギー利用については気候や居住環境による面が強く、単純な国際比較は慎まねばならないが、わが国では、家庭でのエネルギー消費が今後のエネルギー需要の伸びの鍵を握っていることは確かであろう。なおオランダ、デンマークでは熱配管網が整備されていることもあり、熱供給を進めるなど、家庭用エネルギーについてもシステムの変革を実施してきた。気候が寒冷なこれらの国の方法をそのままわが国に適用することはできないが、今後、このような何らかのシステム変革が必要となるかもしれない。

一方、運輸用のエネルギー消費は、いずれの国でも顕著な伸びを示している。これは主に自動車用燃料によるものと考えられるが、現在、圧倒的多数の車は化石燃料により走っていることを考えれば、輸送用のエネルギー需要がどうなるか、どうするかはきわめて重要なポイントとなろう。

さきほど石油危機時に産業界等を中心に省エネルギーが図られたことを述べたが、実は家庭用のエネルギー消費は石油危機の影響もほとんど受けず着実に増加を続けてきた。一方では、いくら快適さ・便利さを求めるといっても、たとえば家庭部門などでのエネルギー需要が際限なく増えることはありえないという議論もある。しかしこれまでに述べてきたように、少なくともわが国を見る限り、これらが頭打ちにもなる気配はまだ見えない。これにどのように歯止めをかけるかは、二一世紀の資源・エネルギー問題における重要な課題となろう。

発展途上国に目を転じると、豊かさがエネルギー消費増大につながる度合いはさらに著しい。以前、ある発展途上国の人が「経済発展に伴い、テレビ、電話、炊飯器がわが家に揃った」とうれしそうに話していたのを聞き、こちらも何かしら楽しい気分になったことがある。これを考えると、やはりまず先進国で、豊かさとエネルギー消費をつなぐ糸を断ち切る努力が必要なように思われる。

4 解決への糸口

解決の鍵は技術進歩が握っているというのは、しばしば耳にする主張である。本章では、あえてこれまで技術進歩への言及を避けてきたが、技術はこのような問題を解決できるのだろうか。もちろん、技術開発が重要なことは言うまでもない。しかし毎日のように、太陽光発電や風力発電設備が新設された、高効率の火力発電技術が開発された、自動車用の高性能燃料電池が開発されたなどのニュースが報道されているからといって、資源・エネルギーにかかわるマルサス問題についての回答は現在のところ否定的である。すなわち資源・エネルギー問題を解決できる単独の「切り札」は見あたらないというのが現状である。

切り札がない以上、厳しさを増すエネルギー・資源にかかわるマルサス問題への対応のためには、ありとあらゆる手段を上手に組み合わせて対応するしかない。どんな技術についても不満足な点を見出すことは容易である。発電技術を例にとれば、太陽光発電・風力発電については出力が自然現象に左右され不安定であるし、単位設備（１ｋＷ）当たりに得られるエネルギーが小さいという短所がある。また、高効率火力発電設備として最近脚光を浴びている複合サイクルガスタービン発電については夏場に出力が低下してしまうという問題、原子力については放射性廃棄物の処分、パブリック・アクセプタンスなどの課題があるなど、揚げ足を取り出せばきりがない。しかしエネルギーと経済の繋がりを断ち切るという壮大な目的を達するには、ありとあらゆる方策を取り込み適材適所で利用していくことが不可欠であろう。そして適材適所を実現するには、それらの得失についての視野の広い冷静な分析が必要となろう。

技術としては、エネルギーを使う側すなわち需要サイドの技術も重要である。しかしとりわけ、需要サイドについては、効率が高い技術が高コストであるため、導入のインセンティブが低い場合も散見される。たとえば省エネルギー投資なども、たとえばビルへの省エネ投資の一部のように、投資回収に長期間を要するため実現に至らないものがある。技術を取り巻く環境について、本当にエネルギー効率の改善に役立つと考えられる技術については、費用便益性の尺度を変えるための措置を講ずるなどが考えられよう。

先に述べたように、現在、見えている範囲だけでは、技術ですべて解決できると考えることは、楽観的にすぎるだろう。たとえばわが国の冷蔵庫の普及台数、消費電力量および効率の推移を見ても、効率が向上しており（もちろん効率の低い旧式の機器もたくさん稼働しているが）、冷蔵庫自身ひとわたり行き渡っているにもかかわらず、その消費電力量は増えているのが現実である。これは、便利さ、快適さを求めた機器の大型化などに起因するものであろう。ライフスタイルや価値観についての議論は、ともすれば「から念仏」に終わる危険をはらんではいるが、家庭用・輸送用のエネルギー需要が増大していることを考えると、ライフスタイルや価値観の問題も来世紀に向けて見過ごすことのできない点の一つであろう。

9章 環境問題

李 志東

1 複合型かつ圧縮型の環境問題

環境問題は人類活動がもたらす環境への不利な影響による問題として定義することができ、その性質と発生範囲などによって次のように分類できる（図9・1）。

要素破壊問題は人類が環境要素をそれ自身の回復能力、増殖能力以上に開発し、利用することによって引き起こされる問題である。一方、要素汚染問題は人類が環境要素を開発し、利用することを通じて、環境要素自身の浄化能力、すなわち環境容量以上の汚染物質を排出し、環境要素を汚染してしまう問題である。また、要素破壊問題は要素の量的悪化（多くの場合は減少）の側面が強いのに対し、

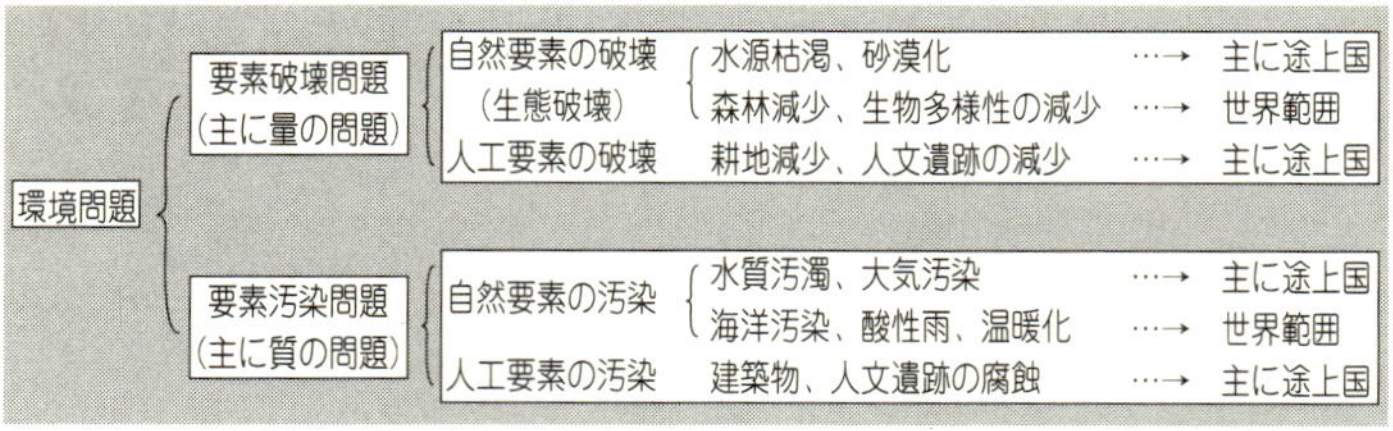

図9・1　環境問題の種類

要素汚染問題は要素の質的悪化の側面が強い。しかし、両者が常にお互いに影響しあい、転換することができる。人類の活動水準が一定であれば、要素の量的減少は汚染物質への浄化能力の減少をもたらし、それがさらに質の悪化をもたらす。逆に、要素の質が悪化すれば、人間が開発し、利用しうる量が減少する。すなわち、量から質へ、質から量への循環という一般法則は環境問題にも当てはまる。このことから、環境問題は早期に対処されなければ、要素破壊と要素汚染の悪循環に陥ることによって、加速度的に深刻化する性質をもつ問題であるといえよう。

歴史的みると、森林減少など要素破壊問題は人類の活動に伴って古くから発生した自然破壊問題であるが、大気汚染など要素汚染問題あるいは通常でいう環境汚染問題は工業化に伴って発生した一般公害問題（産業公害と都市公害）である。両方とも局地的な環境問題としての側面が強い。一方、酸性雨問題、オゾン層破壊問題、温暖化問題、生物多様性の減少問題などは、人類活動、特に工業化の進展に伴って発生したさまざまな環境問題が蓄積して形成された蓄積公害問題であり、地球環境問題である。

工業化がすでに完成した先進国では、おおむね「自然破壊問題」→

「一般公害問題」→「地球環境問題」の順で、経済発展とともに新たな問題が出現し、その解決が迫られるという歴史的過程をたどってきた（東京商工会議、一九九七を参照）。たとえば、日本の場合、産業革命が始まった明治二十年代（一八八〇年代）から公害問題が観測され、戦後経済復興期と高度経済成長期で四大公害事件に代表される公害問題が全日本規模で発生したが、公害対策の結果、一九七〇年代には一定の解決へと向かっていた（宮本・ほか、一九九七／淡路、一九九五）。そして現在では、環境問題の中心は温室効果ガスの排出削減目標をいかに達成するかなど地球環境問題に移りつつある。

しかし、「日本→NIES→ASEAN、中国→ベトナム、インド」などのような雁行型経済発展を展開しているアジアでは、環境問題の様相は先進国とは明らかに異なる。その特徴を最も適切に表すキーワードはおそらく複合型環境問題と圧縮型環境問題であろう。

複合型の定義はさまざまである。たとえば、寺西・大島（一九九七）では、①産業公害と都市公害の複合、②伝統的問題と現代的問題の複合、③国内的要因と国際的要因の複合、として複合型を定義している。ここでは、「自然破壊問題」＋「一般公害問題」＋「地球環境問題」が同時に発生していることを複合型環境問題と呼ぶ。たとえば、東南アジアでは熱帯林が急減しており、一九八一～九〇年における天然林面積の年平均減少率はタイとフィリピンでは３・３％、マレーシアでは２・０％、インドネシアでは１・０％に達している（原田、一九九七）。中国では、砂漠化が進行しており、年平均砂漠化面積は一九五〇～七〇年代の１５６０平方キロメートルから現在の２１００平方キロメートルへ拡大している（国家環境保護局ほか、一九九六）。これらは自然破壊の例である。一方、大気汚染、水質汚濁などの公害問題はNIES諸国、ASEAN諸国および中国、インド、ベトナムなどで深刻な問題となっている。世界銀行（一九九七）では、一九九五年において、中国都市部の室外大気汚染によって17・8万人、室内空気汚染によって11・1万人が早死にしたと推定している。さらに地球環境問題に目を向けると、北欧と北米で抑制されつつある酸性雨汚染問題が東アジア地域では深刻化の一途を辿っており、地球温暖化の原因物質となる温室効果ガスの排出量はアジア地域で世界平均を上回る速度で増大している。

圧縮型というのは、産業革命以来数百年かけて欧米先進国で発生してきた諸問題が一九八〇年代以降、アジア途上国で一気に噴出してきたことである。たとえば、中国では、一九九八年夏、被害者2億人にもおよぶ大洪水災害が発生したが、その主な原因は森林破壊を中心とする生態破壊にあるといわれている。一方、大気汚染、水質汚濁などの公害問題も深刻化している。酸性雨汚染面積は一九八五年の175万平方キロメートルから十数年間で2倍以上に拡大し、水質汚染物質の化学的酸素要求量（COD）は一九八九〜九五年にかけて年率9・1％で増加していることはその証左であろう。さらに、エネルギー起因の二酸化炭素排出量は一九八〇年の4・1億T‐Cから一九九六年の8・9億T‐Cへ倍増し、アメリカに次ぐ排出大国となっている。

このように、アジア地域では、複合型環境問題が短い期間に圧縮される形で出現し、対応を同時に迫られているのである。では、なぜ複合型かつ圧縮型の環境問題がアジアで起きているのか。

2　環境問題の形成メカニズム

a　環境悪化と改善の可能性を同時にもたらす高度経済成長

一つの解釈はアジア経済がかつてない急成長を成し遂げてきたことである。たとえば、寺西・大島（一九九七）では、①圧縮型工業化の進展、②爆発的都市化の進展、③大量消費型社会への突入は、高度経済成長をもたらす三大要因であると同時に、複合型環境問題をもたらす三大要因でもある、と指摘している。確かに、森林、エネルギーなどのような自然要素が経済成長にとって必要であり、それらを消費する結果、自然要素が減少したり、さまざまな汚染物質が発生したりする。その意味では、経済成長は環境問題を深刻化させる重要な要因である。

しかし、以下の意味では、経済成長は環境問題を解決する可能性をもたらす重要な要因であることも否定されないだろう。一つは経済成長がクリーン技術の開発と導入を促進することを通じて、環境悪化を抑制することである。たとえば、エネルギー利用効率の向上は環境問題の解決に必要であり、日本などの先進国での利用効率が中国のような途上国のそれより高くなっていることは事実である。また、時系列データをみると、日本、中国のみならず、ほとんどの国において、経済水準の向上に伴い、利用効率が絶えず向上しているのも事実である。これらは経済成長がエネルギー利用効率の向上、そして環境問題の解決に必要であることを示唆している。もう一つは経済成長が環境意識の向上、環境保護能力の向上などを促進することである。先進国が自然破壊問題と公害問題を抑制できた原因の一つは経済成長に伴う所得水準の向上であろう。また、経済成長が止まったら、途上国では貧困故の環境破壊が進み、先進国では環境保護への支出が削られることが予想されよう。

このように、経済成長は環境悪化の可能性と環境問題解決の可能性を同時にもたらす要因である。経済成長を維持すると同時に、環境保護を適切に行えば、環境悪化の可能性を抑制し、環境問題解決の可能性を現実なものにすることも可能である。一般化できるかどうかについての検討は必要であるが、アジアでの成功例としてシンガポール、中国での成功例として深圳市があげられよう。日本に次ぐ高度経済成長を実現したシンガポールは、その工業化の当初から環境配慮を徹底した結果、深刻な環境悪化を経験せずに今日の繁栄を成し遂げた（東京商工会議、一九九七／丸谷、一九九五／大和田、一九九三）。一方、深圳市は中国の高度経済成長をもたらす改革開放政策の産物であり、高度経済成長のモデル的な存在でもあるが、環境保護を適切に行った結果、一九九七年に「国家環境保護模範（モデル）都市」に指定されるに至った（たとえば、白ほか『中国環境年鑑１９９８』一九九八を参照）。

b　途上国制約

もう一つの解釈は中国などの途上国でみられる「途上国制約説」である。すなわち、政府が環境保護に取り組んでいるにもかかわらず、発展途上国であるがゆえに、経済発展水準が低く、資金制約も技術制約も厳しく、法意識も環境意識も低い、その結果、環境悪化を防ぎきれないという仮説である。

東・東南アジアの国々では、おおむね一九七二年のストックホルム会議以降、環境法制の整備をはじめとする環境保護活動に取り組んでいること（作本・大久保、一九九七）、経済発展水準が低く、技術力と資金力などの環境保護能力が相対的に低いことなどの事実をみれば、途上国制約説は確かに一定の説得力があると思われる。しかし、途上国制約説は現状追認型の仮説で、消極的なものである。仮説の受容は、「経済水準が高くなるまでに、環境悪化は避けられない」ことを認めるに等しい。その結果、環境悪化は正当化されかねない。また、アジアで経済発展水準の最も高い日本では、途上国ほどの技術制約と資金制約がなく、典型的な公害問題としての窒素酸化物汚染、西欧諸国で抑制されつつあるダイオキシン汚染などがすでに解決されたはずだが、残念なことに、現実は深刻な状況にある。資金制約と技術制約がなくても、それを環境保護に向かわせるシステムが整備されなければ、環境問題は決して解決されない。明らかに、途上国制約も環境問題を深刻化させる重要な要因の一つではあるが、環境悪化を首尾よく説明できる要因ではないだろう。

c 環境保護システムの欠陥

では、アジアに環境問題をもたらす根本的原因は一体何なのか。李（一九九九a）は中国に関する実証分析を通じて、前述の解釈の代わりに、環境保護システム説を提唱した。すなわち、中国における環境悪化は、環境保護システムの欠陥によるものであり、健全な環境保護システムを構築すれば、高度経済成長の維持と既存ベースの資金援助、技術援助を前提にしても、環境悪化を食い止められる、という仮説である。環境保護システムは、環境経済主体を取り巻く環境保護活動に関連する諸政策体系、法体系、行政制度、裁判制度、社会慣行、国民意識、国際社会との関わり方などの影響要因がお互いに影響し合うことによって形成される複合システムとして広く定義され、具体的には、環境対策システム、環境監督システム、環境意識、資金調達メカニズムと技術導入メカニズム、エネルギー需給システムなどを中心に構成される。

以下では同仮説を用いて、アジアの環境問題の成因について検証してみる。

(1) 環境対策システムの問題

環境対策システムは、環境法体系にもとづく環境保護の戦略と基本原則（政策）および基本制度によって構成されるシステムであり、環境保護システムのもっとも基本的な構成要素である。作本・大久保（一九九七）では、東・東南アジア諸国の環境法整備について以下のように指摘した。

①一九七二年のストックホルム会議を契機に、これらの国々で法整備が進められ、以降、環境問題の深刻化と環境意識の高まり、および「持続可能な開発」概念の浸透を背景に、法制度改革・強化が行われた。②環境基本法と公害規制や自然保護の個別法によって構成される環境法体系が整備された。③許認可と罰則による規制的手法から経済的手法まで、法的手段の多様化傾向が認められる。④多くの国が日本に先駆けてさまざまな事業を対象とする横断的な環境影響評価法令を導入している。⑤環境汚染対策および被害者救済に関して、汚染者負担原則のほか、部分的に無過失責任（たとえば、中国や韓国）または厳格責任（たとえば、インドネシア）の考え方を採用する国が少なくない。⑥法制度の実行について、フィリピンやインドネシアでは環境影響評価制度が有効に機能していない、タイでは環境基準が守られていない、などの問題が確認されている。

すなわち、アジアの多くの国々では、環境保護における後発者の利益を活かし、比較的早い時期に環境法制の整備に取り組み、先進国で有効性が実証されたさまざまな環境対策を導入してきた。しかし、環境対策が法律どおりに実行されていないという事実も同時に観測された。その原因の一つは環境対策間の整合性がとれていないことであろう。たとえば、中国の場合、汚染処理施設を生産設備と同時に計画・導入・運転させる「三同時」原則があるが、現実をみると、導入率は6割前後、導入された汚染施設の稼働率はわずか三分の一に過ぎない。汚染物排出に対する課徴金（汚染費）が、技術開発と設備導入のコストとは比べられず、設備運転コストよりも遙かに低いことがその原因である。環境対策システムの欠陥が環境対策の実効性を損なったといえる。

(2) 環境監督システムの問題

環境監督とは環境対策の実施を監視し、実施させるように督促することである。環境監督システムは環境行政組織によって行われる行政監督と個人や市民団体などの非政府組織による非行政監督、あるいは社会監督によって構成される。このシステムは一国の国情、特に国家体制によって強く影響される。アジアの多くの国々では、いわゆる開発独裁型の体制をとっている影響で、民主化の進展が遅れており、組織のある公害反対運動の条件が必ずしも整えているとは言い難い。そのため、欧米先進国と比べると、社会監督の能力が欠如している。一方、開発独裁型の体制が強力な行政監督体制をもたらすと思われがちだが、環境行政に関しては必ずしもそうではない。たとえば、中国では中央レベルと省・市レベルの組織作りが確かに進んでいるが、基礎組織としての県レベル以下の組織作りが遅れており、しかも下層組織ほど活動経費が保証されていない。それにより、行政組織網の空洞化が生じ、行政監督能力もきわめて限られている。また、フィリピン、インドネシアでは、担当者の技術的・専門的知識の不足も行政監督能力の低下を招いた（作本・大久保、一九九七）。このように、行政監督能力と社会監督能力の欠如は環境監督システムの問題であり、環境悪化を防止できなかった重要な一因であろう。

(3)　環境意識の問題

環境意識は問題意識、原因意識と保護意識に大きく分けられる。ここでは、問題意識は環境問題を問題とする意識、原因意識は問題の原因を自分自身の行動の結果とする意識、保護意識は自分自身の行動を変える意識、として定義する。環境意識が環境問題解決の十分条件ではないが、なくてはならない必要条件である。あらゆる主体が統一した環境意識をもたなければ、環境問題の解決が困難となる。

李（一九九九a）は、中国における環境意識の構造について意識別に官民（ここでは、官が中央政府、民が地方政府、企業、国民を指す）の主体別に検討した結果、①「官多民少」の問題意識、②「官有民無」の根源意識、③「官高民低」の保護意識、④中央政府とその他主体との間に意識のズレが存在していること、を問題として指摘した。

その他アジア途上国について、環境法制度を早い段階で整備してきたことから判断すると、中央政府の環境意識が必ずしも低いとはいえない。問題は中央政府とその他主体との意識のギャップが中国のように存在するかどうかである。これについてはさらなる調査が必要となるが、法制化された環境対策がうまく実行されていないことから、中央政府以外の主体の環境意識がそれほど高くないと推測できよう。

中央政府の環境意識がその他主体より高い原因はさまざまであるが、中央政府が国内外の環境情報を収集する能力をもっており、しかもその情報を理解できる教育水準の高い人材を有していることは重要な原因の一つであろう。また、環境情報、特に健康被害情報を公開したがらないという現実を考えれば、その他主体が得られる情報の量と質は中央政府より遙かに劣ると推測できる。環境情報の開示と教育水準の向上が環境意識のギャップをなくす重要な対策であろう。

d　環境問題の原因

前述のような環境対策システムの欠陥、環境監督能力の欠如および環境意識のギャップなどが環境保護システムに欠陥をもたらしている。そして、この欠陥のある環境保護システムが、高度経済成長と途上国制約によってもたらされる環境悪化の危険性を回避できず、逆に現実化してしまったのである。その意味では、健全化されていない環境保護システムこそがアジアの環境問題を深刻化させた根本的な原因であると考えられる。

3　二一世紀の環境問題

a　高度経済成長の維持と環境悪化の高い可能性

自然要素の投入増大と汚染物質の発生量増加をもたらす意味では、経済成長は環境問題を深刻化させる重要な要因といえる。とすれば、アジアにおける環境問題の未来像を描こうとすると、経済成長およびそれに起因する環境悪化の可能性に関する検討は避けられない。

ＩＥＡ（国際エネルギー機関・一九九八）では、一九九七年アジア通貨危機の影響を考慮したエネルギー需給見通しを出している（表９・１）。一九九五～二〇二〇年において、東・東南アジアでは年平均４・５％の経済成長率が見込まれ、それに伴い、一次エネルギー需要が年平均４・１％で増加し、二酸化炭素（CO_2）排出量が年平均４・０％で増加すると見込まれている。中国については、経済成長率は５・５％、一次エネルギー需要の年平均伸び率は３・６％、二酸化炭素排出量の年平均伸び率が３・４％、と見込まれている。一方、世界全体では、経済成長率は３・１％、一次エネルギー需要の年平均伸び率は２・０％、二酸化炭素排出量の年平均伸び率が２・２％、と見込まれている。アジア地域が世界経済をリードすると同時に、世界平均を上回る速度で環境悪化が進む可能性が高い

表 9・1　IEA（1998）による世界の経済、エネルギー、環境見通し（基準ケース）

	量		年平均伸び率			総伸び率
	1995	2020	1971 - 95	1985 - 95	1995 - 2020	2020／1995
東・東南アジア						
GDP(十億ドル、1990年PPP)	2462	7404	6.9%	7.3%	4.5%	200.7%
一次エネルギー需要(MTOE)	464	1275	6.8%		4.1%	174.8%
CO_2排出量(MT-C)	336	906	6.0%		4.0%	169.6%
中国						
GDP(十億ドル、1990年PPP)	3404	13123	8.5%	9.9%	5.5%	285.5%
一次エネルギー需要(MTOE)	864	2101	5.5%	5.1%	3.6%	143.2%
CO_2排出量(MT-C)	831	1929	5.3%	5.0%	3.4%	132.1%
世界全体						
GDP(十億ドル、1990年PPP)	28367	65615	3.2%		3.1%	114.5%
一次エネルギー需要(MTOE)	8341	13749	2.2%		2.0%	64.8%
CO_2排出量(MT-C)	6035	10313	1.7%		2.2%	70.9%

（注）東・東南アジアは韓国、台湾、シンガポール、マレーシア、インドネシア、タイ、フィリピン、ブルネイ、パプアニューギニア、ベトナム、北朝鮮、ブータン、ミャンマー、アフガニスタン、フィジー、フランス領ポリネシア、キリバス、ニューカレドニア、サモア、ソロモン諸島、バヌアツ、マルディヴスを含む。

（出典）IEA, World Energy Outlook, 1998 edition.

と懸念される。

また、李（一九九九b）は中国に関する長期マクロ経済・エネルギー需給・環境の統合モデルを開発し、二〇三〇年に関するシミュレーションを試みた（表9・2）。二〇三〇年にかけて、中国ではGDP潜在成長率は一九八〇〜九七年の10％から7％台へ、GDP成長率は同10％から6％台へ低下するが、世界平均をはるかに超える見込みである。技術進歩に伴う全要素生産性の向上は経済成長の原動力であり、経済成長率に対する寄与率は50％を超えるようになる。粗鋼生産量は一九九七年の1・1億トンから二〇三〇年の2億トンへ、自動車保有台数は30倍増の3・8億台へ拡大し、自動車保有率は1％から25％へ上昇すると見込まれる。一方、エネルギー需要は一九九六年の8・9億TOE（石油換算トン）から37・4億TOEへ増加し、石油自給率は91％から18％へ低下する。石油純輸入量は8億TOEを超え、そのための外貨負担率（原油輸入額／財とサービスの輸出額）は40％台になる。高度経済成長とエネルギー需要の増加に伴って、エネルギー起因の二酸化硫黄（SO_2）発生量（排出量の上限）は年平均3・6％、二酸化炭素排出量は年平均3・9％で増加することとなる。すなわち、二〇三〇年にかけて、中国では高度経済成長が維持される可能性が高く、それとともに、国内環境と地球環境に対する悪影響がさらに増大する可能性が高い、との結果である。

表9・2　中国マクロ経済、エネルギー需給、環境の統合モデルによる予測結果（基準ケース）

	量			年平均伸び率		総伸び率
〈マクロ経済〉	1980	1997	2030	1980-1997	1997-2030	2030/1997
人口*（億人、前提条件）	9.9	12.4	15.1	1.3%	0.6%	21.8%
潜在GDP（1995年価格、兆元）	1.38	7.10	78.8	10.1%	7.6%	1010.4%
GDP（1995年価格、兆元）	1.37	6.97	52.3	10.1%	6.3%	650.4%
資本投入の寄与				3.4%	2.5%	
労働投入の寄与				2.0%	0.4%	
全要素生産性向上の寄与				4.7%	3.3%	
財とサービス輸出額（億ドル）	190	1788	8278	14.1%	4.8%	363.0%
粗鋼生産量（百万トン）	37	109	214	6.5%	2.1%	96.1%
自動車保有台数（百万台）	1.8	12.2	377.8	12.0%	11.0%	2999.2%
自動車普及率（台/100人）	0.2	1.0	25.1			
〈エネルギー需給〉	1980	1996	2030	1980-1996	1996-2030	2030/1996
一次エネルギー需要（億TOE）	4.1	8.9	37.4	4.9%	4.3%	319.5%
エネルギー自給率	120.3%	90.7%	18.0%			
原油価格*（ドル/バレル）	34.6	18.8	60.0	−3.5%	3.5%	219.1%
石油純輸入量（億TOE）	−0.2	0.2	8.2		12.7%	4000.0%
石油純輸入額（億ドル）	−46.2	25.3	3617		16.2%	14196.4%
石油純輸入の外貨負担率	−24.2%	16%	43.7%			
〈環境〉	1980	1996	2030	1980-1996	1996-2030	2030/1996
SO_2発生量（百万トン）	11.8	26.3	87.3	5.1%	3.6%	232.7%
CO_2排出量（億T-C）	4.1	8.8	32.1	4.9%	3.9%	267.4%

（注）①李（1999b）の統合モデルによる試算。なお、モデル開発にあたって、（財）日本エネルギー経済研究所エネルギー計量分析センター伊藤浩吉先生、湘南エコノメトリクス室田泰弘先生、中国国家発展計画委員会エネルギー研究所エネルギー効率センター戴彦徳主任などから適切なコメントをいただいた。
②“*”はモデルによるシミュレーションを行うための前提条件である。

b　途上国制約が緩和されるか

資金制約と技術制約を中心とするいわゆる途上国制約が緩和されるかどうかは、主に三つの要因に依存すると考えられる。

一つは環境保護システムの一部分として、資金調達メカニズムと技術開発導入のメカニズムが機能できるように整備されるかどうかである。中国の場合、一九九一〜九四年では、環境資金の調達可能量が対GNP比1・22％と推定されるが、実際の環境投資額は対GNP比0・74％であった。調達漏れは同0・48％、調達可能量の約4割に達したと推定される。また、前述したように導入された汚染処理設備の利用率もきわめて低い。汚染費が低く設定されるなどのようなシステムの欠陥が資金調達と技術開発導入を阻害する主な要因である（李、一九九九）。二つめは環境保護の能力が高まるかどうかである。経済成長が維持されれば、分配可能なパイの大きさが大きくなり、環境保護への資金配分も増える。前述した見通しが実現できれば、経済規模の拡大に伴い、環境保護への資金配分が自然に増える可能性がある。三つめは京都メカニズムをも含む国際協力体制が機能できるかどうか。たとえば、京都メカニズムの一つであるクリーン開発メカニズム（CDM）は予定どおりに機能できれば、従来の援助枠を超えて、先進国からの技術移転と資金移転が期待できよう。

このように、アジア諸国の環境保護システムの問題がさらに深刻化しないと仮定すれば、経済成長の維持と京都メカニズムの導入により、アジア途上国における資金・技術制約が緩和される可能性が大きいと考えられる。

c　環境問題の未来像

経済成長と途上国制約に関する上記分析が成立するならば、アジアの環境問題の未来像は環境保護システムの整備に依存すると考えられる。前述したとおり、環境保護システムは環境経済主体の行動に影響するあらゆる要因によって構成される複合システムであり、社会経済的要因を網羅した制度の一つであるので、その再構築は制度的な革命にも等しい。しかし、再構築はできないことではない。アジア諸国の多様性を十分に反映しきれないことを承知の上で、再構築の共通項目として以下のように提示したい。

① 資金調達メカニズムと技術開発導入メカニズムが機能できることを目標に、経済的手法を中心とする環境対策システムを再構築すること。中国の場合、汚染費単価の引き上げと物価水準への連動を中心とする改革が必要であろう。

② 行政監督と社会監督を同時に強化できるよう環境監督システムを再構築すること。社会監督の強化にあたっては、中央集権とトップダウン式の行政手法の見直し、民主化の促進に繋がる政

治体制の改革が必要となろう。

③情報開示、環境教育などを通じて、環境意識の向上を促進すること。

④クリーンエネルギーの利用促進、省エネルギーに繋がるクリーン生産技術と消費技術の導入促進、メタボリズム文明（循環代謝型文明）へのライフスタイルの転換と形成をはかること（佐和、一九九七）。

⑤国際協力を強化すること。その場合、政府開発援助（ＯＤＡ）、地方レベルの環境協力（たとえば北九州市と中国大連市の連携（井村・勝原、一九九五））など既存方式による協力の維持と拡大を促進するとともに、京都メカニズム、特にクリーン開発メカニズムのような新規方式の整備に積極的に協力しあうことも必要不可欠であろう。

以上のように、アジア諸国がそれぞれの国情に合うような健全な環境保護システムを再構築するとともに、国際協力を強化できれば、３ａ項で示したような環境悪化を避けることが可能であろう。

参考文献

（1）IEA, World Energy Outlook, 1998 edition.
（2）淡路剛久「環境法の生成」阿部泰隆・淡路剛久『環境法』有斐閣ブックス、1‐27頁、一九九六
（3）井村秀文・勝原健『中国の環境問題』東洋経済新報社、一九九五
（4）大和田滝恵『エコ・デベロップメント―シンガポール・強い政府の環境実験』中央公論社、一九九三

(5) 国家環境保護局・国家計画委員会・国家経済貿易委員会『国家環境保護第9次5カ年計画と2010年遠景目標』中国環境科学出版社、一九九六／十二
(6) 作本直行・大久保規子「環境法制の整備状況」日本環境会議『アジア環境白書1997／98』東洋経済新報社、350-353頁、一九九七
(7) 佐和隆光『地球温暖化を防ぐ—20世紀型経済システムの転換』岩波新書、一九九七
(8) 世界銀行『碧水藍天—21世紀中国環境の展望(Clear Water Blue Skies: China's Envrionment in the New Century)』中国財政経済出版社、一九九七／九
(9) 中国環境年鑑編集委員会『中国環境年鑑1998』中国環境年鑑社、228-9頁／468-470頁、一九九八
(10) 寺西俊一・大島堅一「圧縮型工業化と爆発的都市化」日本環境会議『アジア環境白書1997／98』東洋経済新報社、7-16頁、一九九七
(11) 東京商工会議所『アジア環境問題に貢献する企業活動』一九九六
(12) 白雪梅・常杪・井村秀文「中国の経済特別区深圳市の環境状況およびその対策」『環境経済・政策学会1998年大会報告要旨集』一九九八
(13) 原田一宏「森林の消失と保全」日本環境会議『アジア環境白書1997／98』東洋経済新報社、288-291頁、一九九七
(14) 丸谷浩明『都市整備先進国・シンガポール—世界の注目を集める住宅・社会資本整備』アジア経済研究所、一九九五
(15) 宮本憲一ほか「日本」日本環境会議『アジア環境白書1997／98』東洋経済新報社、83-111頁、一九九七
(16) 李志東一九九九a『中国の環境保護システム』東洋経済新報社、一九九九
(17) 李志東一九九九b「中国二〇三〇年の経済・エネルギー・環境」『東亜』No.389、一九九九年十一月号

III部　持続可能な発展のシナリオ

Ⅱ部で述べたように、21世紀に克服すべき課題は多い。しかし、未だ不充分とはいえ、20世紀末に芽生えた地球環境問題へのイニシアティブは、21世紀における持続可能な経済社会の構築に向けて、これら相互に入り組んだ問題群の解決の試金石になると期待がかけられている。そこで、Ⅲ部では、京都メカニズムに代表される国際的な温暖化防止条約を中心に今後発展が期待される地球環境政策の要諦を紹介した後、地球環境統合モデルMARIAを用いた長期シミュレーションによって、定量的に持続可能な経済社会の道を探る。

10章 地球環境政策

持続可能な経済社会システムに向けて

桑畑暁生

1 持続可能な経済社会システム

一九世紀までの生産技術では、人類は必要最小限の物資を手にすることにも苦渋する存在でしかなかった。地域的、社会階層的に貧富の差こそあれ、食料あるいはエネルギー制約が自然に人類の数を制限していたと言っても過言ではない。しかしながら技術革新の世紀とも呼ばれる二〇世紀に入ると技術進歩により食料、エネルギー制約が大幅に緩和され、一人当たりの消費量は確実に増大の一途をたどっている。現在もなお地域格差は大きく、その差は決して看過できるものではないが、平均的に見たとしても一九世紀半ばの一人当たりのエネルギー消費量は石油換算で0・4リットル／日であ

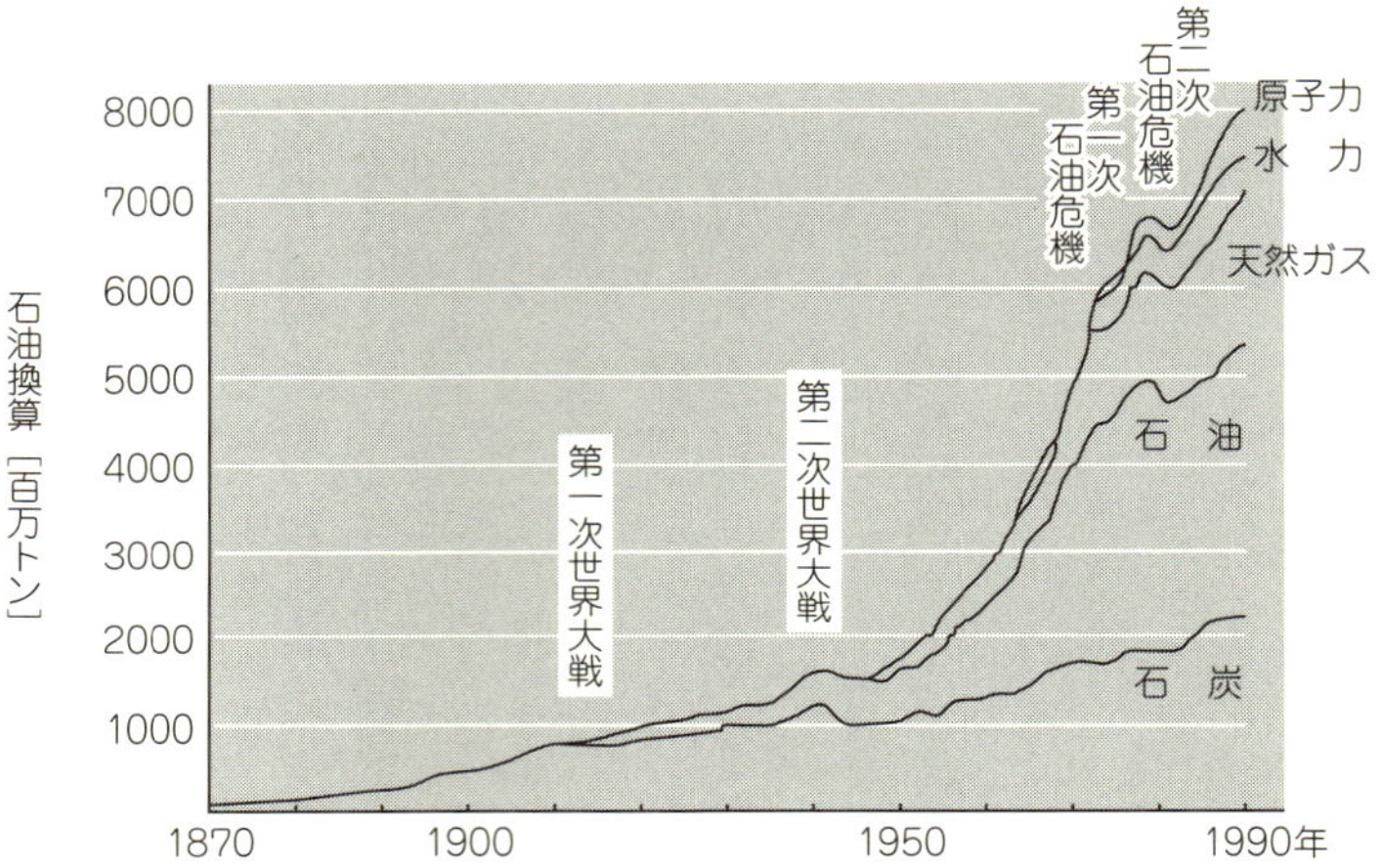

（出典）『人類の危機トリレンマ』

図10・1　世界のエネルギー消費の推移

り、一九五〇年には2・3リットル／日となる。さらに一九九〇年代に入ると倍の4・8リットル／日に膨れあがる（図10・1）。

つまりここ五〇年の消費量の増大が顕著であり、5倍弱の伸びを示している。技術革新により、いわゆる大量生産‐大量消費‐大量廃棄型社会を推し進めてきたのが二〇世紀社会の本当の姿である。経済発展の過程において、現在先進国と呼ばれる国々は工業化に伴う公害や環境破壊等のローカルな環境問題に直面し、技術開発、法規制などを通じてそれをクリアしてきたかのように見える。しかし、それはグローバルな視点から見るならば、豊かな社会に人口の安定、産業構造の変革に伴う製造業（エネルギー多消費産業）の海外移転などによる影響が大きく、根本的な問題解決とは異なるという見方もできる。さらに工業化に伴い、資源や富の偏在という副次的問題も派生する結果を招いている。この問題を認識し世に問うたのがローマクラブの宣言であることは周知のとおりであるが、国際政策として本格的に実際に人びとが行動をとり始めるには一九八〇年代を待たなければならなかった。この時期には長期的な資源枯渇や地球環境への影響が徐々にクローズアップされることとなり、持続的な発展（経済的、社会的）の可能性の問題と、それを実現するための資源循環型社会という概念が提唱され始めた。

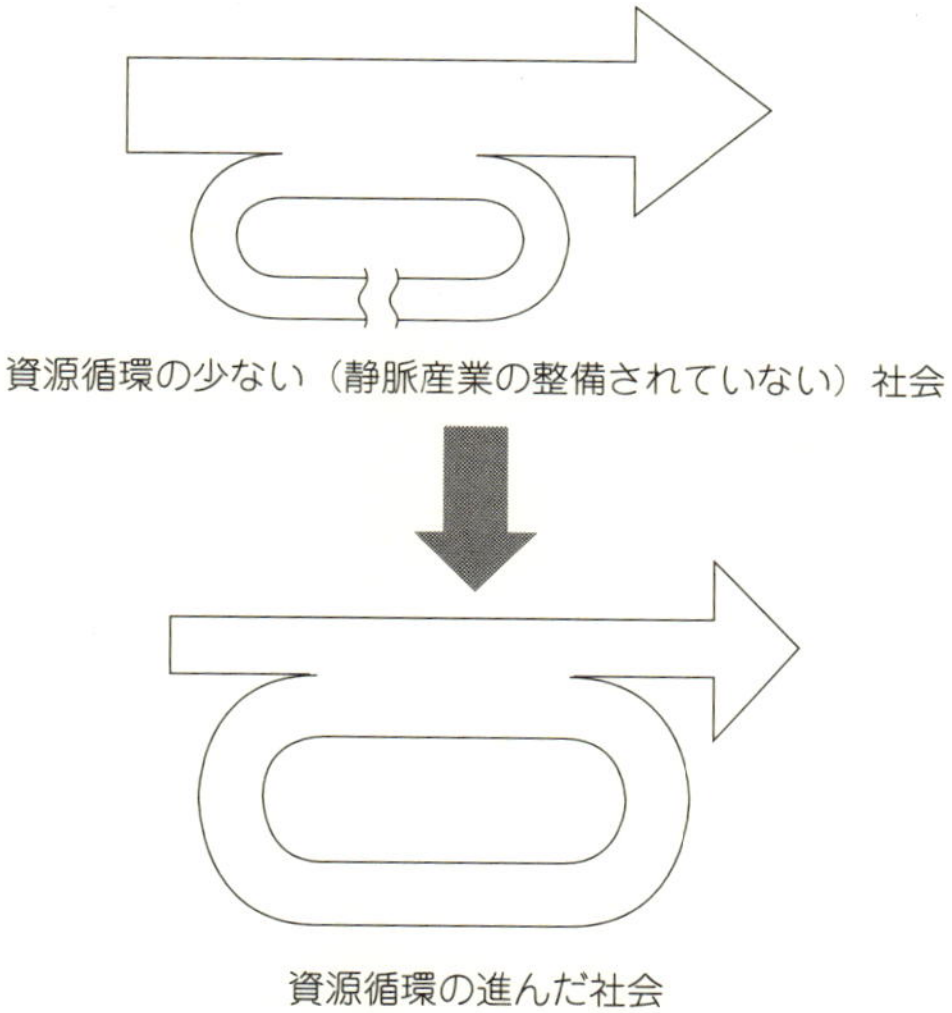

図10・2　循環型社会の物の流れ

　資源循環型社会とはいかなるものであろうか。循環型社会とは人類が消費する物質、エネルギーの流れを考える際、リサイクルできない部分、つまり循環しない部分の物質、エネルギーの流れを極力押さえることを指向した社会である。資源循環型社会を模式的に示したのが図10・2である。その実現には社会システムの大幅な変更や消費者の意識改革など、多くのハードルをクリアすることが求められている。それから二〇年近くが経過した現在、資源循環型社会はどのような現状にあるだろうか。

残念ながら現段階では日本では理想的な資源循環型社会システムと比較して、循環サイクルとしてシステム全体がまだ機能しているとは言い難い。近年は製造物責任法（ＰＬ法）等が施行され、資源の再処理まで考慮した「再利用しやすい製品」を提供することが消費者への義務でもあり、生産者自身の再処理コストの低減にも繋がるというシステムが確立されつつある。またＮＧＯや市民団体の活動を通じて、消費者にもリサイクルに関する意識の高まりが見られる。欧米の環境先進国に比べ、わが国ではまだ循環サイクルの部分が弱い。つまり「静脈産業」、「回収システム」が確立していないのが現状である。今はまだ資源循環型へ移行する中間段階であり、ＰＬ法やゴミ処理に関する条例など法整備も徐々に進み、処分、再利用しやすい製品開発を目指す企業が増えている段階である。

リサイクルは製品・部品の再利用、素材リサイクル、ケミカルリサイクル、熱回収と大きく分類されるが、現在のリサイクルの中心は経済性に優れた素材リサイクルの一部が主である。経済的に見合うリサイクルシステムを目指すならば、より経済性にすぐれたリサイクル技術の確立を行い、かつリサイクルを推進するための制度上の仕組み（回収の義務づけ、税制など）が必要となる。日本においても二〇〇一年四月から施行される「家電リサイクル法」において、同法の対象となるエアコン、ブラウン管式テレビ、冷蔵庫、洗濯機の再商品化率を重量にして50～60％に設定するなど、リサイクル社会に向けた法整備も進展しつつある。同法によって家電メーカーは使用済みの家電製品を引き取り、この基準以上の重量をリサイクルすることが義務づけられる。

いずれにせよ、社会全体として大量生産‐消費‐廃棄のサイクルから脱却し、資源を繰り返し利用することで環境負荷を低減させ、エネルギー消費量を抑える社会システムの確立が急務である。わが国はリサイクルにおいて意欲的な欧州諸国のシステムを参考にすると共に、一般消費者の意識向上にも努めることが重要である。

2　地球環境政策の役割

持続可能な発展、資源循環型社会を目指す上において、その実施の過程では必然的にローカルとグローバルな視点の両方が必要となる。もともと取り扱う問題自体は地球規模の環境問題、制約を対象としていること、著しく広範囲におよぶ施策はその実施と影響の観測が困難であることなどがその理由である。地域的あるいは個人的な活動の重要性を訴え“Think Globally, Act Locally”とよく言われる。この言葉の意味、つまりグローバルな視点からローカルな行動へという意味を再考してみると、皮肉にも国際的な協調活動の困難さを示しているともいえる。現実問題として、「Act Globally」が簡単にできれば問題のハードルはかなり低くなるはずであるが、実際にとり得る手段は局所的なアクションでしかなく、全世界的に画一的な行動規範を確立し、それに実効性を伴わせることは非常に困難であろう。それをそれぞれの地域の事情、経済や政治システムの現状に即して実行させるための枠組みが地球環境政策であるととらえるべきである。

では一体、地球環境政策とは何であろうか。そこで地球環境政策をここでは以下のように定義する。

地球環境政策――広範囲、あるいは地球全体に影響を及ぼし、一国では効果的な対策が取れない環境阻害要因の排除（環境保全）に関する国際システム

一九七〇年代までの環境問題はローカルな環境問題でしかなかった。それは一地域の問題であり、せいぜい隣接諸国の協力で解決を図れる程度の問題であり、また関係者の問題意識（地理的な意識）の範囲もそれを上回ることはなかった。しかしながらそれでは次世代において非常に困難な状況が露呈するであろうことが明らかとなり、「将来」に向けて「現在」の対策が必要となるとの認識は一般の消費者にも定着し始めている。ここでは今日的な地球環境政策を考える上で重要な視点として以下の二つをあげる。

- 環境対策の実施地域による効率の差
- 環境政策コストの負担問題

地球上のどの地域で環境対策を実施するかを十分に吟味することによって、地球全体として効率的な対策をとれる可能性がある。先行して効率的なエネルギーシステム、機器、社会システムを確立している社会にさらなる効率改善を求めて新たに投資するよりも、別な地域において投資することが地球規模のコストを下げるという意味で効率性を追求するものである。しかし途上国側からはグローバルな環境問題は先進国が過去に行ってきた経済活動の「つけ」であり、途上国がそれに負担を強いられる筋合いのものではないという主張もある。先進国のみでの努力では限界が明らかであるし、途上国の協力なしではその努力は水泡に帰す可能性も高い。したがって、人類の持続的発展という高尚な目的を振りかざすだけではなく、先進国、途上国のどちらにもメリットを与える地球環境政策システムの確立が必要となる。これらのシステムの一例として、温室効果ガス削減のために温室効果ガス削減対策（植林、クリーンな発電技術導入など）を途上国において実施し、先進国がその対策コストを負担するといったクリーン開発メカニズム（ＣＤＭ）、共同実施（ＪＩ）などがあげられる（詳細は後述）。

第二のコスト負担の問題は地球環境問題に対応する政策の実施において、非常に重要な問題となる。つまり地球環境問題の解決コストを誰が負担すべきかという問題である。たとえば、先進国のみでは十分な対策がとれない温室効果ガス削減においてそれは顕著である。

経済成長をある程度達成し、社会資本も充実した先進国とこれから経済発展を目指す発展途上国との間には、地球環境問題のとらえ方については見解の相違がある。先進国側が協力を求めても、自国の経済発展に制約を設けたくない途上国では、これを受け入れがたいと考えるのは自然であるし、ましてそのために余計な対策コストを負担することは、本来先進国が負うべき負担を肩代わりすること以外の何物でもないと考えるのは十分に理解できる。島嶼諸国にいたっては温暖化によって海面上昇が引き起こされれば国家の存在すら危ぶまれる重大事であり、それは本人たちにはほとんど関係ない他の地域の勝手な経済活動によって引き起こされた天災のごときものである。したがってさまざまな立場の国家、人びとが能動的に参加し、しかもその実効性が保証されるようなシステムを作り出し、それぞれの立場で応分のコスト負担を実現させなければならない。

また、以上の二点を満足する国際的な枠組みが構築されたとしても、それを実施する国や地域において異なる社会システム、法体系、慣習が存在する以上、それぞれの国や地域においては国内法整備や新たな社会システムの確立がなされなければならない。

3　地球環境政策への期待

一九九七年十二月に京都で開催された第三回温暖化防止条約締約国会議（ＣＯＰ３）においては、温暖化防止のために国別に温室効果ガス削減目標を定めた。これは温室効果ガス抑制の手段として地球全体の温室効果ガスの抑制、削減を目的とした国際協定の試みであるが、その現状を見ると環境政策における国際協調、実施の困難さが明確になる。

まず、京都会議では先進国側の各国の削減目標を定めたにすぎず、開発途上国をどのようにこの枠組みの中に取り込んでいくかについては全く未定のまま閉会を迎えた。翌年にアルゼンチンにおいて開催された第四回締約国会議（COP4）において、ブエノスアイレス行動計画（①三つの削減の仕組み、②現状の削減目標の評価、③温暖化による悪影響への対処、④途上国への技術移転の仕組み、⑤途上国への資金援助、⑥森林の二酸化炭素吸収など）を採択し、京都会議において採択された議定書（京都プロトコル）を実施に移すための実効性を備えた国際システムを作り上げようとしている。

この京都メカニズムとよばれる国際協力にもとづく温室効果ガス削減対策は、排出権取引、クリーン開発メカニズム（CDM）、共同実施（JI）の三つである。排出権取引は目標達成困難な国と排出量に余裕がある国との間で排出権を売買することで、参加国全体での目標達成と効率的な排出削減地点での排出削減努力を促すことを目的としている。また、クリーン開発メカニズムは複数国が共同で削減事業に参加する仕組みであり、政府レベルでの契約により削減量の実施が困難な先進国が開発途上国に技術、資金を提供し、植林や既存設備の置換などを実施して、排出削減を行うのが基本的なアイディアである。共同実施は一九九五年のCOP1で「共同実施活動」という制度が、先進国が市場経済移行国（旧ソ連・東欧）や途上国の対策を支援する方策として既に導入されている。この共同実施活動で達成された温室効果ガス排出削減量を実施国の間で分け合う枠組みである。ただし参加す

表10・1　Annex－Ⅰ諸国

オーストラリア、オーストリア、ベラルーシ、ベルギー、ブルガリア、カナダ、チェコ、スロバキア、スロベニア、クロアチア、デンマーク、ヨーロッパ連合、エストニア、フィンランド、フランス、ドイツ、ギリシア、ハンガリー、アイスランド、アイルランド、イタリア、日本、ラトビア、リトアニア、ルクセンブルグ、オランダ、ニュージーランド、ノルウェー、ポーランド、ポルトガル、ルーマニア、ロシア、スペイン、スウェーデン、スイス、トルコ、ウクライナ、イギリス、アメリカ

る途上国に削減目標を課すのか否か、削減量の算定と配分比率などが課題となっている。前述のＣＤＭが政府レベルの契約であるのに対し、共同実施・ＪＩは企業レベルでの実施を目的にしており、先進国の環境負荷の低い技術を途上国に移転する促進効果も期待できる。

ＣＤＭとＪＩはある国においてプロジェクトベースで排出削減をもたらすという意味で同じであるととらえられるかもしれないが、区別されるべき点は以下の三つである。まず、ＣＤＭは排出削減の数値目標を課せられていない途上国でプロジェクト活動を実施するのに対し、ＪＩは排出量の数値目標を課せられている国でプロジェクト活動を実施する。第二にＪＩは期間内の排出削減量のみが認証されるのに対し、ＣＤＭは二〇〇〇年以降に実現する排出削減量の累積が認証削減量とみなされる。第三にＣＤＭの活動により得られた利益の一部を気候変動に対して脆弱な途上国の適応費用に充てることである。京都議定書第6条では、共同実施に関し参加主体は、ＡＮＮＥＸ－Ｉ国（先進諸国、表10・1）であり、民間企業の参加も認めるとしている。

上記三点の実施にはいずれも排出量の計測、算定、排出効果の認証などの問題が伴い、ＣＯＰ6までにそれらの課題を実務上問題がない程度まで細部に亘る検討が精力的に行われる予定となっている。また、途上国からは排出量という資源を安易に売買することは、経済発展のための余地を奪いとるものであるという抵抗も見られ、実施には細部の検討が重要となる。日本においても削減目標を達成するために、国内法の整備を行っており、条約の批准に際しての総合的な国内制度構築を目的として、国、地方公共団体、事業者、国民が参画するための枠組みを「地球温暖化対策推進法」として制定している（一九九八年十月九日公布）。このようにそれぞれの国は独自に国際協定にもとづいた環境規制を設定し、環境保護、国民の安全保障を実施する必要があるが、そこには政治的、経済的な環境の差が大きく、足並みをそろえるにはいましばらくの時間がかかる見込みである。

またこれとは別に国際システムとしては国際標準規格（ＩＳＯ）などの環境規制が存在する。これは一般にはＩＳＯ１４０００と呼ばれる国際規格であり、この認証を受けていない企業、製品については実質的に市場から排除される動きがあるなど、環境に関する国際政策の一つの形態としてとらえられる。

4　これからの地球環境政策に求められるもの

将来の（あるいは現在の）国際的な環境政策に求められるものは結局のところ、その実効性である。

それは参加国すべてに何らかの意味でのメリットがあり、積極的に参画するモチベーションを与えうるWIN-WIN方策の探求に他ならない。COP4はCOP6までにその削減方策の詳細を決定するという合意に至ったが、その期日までに多くの政府関係者、産業界、科学者、NGOの努力が必要である。これらの活動において重要となるのは以下の点である。

・人口、経済、エネルギー需給などの予測
・省エネルギー技術の可能性評価
・各国が実施した環境対策効果の測定方法の確立

右記の要点に加え、IPCCなどでは予測モデルの開発、シミュレーションにもとづいたシナリオ分析などに地道に取り組んだ活動を行っている。これらは実験ができない超長期予測が必要な環境問題の解決にとって有力な手法である。そのため次章ではモデルシミュレーションによる考察を試みる。

このような活動を通じて提案されるシステムは、すべての参加者（望むべくはすべての国家と人びと）に何らかの負担を強いることになるであろう。先に述べたように先進国-中進国-途上国、大衆-国-国際社会、消費者-生産者-国など、どの関係をとってもそれぞれが変革を成し遂げなければ問題に対処できない。このようなタイプの問題はこれまでに人類が直面したことのない問題である。

互いに犠牲を払う局面があろうとも、その被害を全体として最小限にとどめ、新たな負担を生じさせない新しい発展のパラダイムを創造しなければならない。

参考文献

(1) 竹内敬二『地球温暖化の政治学』朝日選書、一九九八
(2) 電力中央研究所『人類の危機トリレンマ』電力新報社、一九九八

11章 持続可能な開発への道筋

統合モデルによるシミュレーション

森 俊介

1 「豊かさ」と「持続可能性」

持続可能な社会への道を語るとき、誰しも先進国の消費社会の将来に不安を感じ、「このままいつまでも消費が拡大できるはずはない。」と思うことだろう。そこからはすぐ、「社会が持続可能であるためには、これからは消費を抑制して行かねばならない。」と導かれる。さらに「だから世界中がこれ以上消費を増やさないよう、皆で生活を変えて行かねばならない。」と考えることは、きわめて自然な論理展開に思える。環境を語るとき、「豊かさ」「消費」という言葉は、目標でなく、克服の対象であるかにさえ見える。

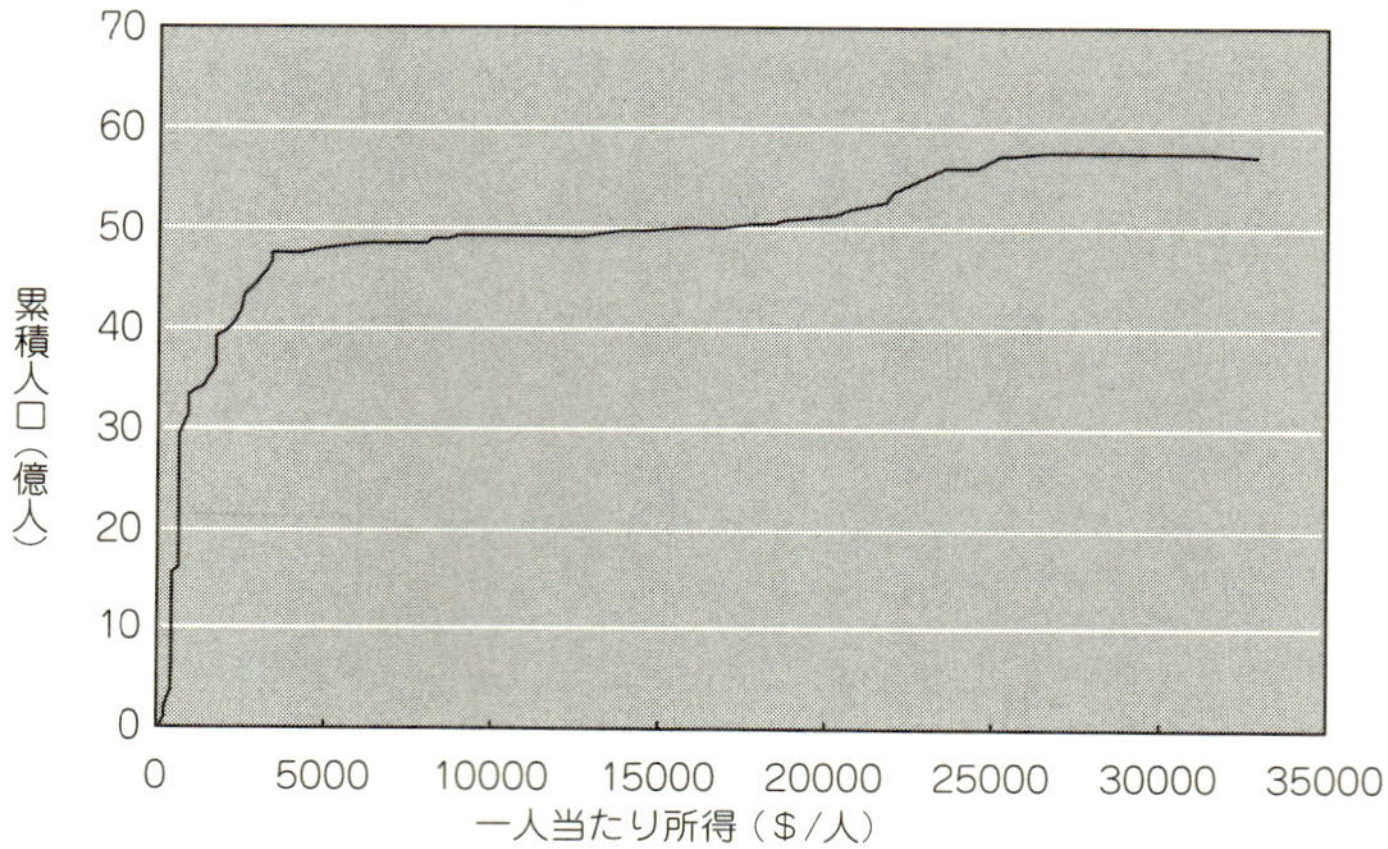

図 11・1　世界125カ国の一人当たり所得と累積人口（1995年）

しかし、そこで一歩立ち止まる必要がある。「世界中」とは誰を指すのだろうか。この中に、8億人ともいわれる慢性栄養不足の人びとを含むことはあり得まい。一九九五年の統計を見れば、世界の一人当たり所得は日本が2万4千ドルを越えているのに対しインドは425ドルである。エネルギー消費で見ても、アメリカが一人当たり石油7・9トン分のエネルギーを消費しているのに対し、同じインドは0・26トンである。重要な点は、インドは今や決して世界の最貧国ではなく、経済成長の道を進みつつある段階であって、なおこれだけの格差があるということである。

インドに限らない。図11・1に、世界125カ国について、一九九五年の一人当たり所得を横軸に、累積人口を縦軸に取ったグラフを示した(1)。一人当たり所得が1千ドルにも満たないところに、すでに30億の人びとが生活している様子が見てとれる。

この図を見ると、およそ一人当たり3500ドル付近から急に曲線が寝てしまう。つまりそれ以上の所得の人口が急速に減少してしまうことがわかる。そして、2万5000ドルを越えたところに、もう一つの富裕な層の存在が見られる。

GDPという指標が豊かさを示すかどうかの議論は残るものの、消費にこれほどまでの世界的格差があることに変わりはない。現に貧困と飢餓が存在する以上、「世界で皆が……」「これ以上消費を増やすな」という主張は色あせざるを得ない。さらに言えば国間だけではない。国内的にもしばしば大きな所得格差が見られることも忘れてはなるまい。

もう一つ、人口増加と所得の関係を見ておきたい。資源が有限な以上、人口爆発が貧困の大きな原因になることは言うまでもない。すでに第5章の図5・6（124ページ）には、一九九〇年の合計特殊出生率と一人当たりGDPの関係が示されたが、5千ドル付近から人口が安定な状態に落ち着く様子が見られた(2)。「豊かさ」は「安定した社会」のための大きな条件となっていることは認めねばならない。

世界全体で見れば、「消費過剰」なのは一部先進国だけで、大部分の人びとに必要なのは「消費抑制」ではなく、「豊かさ」であるといえよう。とはいえ、世界中の皆が「先進国のように消費する」とすれば、それこそ物理的な困難が予想される。仮に、今の地球上の世代全員が「消費の豊かさ」を享受できたとしても、次世代には荒廃した地表以外は残るまい。

「持続可能な開発」という言葉には、「持続可能性」という次世代への義務と、「開発」という現世代での分配格差解消の、二つの目的が織り込まれている。しかし、そのような道筋はあり得るのだろうか。

2　定量的評価の必要性――議論のデッドロックを防ぐために

本書は、資源・環境・人口の三すくみ、すなわち「トリレンマ」からの脱出をテーマとしている。三すくみ状態――この言葉は思考停止と同義語で、議論にもはや進展は望めないように思われる。しかし、地球環境問題は「豊かさ」か「環境か」、あるいは「現在」か「未来か」という二者択一の問いでは必ずしもない。

「有限な資源」――しかし太陽光エネルギーだけでも、人間が使うエネルギーの8千倍である。原子力も拡大再生産の可能性をもつ。鉄や銅にしても、掘り出した鉄は最後に鉱山に埋め戻されたわけではなく、地表に「廃棄物」という名前で存在している。食料・水はどうか？　第Ⅱ部7章に見たように、悲観的見方も楽観的見方もあり得るものの、人口が100億人あたりで安定するなら、人類が飢え死にしない見込みは十分にある。「優秀な自民族の食料確保のためには、他国領土の獲得が必要」だと考えたのはヒトラーだけではない。しかし結局のところ、食料の確保に貢献したのは、武力ではなく、農業技術の進展という知恵ではなかったか。

われわれが直面している環境問題の本質とは、いったい何なのだろうか。物理的な供給不足を前提として、そのなかでの生き残りの問題と見なしてしまうと、議論は他者の殺戮を容認する「カルネアデスの舟板」に落ち込んでしまいかねない。しかし、これまでに見たところ、資源の絶対的な不足――すなわち人口一人当たりの供給量ですら生存の必要量を下回るような物理的危険――は、当面さほどおそれる必要はなさそうである。しかし、その不効率な使い方と不衡平な分配がもたらす社会的な危険性まで回避できたわけではない。逆に言えば、持続可能な社会への道を語るには、量的な供給拡大のみでは不十分かもしれない、ということも意味する。

もう一つ、議論の進め方で重要な注意点がある。対立のなかで妥協の道を探る場合、議論は定量的に進めなければしばしばデッドロック状態となる。次のような例を考えてみよう(3)。

①「道路が不十分だから渋滞して燃費も悪くなる。拡張して流れをスムーズにすれば結局は省エネルギーにも貢献する。」

②「道路を拡張すれば車が増えて結局は渋滞する。車が増えた分だけエネルギー消費も二酸化炭素排出も増えてしまい逆効果だ。」

どちらも「これが答えです。」と言われれば「当たり前だ、最初からわかっている。」と納得してしまわないだろうか。実はこれはかなり大きな落とし穴である。どちらも部分的には正しい。しかし、その路線だけを見て「増えるか、減るか」を議論してもあまり本質的ではない。道路が便利にもなれば、一方で社会的メリットが増え、他方で資源・環境にデメリットが発生する。正しい議論の立て方は、「限られた予算・資源のなかで、どこをどれだけ拡張すれば社会にとって最も大きなメリットが発生するか」であろう。両面のある問題の一方だけを見て、「どちらが正しいか」などと定性的に黒白を語るような問題ではないのである。

とはいっても、「定量的」に、さらにいえば「科学的」に答えを出せる問題は、残念ながらそれほど多くはない。トリレンマ問題は、Ⅱ部のような多くの分野が絡むだけではない。問題の時間単位も分野ごとに異なる。経済や技術の変化の動きは激しく、五年先は長期といえる。しかし、生態系への影響は、少なくとも数十年の単位が必要となろう。石油、天然ガスの可採年数（確認された資源量を年間消費量で割った値）は40～60年の幅である。

また、政府間気候変動パネル（ＩＰＣＣ）(4)では、さまざまな気候モデルを用い、二一世紀末ごろに約2℃の温度上昇を予測したが、１００年とは地球物理学から見ればきわめて短期の問題である。科学的に判断しようにも、これほど「遠過ぎる未来」と「近すぎる将来」が組み合わさっては不確実性が高く、難しい。

この上に、「地域間の格差」と「世代間の格差」の二つの問題が重なる。子孫の世代が少ない資源とより多い人口の地球で生きていかねばならない、というのは心苦しい。しかし見方を変えれば、われわれもまた先祖からより少ない資源とより多い人口、そしてより多くの知識を引き継ぎ、また付け加えている。とすれば、子孫もまたわれわれの及ばない知恵を獲得もしよう。どこまでが現世代の取り分なのか。こうなると、これは「科学」という真偽の問題ではなく、「選択」という善悪あるいは損得の問題である。

いずれにしても、トリレンマ問題に解決策があるとすれば、今の「知識」をできるだけ総合化し、できる限り「破綻を避けよう」と行動することで、「皆が納得できるよう分かち合う」形とならざるを得ないであろう。

3　モデルシミュレーションによる持続可能性と破局

ここでは、モデルシミュレーションにより、持続可能性と破局の可能性をシミュレートし、持続可能な社会のための条件を探ることとする。

a　予測の意味

定量的に持続可能な道を探るには、資源、生産、汚染、生態系への影響、人間の活動等をできるだけ慎重につなぎ合わせていく必要があるというものの、完全な知識がない以上、できることには限界がある。では、役割はどこにあるのか。その前に、「コンピュータによる予測」とはそもそもどのような意味があるのだろうか。

予測とは言っても、実は未来を当てることが目的ではない。あくまで、私たちの現在の知識を論理的に積み上げることで、自己矛盾した判断を防ぎ、隠された問題を論理的に浮かび上がらせることに意義がある。

しかしなお、「当たらぬ予測は無意味」という考え方は残る。そこで、次のような例を考えてみたい。

「自転車に乗っていると、前に川があった。このまままっすぐ進むと川に落ちると予測した。そこでハンドルを右に切ったので、落ちずにすんだ。」

川に落ちなかったこの人の「予測」は正しかったのか、それとも間違っていたのか。予測の正しさを言うためには、川に落ちて見せなければならない、というのは馬鹿げていないだろうか。

自然科学の予測と、意思決定の予測は役割が異なる。地球環境問題での「予測」は、たった一つの運命的未来を当てることではない。未来は複数存在し、現在の決定と行動により選択することができる。しかしなお思ったとおりになるわけではない。その不確実な未来に対し、できるだけ被害が小さく、できるだけ利益の大きな道を選ぼうとする、現在の判断のために行うのである。

この試みの草分けとして重要なものに、メドウズの『成長の限界』(5)と、同じ著者が二〇年を経て著した『限界を超えて』(6)の二つのモデルがある。

この二つのモデルは、システム・ダイナミクスとよばれる方法によるもので、「生産」、「汚染物質の排出」、「技術開発」、「汚染物質の蓄積」……等の環境と経済活動にかかわる数多くの要素とそれらの関係を方程式で結びつけ、コンピュータ上で慎重にシミュレーションを行った。「成長の限界」は、資源の有限性と環境の汚染は結局人類全体を養いきることはできず、将来のいずれかの時点で人口の急激かつ大幅な減少が避けられない、と結論づけた。

しかし、資源と環境の有限性に鋭く警告を発した功績は疑えないものの、環境汚染・資源・省エネルギー技術開発という幾多の努力や、税制やリサイクル、という具体的政策まで無意味ということは決してない。また、持続可能な社会への大きな障壁である南北間や国内でのさまざまな格差は、世界を一地域と集約するこのモデルでは扱えない。さらに、一九九七年末の京都会議のように、地球環境問題はもはや警告ではなく行動の段階に移りつつあることを考えると、「成長の限界」は一つの役割を終えた、と言えるかもしれない。

そこで、近年、より定量的かつ統合的評価のための、いわゆる統合評価モデル開発が盛んに行われるようになった。気候と人間活動、とりわけエネルギー／経済問題を分析した地球モデルでは、一九八三年に発表されたエドモンズ＝レイリーモデル(7)が有名である。世界を9地域に分割し、人口、経済成長、エネルギー技術と大気中の温暖化ガスの蓄積による大気温度上昇をシミュレーションモデルにまとめた。これは、政府間気候変動パネル（ＩＰＣＣ）の最初の評価に用いられた。資源と技術制約のもとで何らかの効用関数を最大化する最適化型モデルとして、アラン・マンらのＭＥＲＧＥモデル(8)、ノードハウスのＤＩＣＥモデル(9)等が開発された。わが国でも、次節で述べるＭＡＲＩＡ(10)、国立環境研究所のＡＩＭ(11)(12)や藤井らの New Earth-21 モデル(13)(14)が開発され、ＩＰＣＣの活動に参加してきた。

b　地球環境統合モデルＭＡＲＩＡの構成

地球環境統合モデルＭＡＲＩＡ（Multiregional Approach for Resource and Industry Allocation）モデルでは、世界は日本、アメリカ、他ＯＥＣＤ、中国、東南アジア地域８カ国（韓国、台湾、香港、シンガポール、インドネシア、マレーシア、フィリピン、タイ）、旧ソ連・東欧（以下ＦＳＵと略記）、その他途上国地域（以下ＲＯＷと略記）の７地域から構成される。エネルギー／資源／経済活動／地球温暖化／食料供給／土地利用変化を単純化して定式化し、二一〇〇年までの一人当たり消費から導かれる効用の最大化を行う非線形最適化モデルである。世界貿易も考慮され、各財、技術の国際取引価格が導かれる構成となっている。変数は約１万８千個、制約式は約１万５千本に達する。この規模の情報と相互関係を扱うには、どうしても計算機モデルに頼らざるを得ない。

まず、このモデルの基本的な構成を図11・２に示す。図はある地域の相互関係を示すものであるが、このように経済活動を介して、気候変動や食料需給、土地利用などが相互に結びついている点に特徴がある。

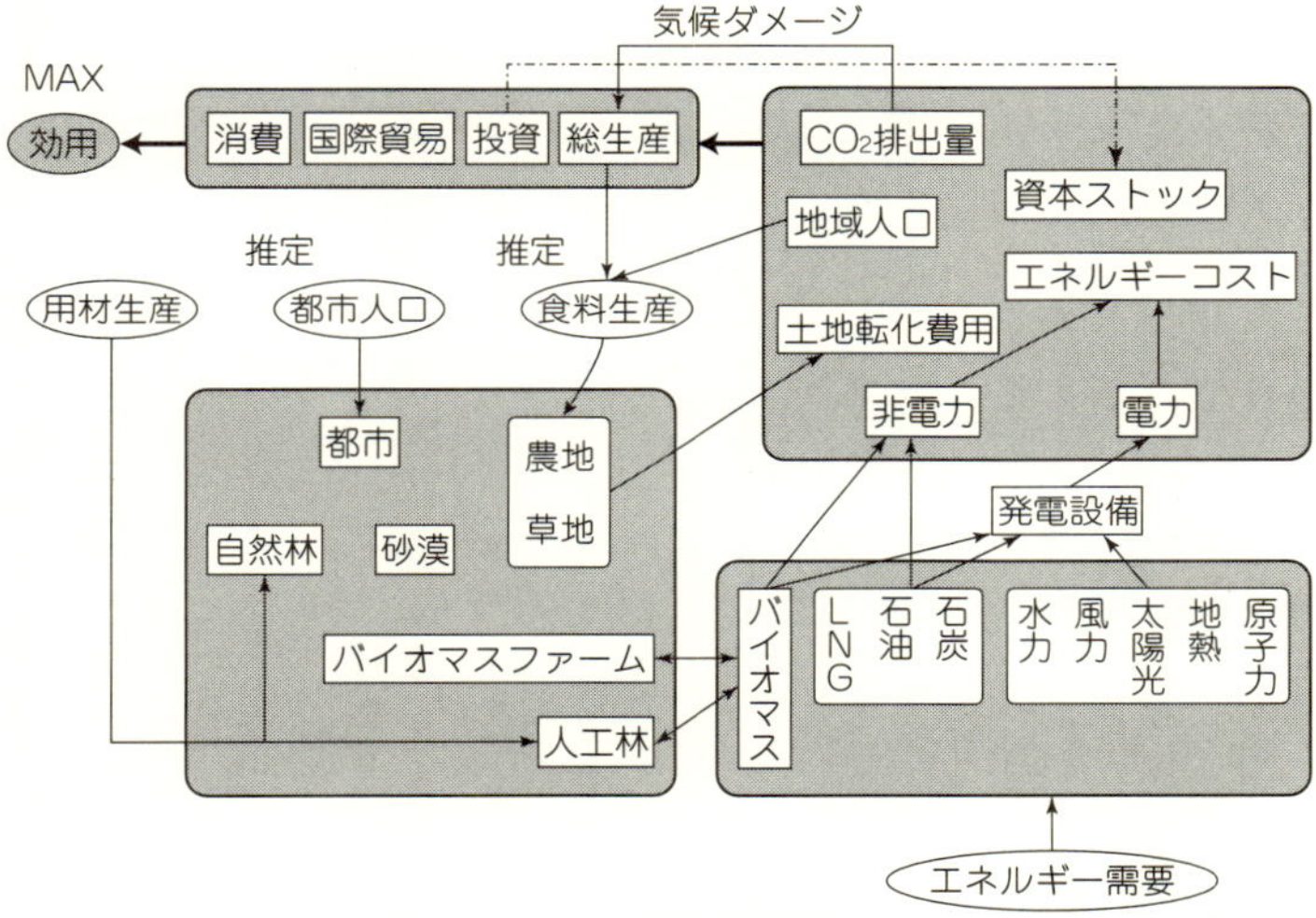

図 11・2　MARIAモデルの基本的構成（1 地域）

なぜ、土地利用が温暖化問題と結びつくのか。たとえば、キャッサバなどの植物をエネルギー源に利用するとしよう。植物や太陽光だけでエネルギー需要を賄えるのなら、温暖化も進まず、これはまさしく持続可能な社会といえる。しかし、人口が増える以上、食料生産も増やさねばならない。そうなると、それだけの余裕があるのかどうかは、エネルギーと食料の双方が経済活動を介して評価される必要がある。

食料はまた、生活の基本的な要素であるだけに、地球全体で勘定があっていればよいというものではなく、きちんと安定して分配されるシステムも必要である。援助に頼りつづけねばならない社会というのは、やはり健全とはいえないであろう。

今回、このような拡張MARIAモデルを

ベースとして、①どのような排出削減政策も導入されない「自然体ケース」（BAU＝Business As Usualケースと呼ぶ）をまず求める。これを基準とし、②附属書Ⅰ（先進国＋旧ソ連・東欧地域。ANNEX-Ⅰ諸国とも呼ぶ）諸国に対し単独で京都議定書による排出削減を行うケース、③先進国間に排出権取引を認め、総量で京都議定書の排出削減を達成するケースを比較してみる。これは、温暖化対策を行うのに、各国単独で行う場合と、国際協力して市場メカニズムを活用し、より「効率的削減」を目指す場合の比較である。

次に、京都メカニズム対応時に炭素排出削減を実現する上で議論の一つの中心となる原子力に対し不拡大がなされた場合に、どのような影響が生じるかを、④わが国のみ原子力不拡大をとるケース、⑤附属書Ⅰ全体で原子力不拡大をとるケース、で比較を行う。

さらに、⑥食料生産収率の飽和ケース、⑦食料生産収率の飽和に途上国地域の人口増加が加わったケースのシミュレーションを行う。このモデルでは、食料を含めた財の国際貿易には制約が設けられていない。市場メカニズムが、食料市場のタイト化にどのような動きをするかを見てみることとした。

各ブロックのモデルでの取り扱いを簡単に説明しておこう。以下、やや専門的な言葉が現れるので、この分野に関心のない方は読み飛ばしていただいてかまわない。逆に、より詳細な説明を望まれる方は森（一九九八）(10)を参照されたい。

(1) 地球温暖化ブロック

本モデルの温暖化ブロックは、炭素の放出と大気への蓄積過程と放射強制力による温暖化プロセスからなる。前者にウィグリーらにより提案された五時定数モデルを採用した。これは、大規模な大気循環モデルを用いたＩＰＣＣ第二次報告書をよく近似できることがわかっている。後者の炭素蓄積量から気温上昇が導かれるプロセスには、ＤＩＣＥモデルと同様の二槽放射モデルを用いた。なお、ここでは近年注目されているメタンの温暖化効果およびＳＯＸエアロゾルの冷却効果は加味していない。これは、ＳＯＸ排出は健康、生態圏への影響上規制されるべきものであると考えたためである。

(2) 経済活動ブロック

ＭＡＲＩＡモデルでは、各地域で資本、労働、エネルギーから経済活動を行い、生産物を消費、投資、貿易およびエネルギー費用に分配する。経済成長と人口増加から、食料需要が与えられ、土地資源の利用が定まる。もし耕地にゆとりがあればバイオマス生産に利用できる。温暖化が進むと、本来不要であった設備費用がかかる。ここでは、これが先のＤＩＣＥモデルなどと同様、生産高に比例的かつ温度上昇の二次関数で増加するものとした。その基準には、ファンクハウザー(15)の推計をベースとした。

評価関数には世代間および地域間の公平性を加味した一人当たり消費額の関数を用いる。最適化モデルでは世界貿易の需給バランス条件式から国際取引価格が求まる。

(3) エネルギーブロック

一次エネルギーとして石油、石炭、天然ガス、原子力、地熱、風力、太陽光発電、バイオマスを考え、これが電力、各種流体燃料や熱源となって産業、運輸、その他の三部門に投入されるものとしている。運輸部門とその他部門のエネルギー需要の将来予測は食料需要と同様、将来の見通しが難しい。ここでは、簡単に一人当たりのエネルギー消費が一人当たり所得の対数に比例して増加する形式をとっている。ただし、運輸部門では手段として陸上、海上、航空を考え、さらに陸上輸送は自動車と鉄道に分け、それぞれについて将来需要を与えている。交通部門を細分化したのは、流体燃料としてガソリンや軽油だけでなく、メタノール合成や水素利用という新しいプロセス技術を取り込んでいるためである。

さらに、本モデルでは二酸化炭素の回収と海洋及び地中投棄技術を導入した。地中処理には、廃天然ガス田、促進石油回収、地下帯水層の三種を与えた(13)(14)。

(4) 土地利用と食料需給

土地利用と食料需給にもとづくバイオマスエネルギー評価ブロックの導入は、本モデルの一つの特徴である。土地利用形態として耕地、草地、森林、バイオマスファーム、その他に分類し、前二者から穀物生産とバイオマスファーム（キャッサバを仮定）および畜肉生産（牛、羊）がなされることと

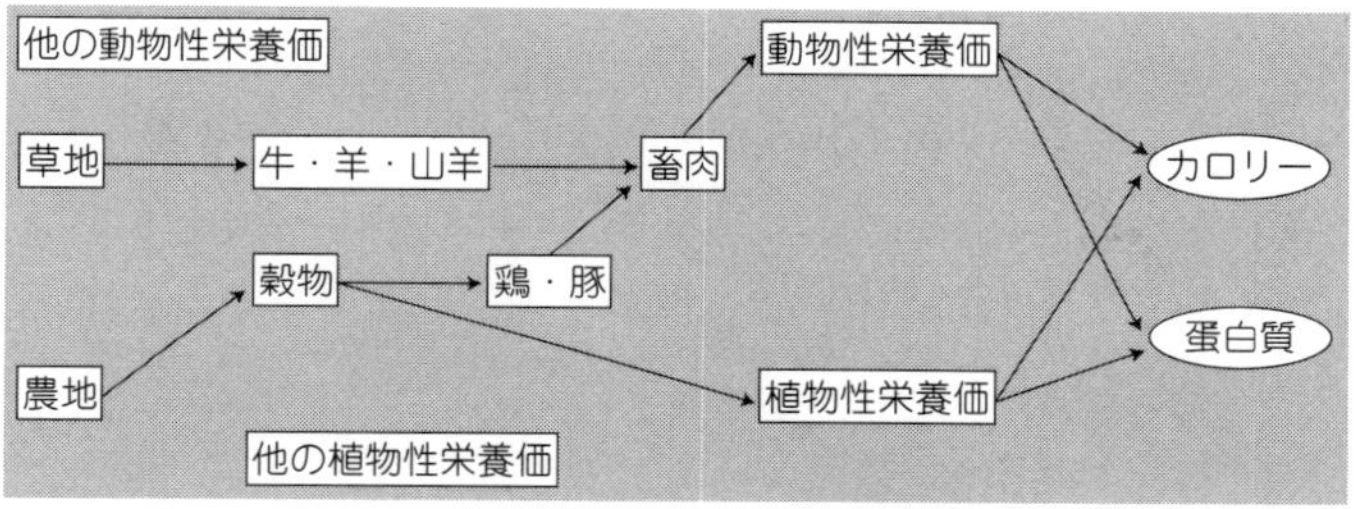

図 11・3　栄養価と食料生産、土地利用のフロー

した。穀物の一部は、豚、鶏飼料に利用される。

図11・3に示すような食料消費フローを考え、一人当たり熱量需要と蛋白質需要、および動物性蛋白質のシェアを一人当たり所得の関数で与え制約とする。また、乳製品、魚類その他については現状値で移行するとした(注1)。

とはいえ、食文化の将来シナリオは難しい。日本の食生活が西欧化したといっても、一人当たりの肉の消費量はアメリカや南米にも遠く及ばない。人口が増加する中国、インド、イスラム圏の人びとの食生活がどのように変わるかにより、世界の飼料用および酒造用穀物の需要構造は決定的に変わるだろうが、宗教や慣習による食文化は容易に廃れるとも思われない。ここでは、したがって各地域ごとの「過去の所得の伸びによる変化」のみに着目した。

収率の進歩は、食料生産を考える上で最も重要なパラメータである。ここでは、シミュレーションの基準ケースとしてやや楽観的なケースを設定した。これは、現状の世界最大値であるオランダの値まで年率1%で上昇し、耕地の穀物作付け面積は現状より10%まで増加しうるとするものである。これと、反収が二〇五〇年以降飽和するシナリオを比較する。穀物生産の三分の一を廃棄物としてバイオマスエネルギーに利用できるものとした。これらの結果、バイオマスの最大供給可能量は二一〇〇年でほぼ 石油換算40億トンに達する。なお、一九九五年時点の世界の一次エネルギー消費はおよそ石油換算90億トンである。

なお、世界人口推移はＡＰＰＥＮＤＩＸ（２７６‐２８２ページ）の新排出シナリオ‐Ｂ２に従い、二一〇〇年で約１０４億人と設定した。

ｃ　地球環境統合モデルＭＡＲＩＡのシミュレーション（１）——自然体ケース

まず、基準となる自然体ケースの設定であるが、経済成長やエネルギー消費などに、将来どのような技術進歩や構造変化があるか、ある程度決めておく必要がある。二一世紀になると、過去の延長が信頼できるとは言えないし、他の研究との比較も必要なためである。そこで、政府間気候変動パネル（ＩＰＣＣ）での二〇〇〇年出版を目標に作業中の「新排出シナリオ」のＢ２を基準に考えることとした（注2）。このシナリオの意味は、本章のＡＰＰＥＮＤＩＸに述べる。これを基準として、さまざまなオプション導入で何が変わるかを見る。このシナリオにもとづくと、ある程度原子力とバイオマスなど無炭素燃料の利用拡大が前提とならざるをえない。

なお、ＩＰＣＣをはじめとする世界の超長期の将来シナリオ策定作業でどのような数字が語られているかについても、ＡＰＰＥＮＤＩＸでもう少し詳細に述べることとしよう。

これらは、政策や技術評価の際に議論の前提条件を統一しておく作業仮説であることを強調しておきたい。決して、「望ましい数字」ではないし、「結局どの未来になるのか」を議論することは本筋ではない。とはいえ、専門家が歴史的事実と科学技術的知見から、矛盾のないよう慎重に積み上げて策定されたものであり、「あり得べき一つの将来像」として、それなりの合理的根拠のあることは認められるものである。

本研究では、マクロなフレームがこの見通しに合うよう、人口、経済活動、エネルギー消費、二酸化炭素排出量などの基本的な設定を行う。その上で、モデルシミュレーションを行い、どのような社会となっているかをより詳細に紡ぎ出すこととしよう。

まず、自然体ケースでの世界エネルギー需給構成、GDP推移を図11・4、図11・5に示す。単位は、それぞれ石油換算10億トン（GTOEと記す）と一九九〇年価格1兆米ドルである。表11・1には世界の地域別二酸化炭素排出量を示すが、ここには植林による吸収オプションおよび炭素の隔離技術が織り込まれている。ただし、自然体ケースでは後者は採用されていない。

また、図11・6には炭素排出及び各種エネルギー源の国際取引価格を示す。ここでは、炭素排出に制約を加えない場合でも、地球温暖化が社会に対しGDPの1・4～1・7％程度の追加費用を伴うものとしているため、炭素排出は潜在的な費用を導く。

日本が二〇二〇年をピークとして、その後二〇七〇年にかけ炭素排出が減少するのは、日本の人口がピークを過ぎる一方、省エネルギー技術は継続して進展が見込めるためである。さらに、二一世紀

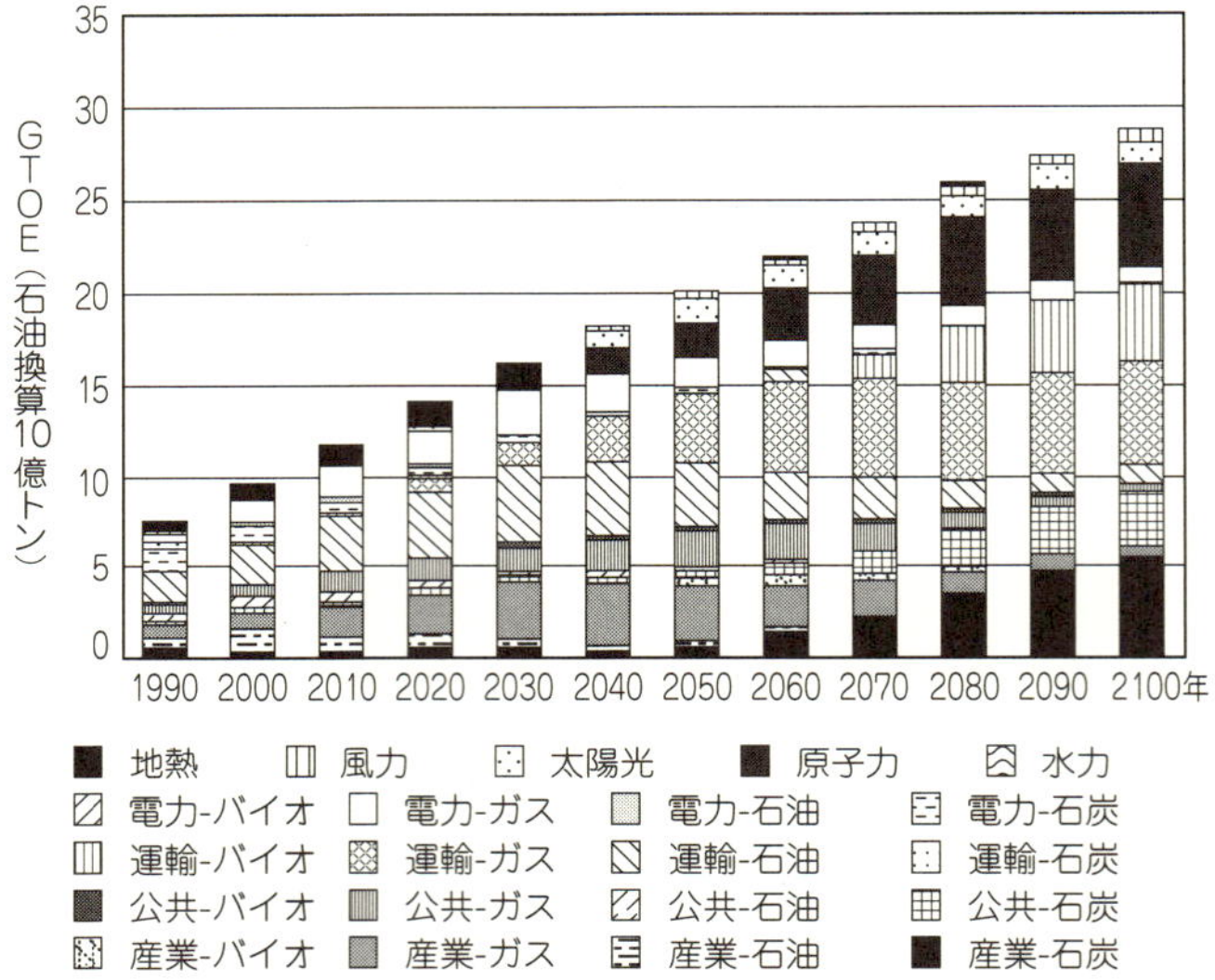

図 11・4　世界の 1 次エネルギー供給（自然体ケース）

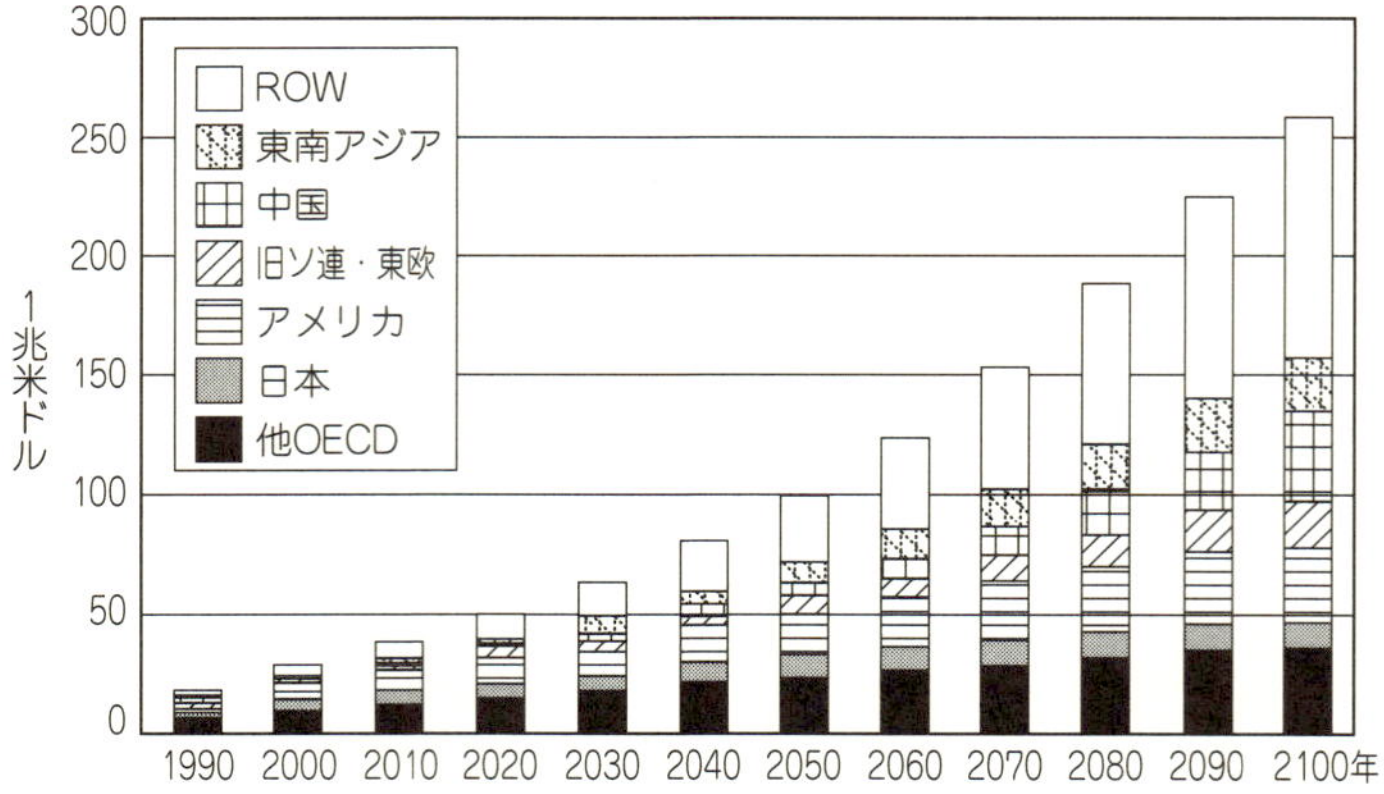

図 11・5　世界のGDP推移（自然体ケース）

表 11・1　世界地域別炭素排出量の推移（炭素換算100万トン）
（自然体ケース）

年	他OECD	日本	アメリカ	旧ソ連・東欧	中国	東南アジア	ROW	全体
1990	1336.5	319.4	1412.2	1281.3	662.3	223.2	788.4	6023.4
2000	1776.4	388.9	1804.1	1286.2	664.6	309.4	1101.4	7331.0
2010	1807.1	363.9	1890.5	1296.5	982.9	426.5	1570.8	8338.2
2020	1850.0	364.3	1935.7	1348.9	1349.8	479.1	2239.4	9567.3
2030	1833.6	348.3	1973.0	1397.8	1618.0	576.5	3009.2	10756.4
2040	1733.0	319.2	1958.1	1332.6	1716.9	619.2	3354.2	11033.3
2050	1532.2	298.9	1840.2	1307.7	1854.4	671.7	3614.8	11119.9
2060	1512.9	293.1	1853.3	1325.3	2021.8	644.5	3854.6	11505.6
2070	1520.0	289.5	1935.0	1305.7	2455.9	514.9	3946.6	11967.7
2080	1633.4	328.3	2056.1	1464.7	2855.4	471.2	3652.7	12434.8
2090	1754.6	351.0	2200.4	1827.9	3282.5	519.0	3758.4	13963.9
2100	1756.9	353.8	2219.0	1930.0	3931.4	498.7	3673.0	14362.7

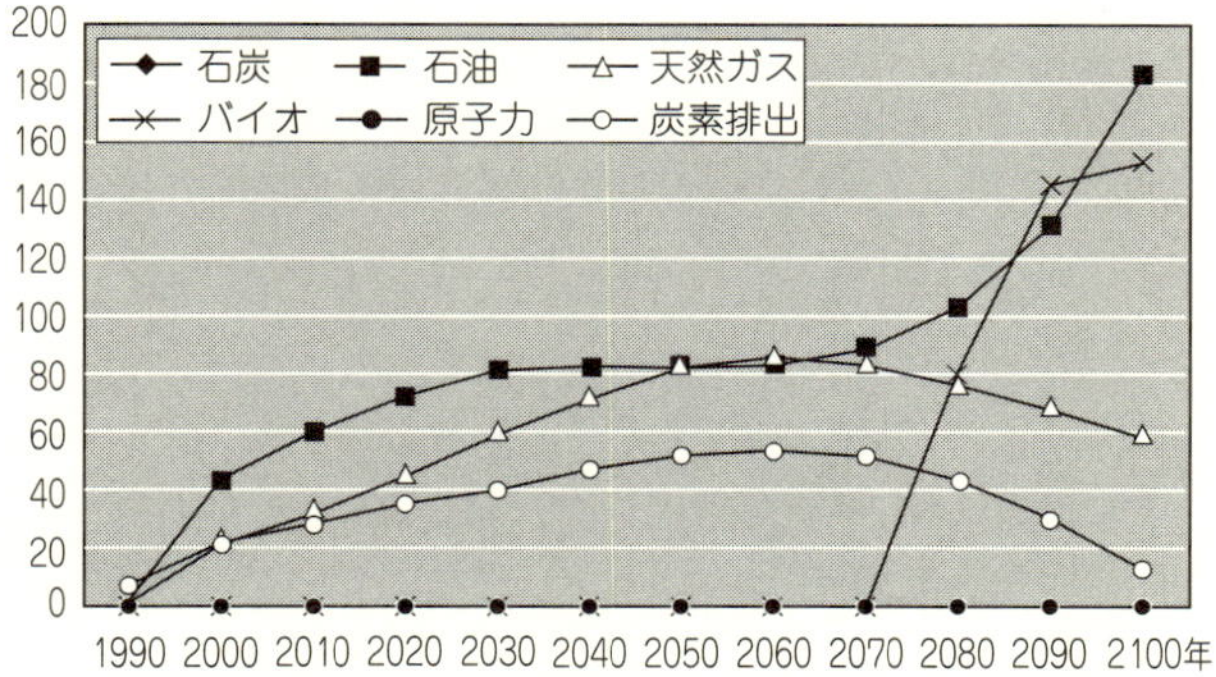

図 11・6　炭素排出（$/tC）**及びエネルギー資源の国際取引価格**（$/TOE）

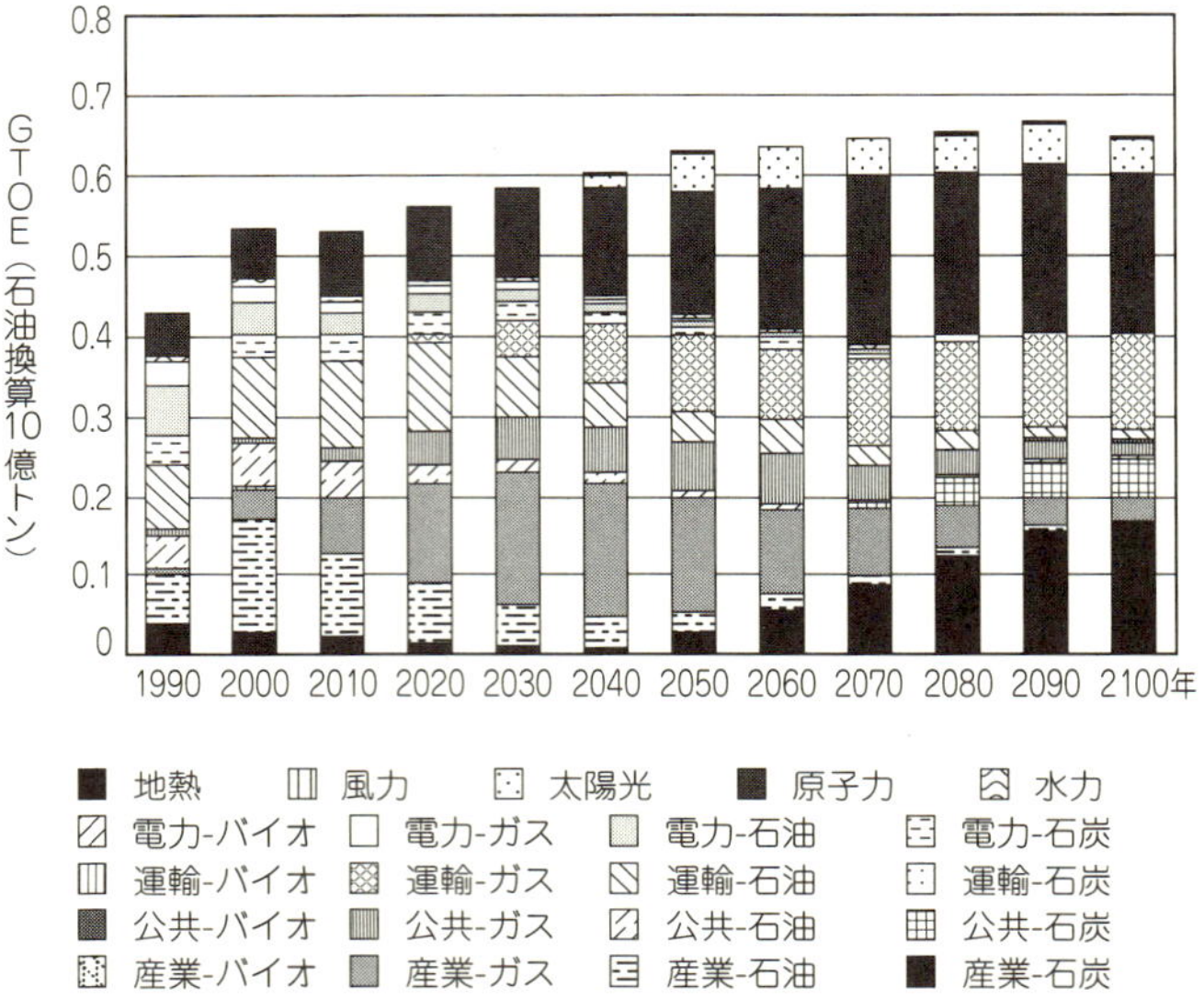

図 11・7　日本の一次エネルギー供給（自然体ケース）

後半に再び増加に向かうのは、石油・天然ガスとも枯渇に近づき、再び石炭に頼らざるを得ない状況になるためである。この様子は、図11・7に示したわが国の一次エネルギー供給推移に明らかである。

新排出シナリオ-B2の数値を前提とするこのケースでは、天然ガスや石油供給が次第に厳しくなる二一世紀後半に、原子力のウェイトが高まっていることが見られる。また、輸送用ガス利用の増大が見られるが、これは燃料電池自動車の普及と考えられる。

d　地球環境統合モデルMARIAのシミュレーション（2）——京都議定書ケース

次に、京都議定書の温暖化ガス排出削減を付属書I国、すなわち旧ソ連・東欧を含む先進工業地域ごとに行った場合を図11・8に示す。まず、一次エネルギー供給であるが、石炭が減少し、この分を原子力が増大し補っている。

しかし、GDPへの影響は世界全体では二〇一〇年に1％低下を見るものの、その後格差は次第に縮小し、二〇六〇年以降は逆転し0・2％ほど高くなる。この場合の炭素排出量を表11・2に示す。世界合計で削減が果たされていることは言うまでもないが、中国も排出が減少する一方、東アジア地域とROW（その他途上国）で増大している。ただし、中国のGDPは増加した。これは、先進国においては天然ガス消費の削減がもたらされるため、途上国地域は逆に余剰となった天然ガスを拡大利用できることが原因と考えられる。このように、京都議定書への対応は、それまで石炭中心とならざるを得なかった中国、ROW地域に天然ガス導入を促す効果がある。東南アジア地域、ROW地域では、経済の拡大がこれを上回る。日本の炭素排出量が二〇六〇年以降やや減少するのは、原子力発電の拡大と人口の減少のためである。

わが国の一次エネルギー供給推移は図11・9のようになった。差は判然としないが、バイオマス、太陽光など再生可能エネルギー利用が拡大している。ことに、二一世紀初頭は石炭を石油が代替する

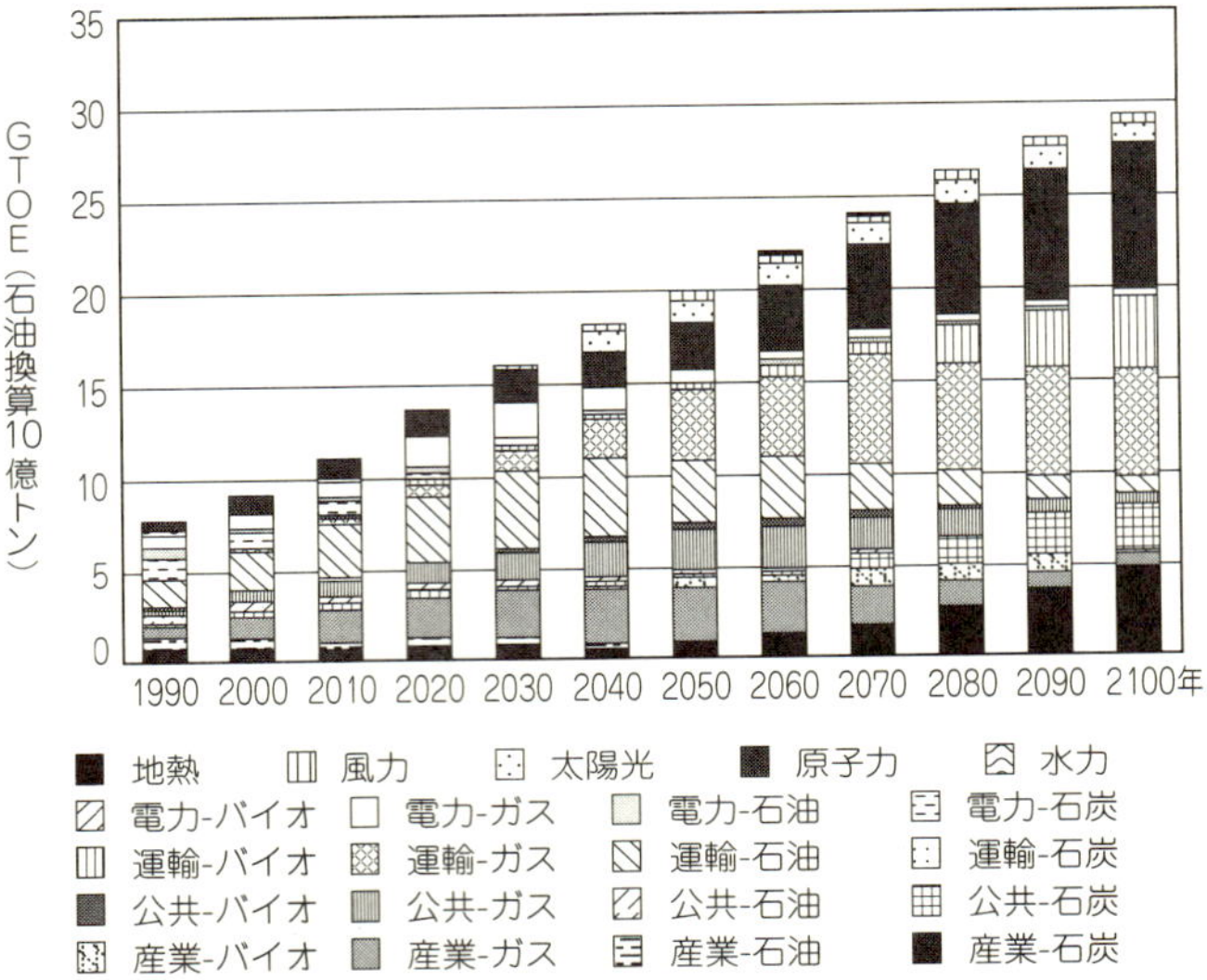

図 11・8　世界の一次エネルギー供給（京都議定書国別対応ケース）

表 11・2　世界地域別炭素排出量の推移（炭素換算100万トン）
（京都議定書国別対応ケース）

年	他OECD	日本	アメリカ	旧ソ連・東欧	中国	東南アジア	ROW	全体
1990	1336.5	319.4	1412.2	1281.3	662.3	223.2	788.4	6023.4
2000	1210.9	299.6	1303.4	1280.4	711.7	309.7	1182.3	6297.9
2010	1210.9	299.6	1303.4	1280.4	1027.0	434.0	1702.5	7257.8
2020	1210.9	299.6	1303.4	1280.4	1400.4	551.2	2496.2	8542.1
2030	1210.9	299.6	1303.4	1280.4	1695.2	620.0	3202.9	9612.4
2040	1210.9	299.6	1303.4	1280.4	1792.7	657.0	3492.8	10036.7
2050	1193.7	280.7	1303.4	1254.2	1926.9	691.8	3703.8	10354.4
2060	1205.9	278.4	1303.4	1279.8	1916.5	696.5	4085.5	10766.0
2070	1202.9	273.5	1303.4	1280.4	2169.7	665.3	4272.6	11167.8
2080	1178.3	280.1	1238.3	1214.0	2706.0	669.0	3955.5	11241.2
2090	1210.9	299.6	1151.3	1280.4	2847.6	582.6	4532.9	11905.3
2100	1210.9	299.6	1303.4	1280.4	3210.4	604.8	4730.6	12640.1

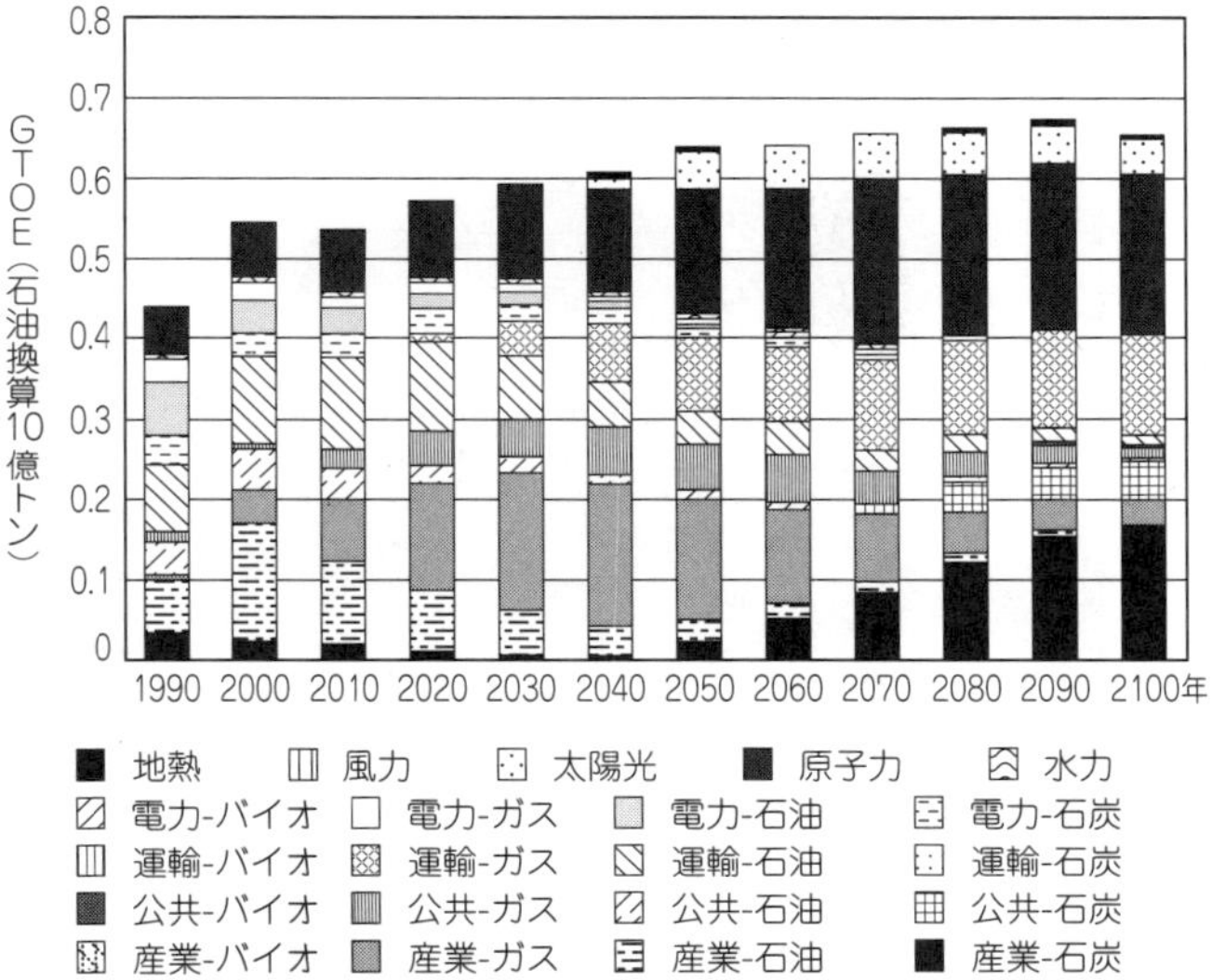

図11・9　日本の一次エネルギー供給（京都議定書国別対応時）

傾向がある。

次に、この場合の炭素排出削減の限界費用の地域差を見る。地域ごとに削減を行うため、図11・10のように地域差が表れる。大きな差はないものの、アメリカは限界費用の高い時期がもっとも長い。日本で比較的速やかに低下するのは、原子力発電所拡大のためである。しかし、二一世紀後半にはいずれの地域も収束に向かっている。

京都議定書では、付属書I国間の排出権取引や発展途上国への温暖化ガス削減投資の成果の取り入れ（CDM＝Clean Development Mechanism）を認めた。特に、前者排出権取引は、市場メカニズムの活用でより効率的な削減を行おうとするものである。この場合、地域別の二酸化炭素排出量と炭素排出削減の限界費用を見ることとす

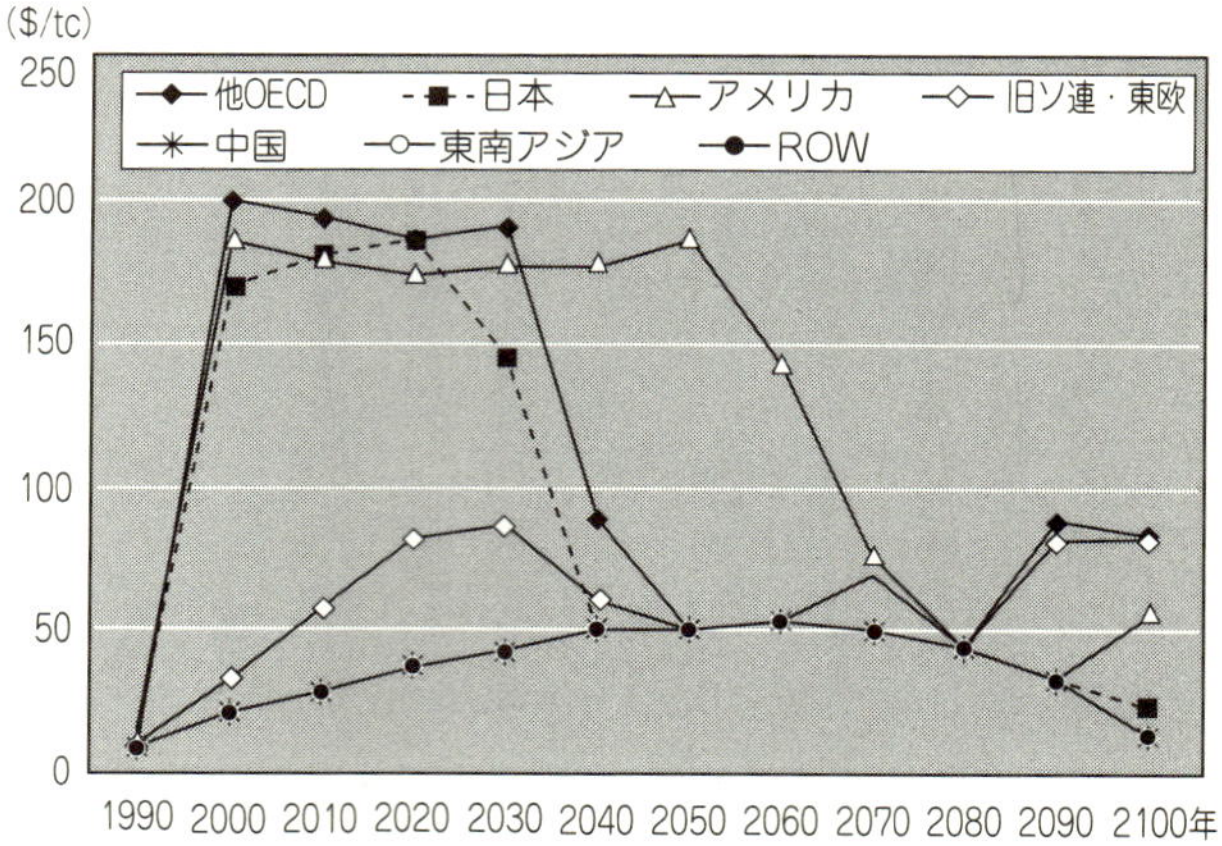

図 11・10　炭素排出削減の限界費用の地域差（京都議定書国別対応時）

る。

　前者は表11・3のようになり、世界全体での排出量がさらに減少した。これは、先進諸国の経済活動の効率化が、途上国に波及したものと考えられる。今回、中国は増加し、逆に東アジアとその他途上国地域は低下した。ここで、表では旧ソ連・東欧地域（EEFSU）の炭素排出量が大きく減少していることに注目されたい。これは、この地域が自らの炭素排出を削減し、京都会議で与えられた排出枠との差を他の先進国に売ったことを示す。旧ソ連・東欧にとっても他国にとっても、そのように取引したほうが得なのである（注3）。

　また、日本とアメリカは二一世紀前半で排出量が増加、すなわちその他先進地域とEEFSUから排出権を購入するが、炭素排出削減技術の積極的な導入により、二一世紀後半はむしろ輸出できる側に回っている。

表 11・3　世界地域別炭素排出量の推移（炭素換算100万トン）
（京都議定書対応・排出権貿易採用ケース）

年	他OECD	日本	アメリカ	旧ソ連・東欧	中国	東南アジア	ROW	全体
1990	1336.5	319.4	1412.2	1281.3	662.3	223.2	788.4	6023.4
2000	1550.9	363.0	1594.3	588.9	674.8	309.4	1115.8	6197.1
2010	1555.3	337.8	1622.3	581.7	1006.1	431.0	1580.9	7115.1
2020	1528.6	327.3	1645.5	595.7	1363.9	544.6	2386.9	8392.6
2030	1507.8	314.9	1677.5	596.9	1644.9	615.3	3122.9	9480.2
2040	1370.3	286.8	1554.9	884.9	1753.4	648.0	3442.9	9941.3
2050	1287.4	264.0	1540.3	1005.3	1862.3	686.2	3681.3	10326.8
2060	1252.0	250.4	1520.6	1074.0	1970.3	696.4	3989.0	10752.7
2070	1248.9	234.2	1535.5	1078.5	2239.4	523.3	4274.7	11134.5
2080	1277.7	213.8	1543.9	1015.3	2747.0	431.6	3976.9	11206.2
2090	1357.1	191.3	1559.4	989.2	3108.8	417.2	4303.6	11926.6
2100	1376.5	203.7	1511.6	1005.2	3654.0	490.5	4361.5	12603.1

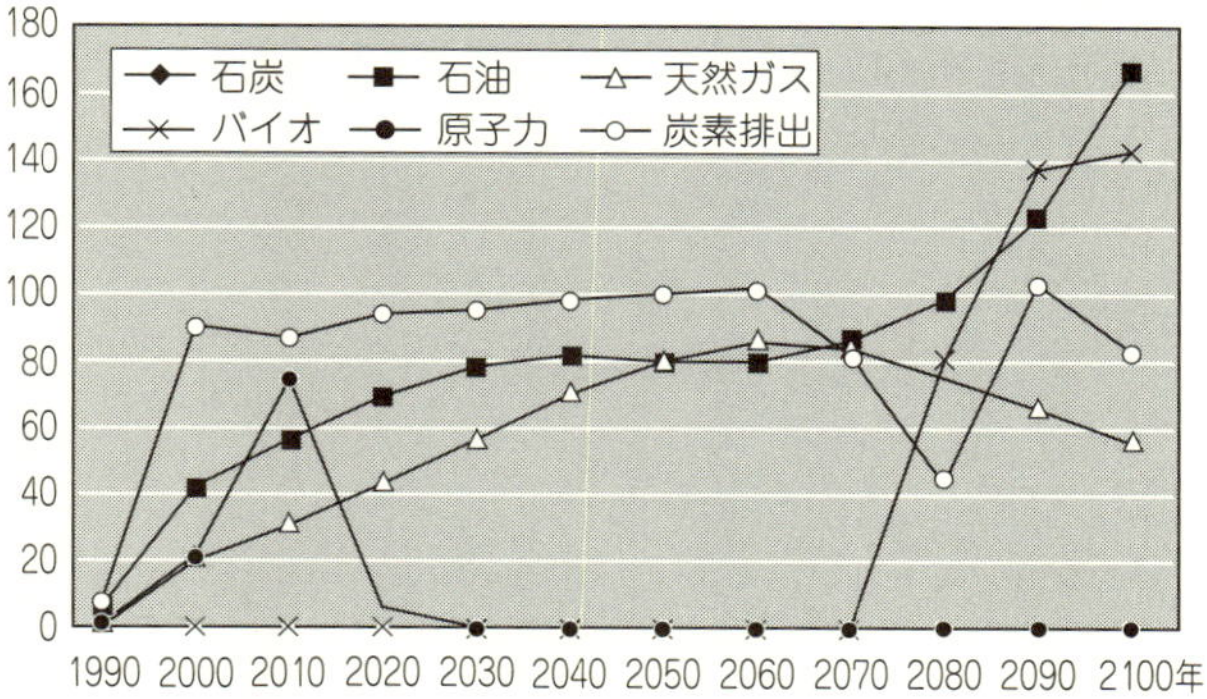

図 11・11　炭素排出（$/tC）**及びエネルギー資源の国際取引価格**（$/TOE）

図11・11に見るように、排出権取引を導入した結果、炭素排出削減の限界費用は$100/tC未満と大きく低下させることができた。つまり、図11・10と比べると、炭素排出削減1炭素トンごとに約80ドル安く上がったことになる。

e　地球環境統合モデルMARIAのシミュレーション（3）――原子力不拡大ケース

このようなモデルシミュレーションでは、「もし……ならば」というさまざまなケースの比較ができる。そこで、炭素排出のほとんどない原子力発電を「一九九〇年レベルから拡大しない」という制約を課した場合、どのような変化が生じるか見てみよう。まず、日本だけが原子力発電所を拡大しないものとして、京都議定書の排出削減に国別に対応するとする。このときの日本の一次エネルギー需給の変化が図11・12に示される。電力供給の増加分は石炭で補われ、最終的にバイオマス拡大利用となる。このときの炭素排出削減の限界費用は図11・13のようになる。図11・10と比べれば、削減限界費用の高い期間がかなり伸びている。すなわち、原子力発電所不拡大の政策は、それだけの費用負担とのトレードオフということになる。本モデルでは、地熱やバイオマス、太陽光発電などの技術選択オプションを含んでいるが、供給量の制約、コスト的不利等のため、原子力発電所の代替には限度があるということである。

さらに、原子力不拡大政策が付属書I地域全体で採用されたとしよう。世界のエネルギー供給は図

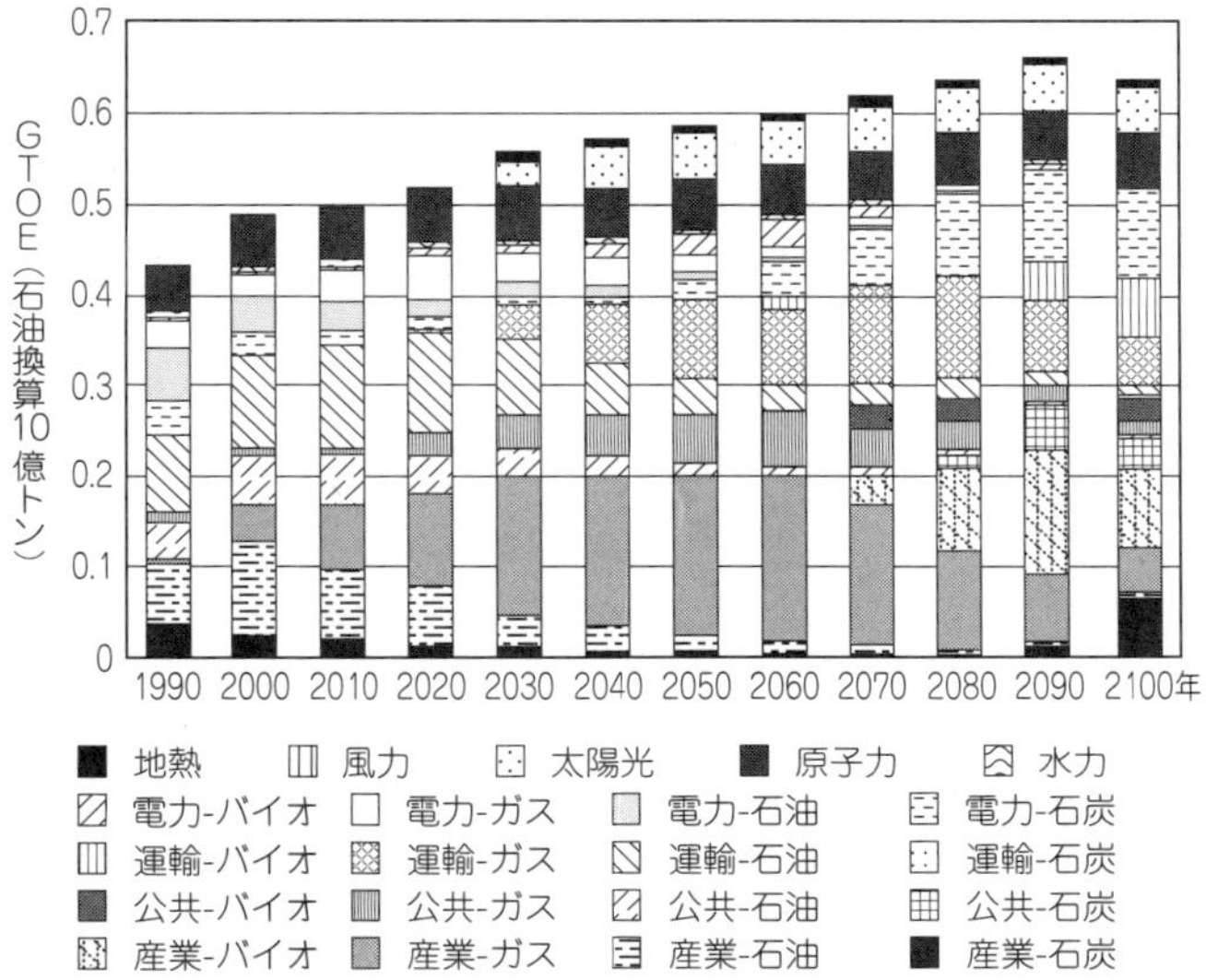

図 11・12　日本の一次エネルギー供給（原子力不拡大及び京都議定書国別対応）

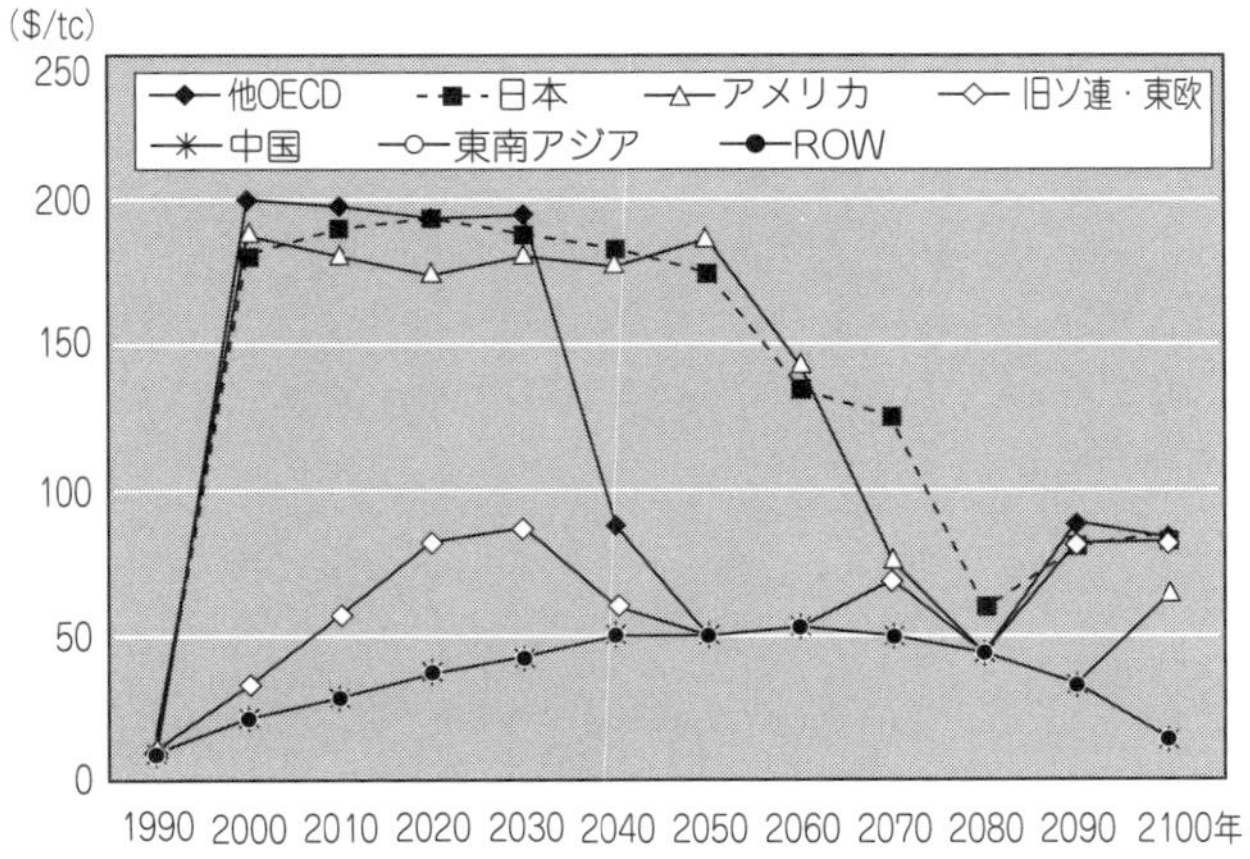

図 11・13　炭素排出削減の限界費用の地域差（京都議定書国別対応時）

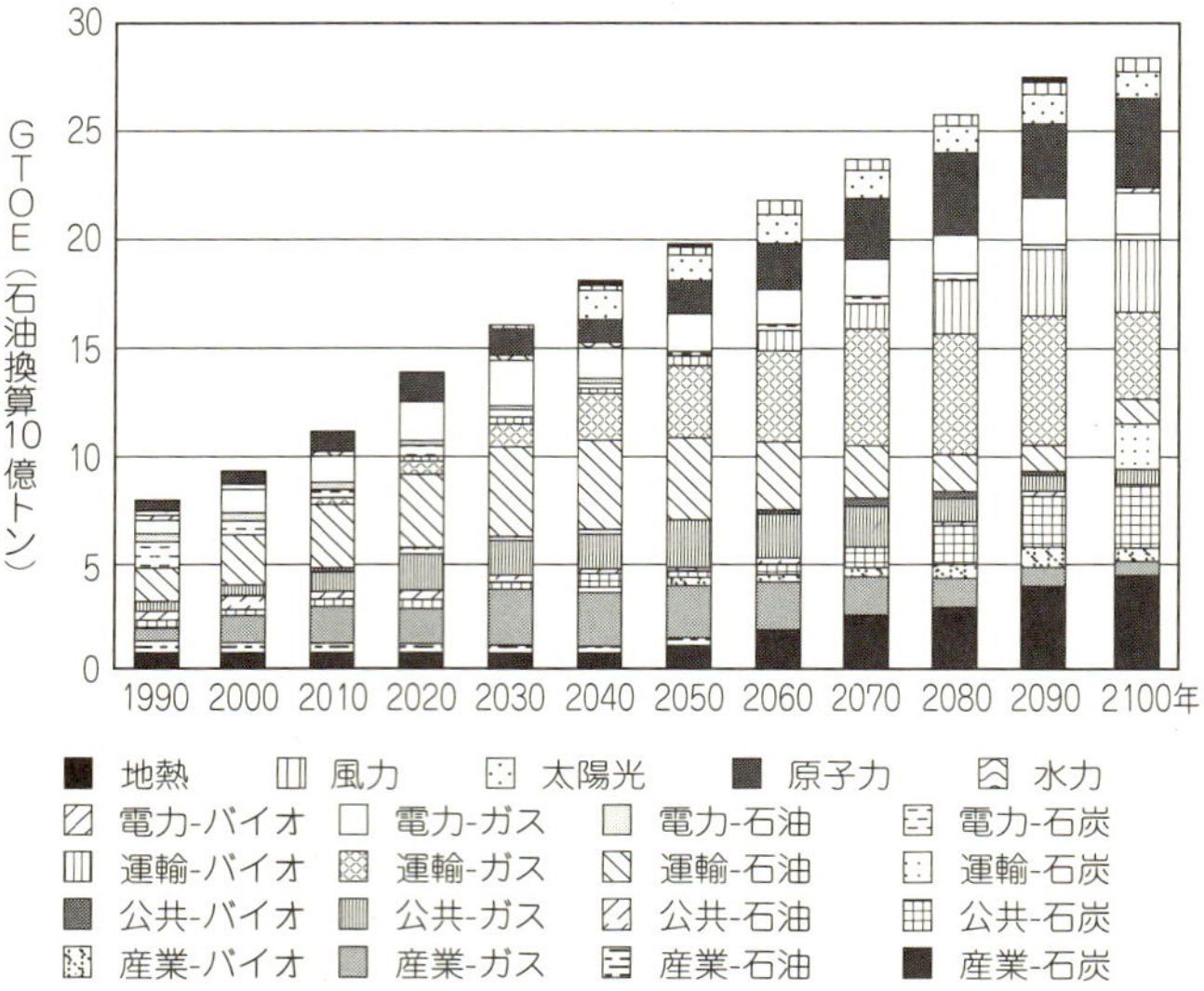

図 11・14　世界の一次エネルギー供給（原子力不拡大及び京都議定書国別対応）

表 11・4　世界地域別炭素排出量の推移（炭素換算100万トン）
（世界原子力不拡大：京都議定書対応・排出権取引導入ケース）

年	他OECD	日本	アメリカ	旧ソ連·東欧	中国	東南アジア	ROW	全体
1990	1336.5	319.4	1412.2	1281.3	662.3	223.2	788.4	6023.4
2000	1477.4	367.1	1592.1	660.5	692.5	309.4	1132.1	6231.1
2010	1493.1	359.6	1635.2	609.1	1047.3	431.1	1592.3	7167.8
2020	1479.4	368.3	1669.4	580.0	1434.9	544.9	2302.5	8379.4
2030	1473.8	368.4	1710.6	544.3	1794.5	624.9	3080.5	9596.9
2040	1326.1	326.9	1577.6	866.4	1949.3	656.3	3419.3	10122.0
2050	1241.1	314.8	1518.4	1022.7	2175.5	695.0	3662.3	10629.9
2060	1212.0	314.0	1459.6	1111.4	2538.0	666.7	3984.9	11286.7
2070	1169.7	313.7	1391.4	1221.1	2670.5	679.5	4317.7	11818.7
2080	1129.7	316.5	1238.4	1412.4	2842.4	602.2	4553.3	12095.0
2090	1090.3	276.2	917.5	1813.0	3234.3	800.4	5538.8	13670.6
2100	1223.1	230.3	664.6	1979.1	4290.8	921.4	5884.0	15193.3

11・14のようになる。ここで、先と同様の排出権取引を認めると、二酸化炭素排出量は表11・4のようになり、世界全体の排出量は先の表11・3（263ページ）と比べ大きく増大してしまった。これは、天然ガスなどの低炭素エネルギーを付属書I諸国が優先的に使用したため、途上国地域が安価な石炭に頼らざるを得なくなったためである。これは、市場メカニズムが、経済的に弱い途上国地域から質の高いエネルギー源を取り上げてしまった結果、といえる。

同様の傾向は、原子力発電所に限らず低炭素排出技術全般にもいえるものである。すなわち、先進諸国地域が低環境負荷型のエネルギー技術開発を怠れば、いかに排出権取引などの市場メカニズムを活用しても、地球全体では全く無効となる危険性があるということである。

f　地球環境統合モデルＭＡＲＩＡのシミュレーション（4）――破局的ケース

別のケースとして、食料生産が飽和する場合を考える。ここでは、二〇六〇年以降穀物生産の収率を飽和させてみる。さらに、その上で中国とＲＯＷ地域の人口を二一〇〇年で15％増大するよう人口増加率を変化させた場合を考える。なお、ケース間の比較をわかりやすくするため、ここでは、京都議定書対応は取り入れないものとする。

世界のＧＤＰを図11・15、図11・16に示したが、図11・5と比較するとかなり経済活動が低下していることがわかる。

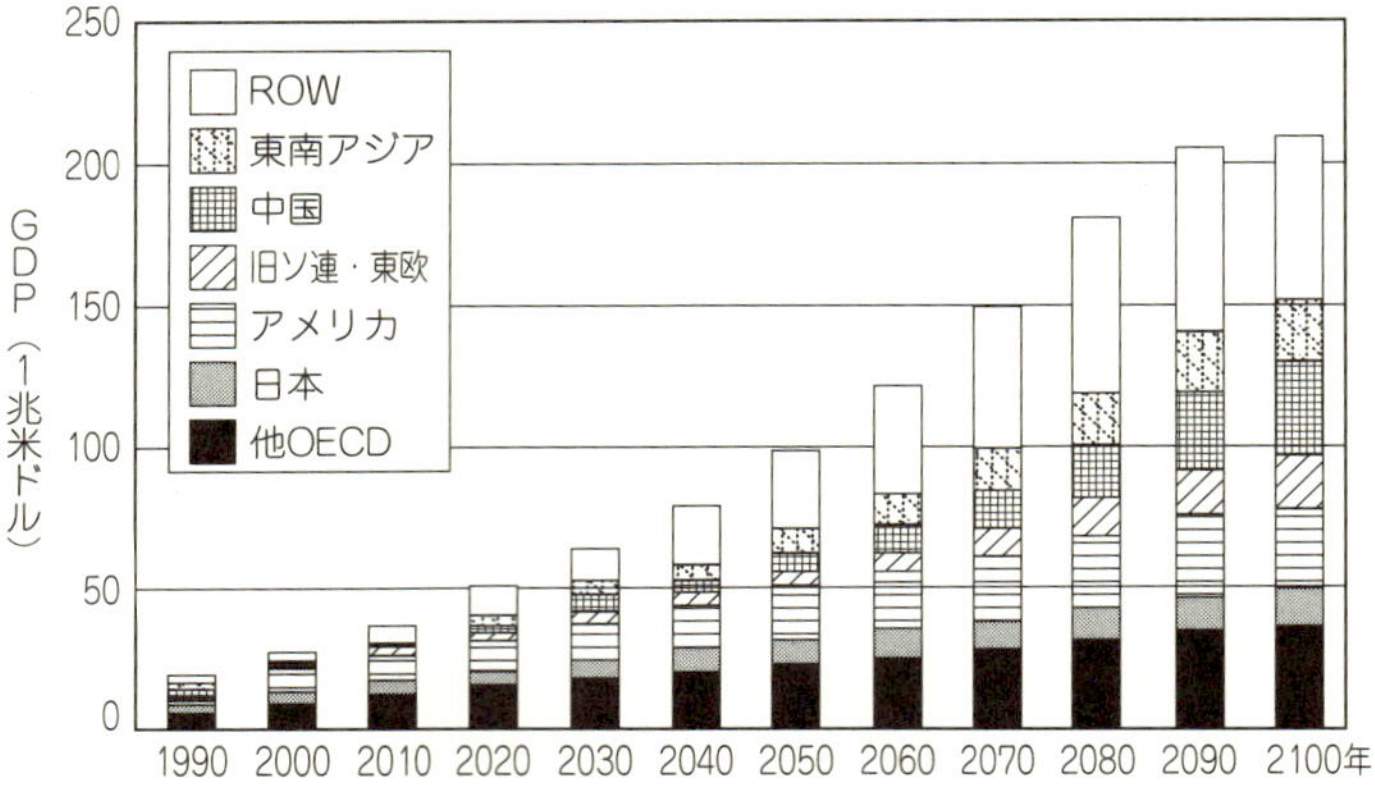

図 11・15　世界のGDP推移（食料生産収率飽和ケース）

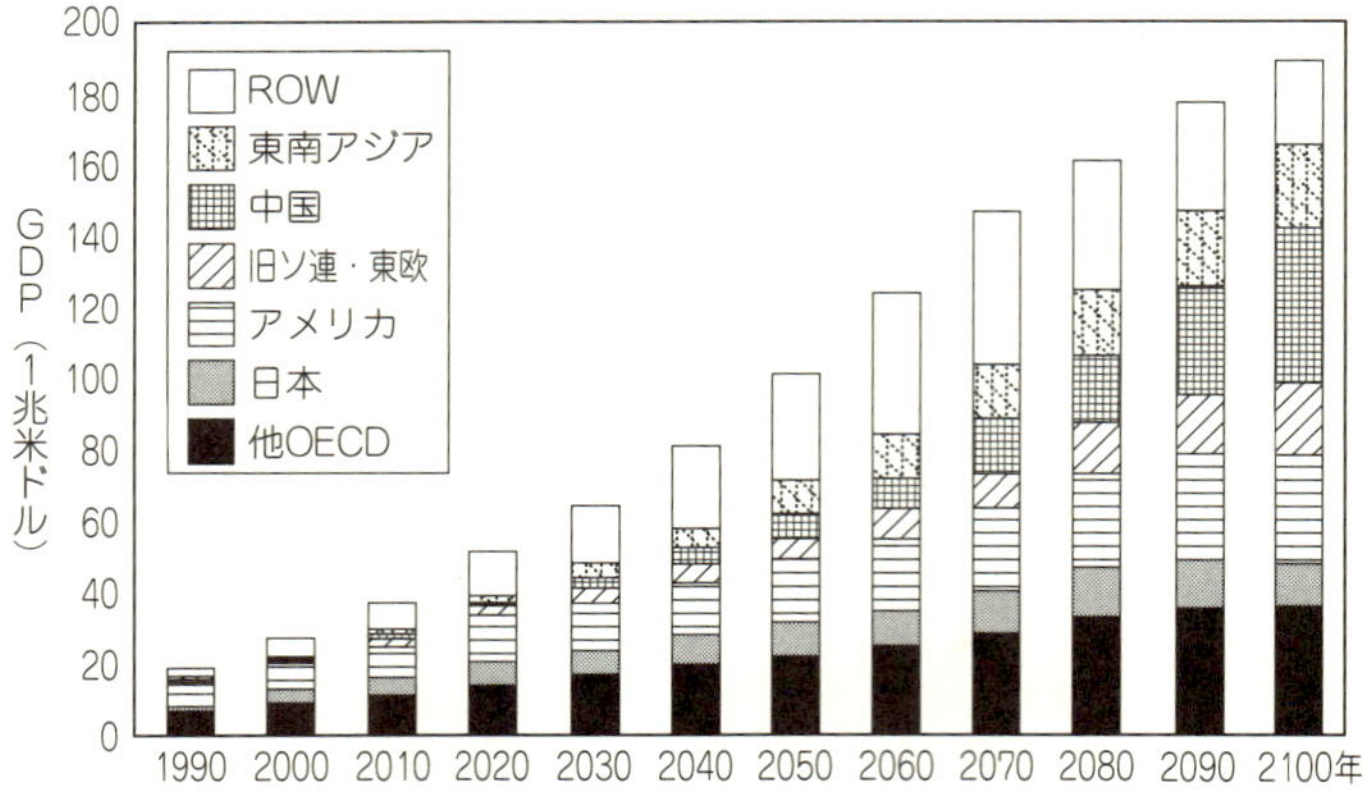

図 11・16　世界のGDP推移（食料生産収率飽和ケース・人口増大ケース）

表 11・5　一人あたり所得の推移（$1000 per cap）
（自然体ケース）

年	他OECD	日本	アメリカ	旧ソ連・東欧	中国	東南アジア	ROW	全体
1990	13.268	22.604	19.347	2.328	0.248	1.702	0.936	3.472
2000	17.108	31.169	24.743	3.329	0.331	2.374	1.237	4.308
2010	21.828	37.554	29.040	4.899	0.609	3.434	1.737	5.223
2020	27.393	44.504	33.537	6.984	1.097	5.025	2.426	6.367
2030	32.943	52.014	38.294	9.120	1.666	6.805	3.108	7.483
2040	39.153	60.050	44.484	11.607	2.387	9.324	3.874	8.801
2050	46.021	68.510	51.366	14.602	3.873	13.059	4.795	10.498
2060	52.929	74.189	58.005	19.385	5.771	16.657	6.207	12.546
2070	60.486	79.920	65.163	25.541	8.677	21.217	7.978	15.137
2080	69.052	85.802	73.083	33.645	12.940	25.342	10.242	18.380
2090	76.390	90.485	80.174	41.945	17.690	30.348	12.466	21.657
2100	80.687	90.351	84.300	50.436	23.920	33.026	14.656	24.711

しかし、問題はその地域差である。表11・5、表11・6、表11・7に、自然体ケース、食料生産収率飽和ケース、さらに食料生産収率飽和＋人口増大ケースの、一人当たり所得の推移を示す。経済活動の変化は見られるが、最も特徴的なことはROW地域に経済活動低下のしわ寄せが集中的に現れている。表11・6では、所得の伸びが残るとはいえ、自然体ケースからの低下幅は明らかに大きい。さらに、人口増大があると表11・7に示すように、ROW地域のみ一人当たり所得がマイナス成長となる。同じように人口が増大した地域でも、中国は一人当たり所得がほとんど低下していない。すなわち、食糧生産飽和と人口増大という条件は、ROWという最も弱い地域に集中的に悪影響をもたらしたことになる。これほど格差が拡大し続けるような社会は、到底持続可能とは呼べるものではなく、破局的状況と呼ばざるを得ない。

表 11・6　一人あたり所得の推移（$1000 per cap）
（食料生産収率飽和ケース）

年	他OECD	日本	アメリカ	旧ソ連・東欧	中国	東南アジア	ROW	全体
1990	13.268	22.604	19.347	2.328	0.248	1.702	0.936	3.472
2000	16.337	29.484	23.625	3.144	0.351	2.285	1.217	4.132
2010	20.466	34.813	27.166	4.527	0.664	3.213	1.642	4.907
2020	25.475	40.886	31.140	6.383	1.134	4.705	2.230	5.913
2030	30.526	47.562	35.409	8.276	1.608	6.338	2.821	6.891
2040	36.140	54.615	40.943	10.468	2.210	8.629	3.496	8.050
2050	42.393	62.182	47.170	13.091	3.498	12.039	4.302	9.554
2060	48.654	67.220	53.167	17.368	5.199	15.331	5.542	11.377
2070	55.416	72.214	59.593	22.768	7.754	19.468	7.118	13.675
2080	62.803	76.860	66.279	29.735	11.419	23.105	9.035	16.430
2090	70.868	83.154	74.242	37.947	15.814	28.062	9.528	18.612
2100	78.767	91.740	81.352	45.901	17.540	29.199	8.569	19.166

表 11・7　一人あたり所得の推移（$1000 per cap）
（食料生産収率飽和ケース及び人口増大ケース）

年	他OECD	日本	アメリカ	旧ソ連・東欧	中国	東南アジア	ROW	全体
1990	13.268	22.604	19.347	2.328	0.248	1.702	0.936	3.472
2000	16.349	29.510	23.645	3.148	0.352	2.287	1.208	4.102
2010	20.472	34.824	27.174	4.530	0.664	30214	1.636	4.841
2020	25.475	40.890	31.142	6.381	1.131	4.703	2.223	5.797
2030	30.505	47.529	35.382	8.251	1.604	6.332	2.815	6.717
2040	36.059	54.476	40.843	10.450	2.202	8.608	3.485	7.797
2050	42.113	61.788	46.859	12.990	3.473	11.964	4.263	9.171
2060	47.747	65.978	52.221	16.900	5.074	15.075	5.411	10.744
2070	55.754	73.022	59.998	22.845	7.580	19.490	5.765	12.300
2080	67.019	85.150	70.411	30.699	7.996	22.951	5.134	13.122
2090	73.394	87.736	76.597	38.867	15.058	28.131	3.726	14.095
2100	78.594	89.233	81.893	47.271	21.453	31.252	2.716	15.009

これらはあくまで計算機上のシミュレーションでしかない。しかしここからどのようなことが言えるだろうか。いうまでもないが、上記の最後のような国際社会は現実的には維持できず、二一〇〇年になる前に難民・内乱・戦争など、さらに事態は悪化しているであろう。こうなると、その被害は地球の温暖化のレベルではなくなってしまう。

重要な点は、このモデルが導いた「最適解」という世界の意味である。それは市場メカニズムの最大限の活用、すなわち皆が最善を尽くし、知恵を集めた「効率的」な世界であって、上記の破局的状況は、そのなかでなお導かれたものであるという点である。現実には、確かにそこまでいく前に何らかの破局回避の手段が国際的にとられるものと思いたい。

マクロに見れば、供給量合計を全人口で割った世界平均値は、確実に成長が続いているのである。けれども、二一世紀社会が資源、環境、技術、食料、人口のいずれにおいても、「分配の公平性」の意味で、楽観視が許されないとは間違いなさそうである。

「自然体ケース」においても、そこに受容できる解があったからといって、それは決して「自然に達成できる」ことを意味しない。努力の到達点としての一つの姿にすぎない。

これらのシミュレーションを通じ、市場メカニズムが炭素排出削減時には負荷の効率的な分担をもたらす一方、食料供給不足のような問題では最弱者に一方的なしわ寄せがくるという両刃的側面をもつことが示された。また、低環境負荷技術開発を怠れば、食料危機ほどではないにせよ、やはりしわ寄せが相対的に弱い地域に現れることが示された。ことに、「富める地域が天然ガスを独占したため結果として世界の炭素排出が増えてしまった」表11・4（266ページ）のケースは、この一例を表したものである。

もちろん、前提条件が変われば結果も変わる。APPENDIXを見ていただきたい。人口がより少なく、世界中が環境を重視する新排出シナリオ-B1を出発点に検討を行えば、破局ははるかに遠ざかる。けれども、その世界は現在の世界の流れから大きく舵を切り換えねばならない世界であり、「自然に」実現するような楽観とはほど遠いこともまた明らかである。

このように考えると、二一世紀の世界は決して安閑としていられるものとは言えそうもない。国際的市場メカニズムの管理体制、低環境負荷技術の開発と拡大、人口安定化努力など、持続可能な社会に向けての努力を怠れば、災害の弱者直撃という、きわめて非人道的な世界に陥りかねない、脆弱性の高いものになる危険が大きいと考えられよう。

4 おわりに

本節の最後に、破局を避け、持続可能な社会を作るための提言を結論としたい。

（1）環境対策の効率的実施のために、市場メカニズムを活用せねばならない。市場メカニズムの活用により、環境保全の費用は大幅に削減できよう。また、技術移転の促進が期待できる。

（2）二一世紀半ばは、二〇世紀型の石油主導社会からの脱却の過渡期である。次世代への軟着陸のために資源の有効利用技術の開発と普及に力を注がねばならない。特に、電力、輸送分野では石炭クリーン利用、モダンバイオマスのウェイトが高まる。原子力も重要なオプションである。

（3）食料生産は二一世紀特に重要な課題となりうる。森林と耕地を含めた土地利用と水の資源管理、収率の向上により供給を確保せねばならない。さらに、食料では分配の公平性が大きな課題であるが、市場メカニズムに任せたままでは逆に弱者に一方的な負担を強いる破局的状況をもたらす危険がある。市場メカニズムの国際的管理のための制度作りが必要である。

注

（1）穀物による牛肉生産（畜肉1kg生産に約11kgの穀物が必要）が入っていないのは、鶏（畜肉1kg生産に約3・5kgの穀物が必要）に比べての「非効率」性が自明だからである。もし、牛肉への嗜好が世界的に増大したとすると、需要はより厳しくなる。ビールなど酒類も同様であるが、宗教との関係がより複雑になる。

（2）http://sres.ciesin.org（排出シナリオ策定作業や種々のモデル比較は、このウェブ上で公開で行われた。）本稿執筆時点（二〇〇〇年一月）では、この新排出シナリオは未刊であるとともに、IPCCの公式な認証を受けていないことを付記する。

（3）表の旧ソ連・東欧地域の数値の落ち込みはいささか大きすぎる観がある。しかし、一九九八年版エネルギー・経済統計要覧（エネルギー計量分析センター）によれば、同地域の一九九五年の二酸化炭素排出量実績値は景気後退のためすでに８９１炭素換算百万トンまで低下している。むしろ、本モデルの自然体ケースが短期的には過大評価ということになろう。これは、モデルの自然体ケースが「資本・労働・自然資源の長期的合理的利用」を前提とするためである。

参考文献

（１） IEA, Statistics. IEA, 1997.

（２） 国連: Statistical Yearbook,1990/1991. 国連、一九九三

（３） 地球産業文化研究所編、茅陽一監修『ポスト市場経済』（第２章第５節）ミオシン出版、一九九八／十二月

（４） ＷＭＯ／ＵＮＥＰ「地球温暖化の実態と見通し」、ＩＰＣＣ（気候変動に関する政府間パネル）第二次評価報告書第一作業部会報告書、（気象庁編）大蔵省印刷局、一九九六

（５） Meadows, D.H. and Meadows, D.L. *The Limits to Growth*. Universe Book, 1972.（邦訳　大来佐武郎監訳『成長の限界』ダイヤモンド社、一九七二）

（６） Meadows, D.H. Meadows, D.L. and Randers, J. *Beyond the Limits*. Chelsea Green Publishing Co. 1992.（邦訳　松橋隆治, 村井昌子訳『限界を超えて』ダイヤモンド社、一九九二）

（７） Edmonds, J. and Reilly, J., "A Long-term Global Energy Economic Model of Carbon Dioxide Release from Fossil Use". *Energy Economics*, April, 1983.

（８） Manne, A. Mendelsohn, R., and Richels, R., "Merge: A Model for Evaluating Regional and Global Effects of GHG Reduction Policies", *IIASA Workshop on Integrated Assessment of Mitigation, Impacts and Adaptation to Climate Change*, Oct.13, 1993.

（９） Nordhaus, W.D., *Managing the Global Commons*. MIT Press, 1994.

（10） 森俊介「地球環境破局のシミュレーションと資源保全―地球環境統合モデルＭＡＲＩＡによる知見」

海洋、Vol.30, No.4, PP.211/216, 1998.

（11）国立環境研究所「技術選択を考慮したわが国の二酸化炭素排出量の予測モデルの開発」環境庁国立環境研究所、F-64-, 94/NIES, 1994.

（12）森田恒幸・松岡譲・甲斐沼美紀子「地球温暖化対策の総合評価モデル（ＡＩＭ）の開発」シミュレーション、Vol.14, No.1, pp.4-11, 1995.

（13）山地憲治・藤井康正『グローバルエネルギー戦略』電力新報社、一九九五

（14）藤井康正「世界エネルギーモデル（New Earth 21）によるＣＯ2対策技術評価」シミュレーション、Vol.14, No.1, pp.12-18, 1995.

（15）Fankhauser, S., "The Economic Costs of GLobal Warming: Some Monetary Estimates". *Costs, Impacts and Benefits of CO2 Mitigation,* (Proc. of IIASA Workshop), CP93-2-2, June, 1993.

APPENDIX

世界エネルギー会議（WEC）、政府間気候変動パネル（IPCC）にみる長期予測

森　俊介

地球規模での資源・環境問題が長期的視点を必要とすることは言うまでもない。11章で用いたモデルの基本的な設定が、世界の他機関における予測に対し、どのような位置づけにあるかを比較しよう。

地球の温暖化の解析は大気科学の問題であるものの、その前提となる二酸化炭素、メタンなど地球温暖化ガスの排出は経済活動で決まるものである以上、人類の社会活動の長期的シナリオの策定は温暖化影響対策評価の前提条件として欠かせないものである。そのような試みとして著名なものに、一九九二年に出されたIS92シリーズと呼ばれる予測シナリオ群がある(1)。そこでは、自然体ケースの他、石炭重視、原子力重視、エコロジー重視などのさまざまなシナリオ群のもとに、エネルギー需要、二酸化炭素排出、二酸化硫黄排出などの将来予測が地域別・用途別に描かれていた。たとえば、二一〇〇年の二酸化炭素排出量は、シナリオにより46億炭素トンから354億炭素トンまで広がっている。これらのシナリオ群は、さらに大気循環モデルの標準的な入力として利用され、IPCCでの温暖化対策評価の一つの指針として利用されてきた。

その後、地球温暖化研究が注目されるにつれ、次第に科学的知見も増加し、またモデル研究も進展した。ことに、アジアなど発展途上地域の一九九〇年代の著しい進展は、エネルギー消費、環境対策のシナリオとも見直しが求められるようになってきた。たとえば、硫黄酸化物の温暖化抑制効果は、従来以上に重視

されるようになると同時に、多くの途上国では排出規制のための制度が次第に整備されるようになってきた。また農業など土地利用の変化の影響も次第に詳細に重視されるようになってきた。

このようななか、一九九七年頃から、新しい標準的な長期シナリオの策定研究が見られるようになった。

まず、一九九八年に開催された世界エネルギー会議（ＷＥＣ）の長期予測のシナリオを見る(2)。ＷＥＣでも、将来の見通しを唯一立て、そのなかで議論するのでなく、高成長コース（Ａ）、中成長コース（Ｂ）、エコロジー重視コース（Ｃ）の三通りを設定した。さらにそのなかで高成長コースについて

Ａ１　原子力、石炭に特に革新的発展がなく、結果として石油・天然ガスに依存するシナリオ

Ａ２　石炭のクリーン利用技術の進展により、二一世紀後半に主役となるケース。二酸化炭素排出増大による地球温暖化は、植物の肥沃化効果と気温上昇の好影響が悪影響を上回り、石炭利用が進むとするもの

Ａ３　バイオマスと原子力が主役となって高成長を支えるとするシナリオ

の三ケースを、エコロジー重視コース（Ｃ）の中に

Ｃ１　脱原子力シナリオ

Ｃ２　原子力促進型シナリオ

の二ケースを考え、全体で六通りを設定した。その上で、それぞれがどのようなエネルギー需給構成となるかを詳細に議論している。ＷＥＣでは、燃料構成の具体的な数値は二〇二〇年と二〇五〇年についての

み掲載がある。これらの詳細は文献(2)に譲り、ここでは超長期のトレンドのグラフを中心に予測を見ることとする。

図A・1はWECが与えた人口と一次エネルギー需要の一八五〇〜二一〇〇の長期トレンドである。このように、WECではある程度幅を与えている。さらに、これらをもとに上記六ケースそれぞれの二酸化炭素排出量予測を図A・2のように導いた。

注目すべきは、二酸化炭素排出は上記IS92シリーズよりも全体的に低めの結果となっていることである。たとえば、「中位」と名付けられたBコースの二酸化炭素排出は、IS92シリーズの自然体シナリオ（IS92aと呼ばれる）よりも約20％低く見積もられている。

これは、自然体ケースにおいても、酸性雨などの地域環境対策が進み、ある程度の脱石炭化や省エネルギー技術の普及が織り込まれていることを意味するといえる。本論の二酸化炭素排出、エネルギー消費もほぼこのBコースに近いものである。

世界の人口と経済活動は、A、B、Cそれぞれ表A・1のように設定されている。表中には、さらに主なエネルギー供給パターンもあわせ示した。中位Bコースは、経済活動において最も控えめな設定値となっている点が興味深い。

次に、11章でも触れた政府間気候変動パネル（IPCC）の要請を受け、現在進められている活動に示された予測数値を見る。この研究活動は、上記IS92シリーズに代わる長期温暖化ガス排出シナリオの策定を一九九七年秋より開始した。

単一のシナリオでなく、複数のシナリオを設定する点は同じであるが、今回の特徴として経済活動、人口まで視野に入れたより包括的な作業が目指された。（この活動では、シナリオでなくストーリーラインと呼んでいる。）また、一九九〇年代に入り地球環境評価のための統合モデル開発が進展したことを受け、日、欧、米から二モデルずつ、世界六モデルがこの作業に参加し、前提条件を整えつつシナリオの内部整

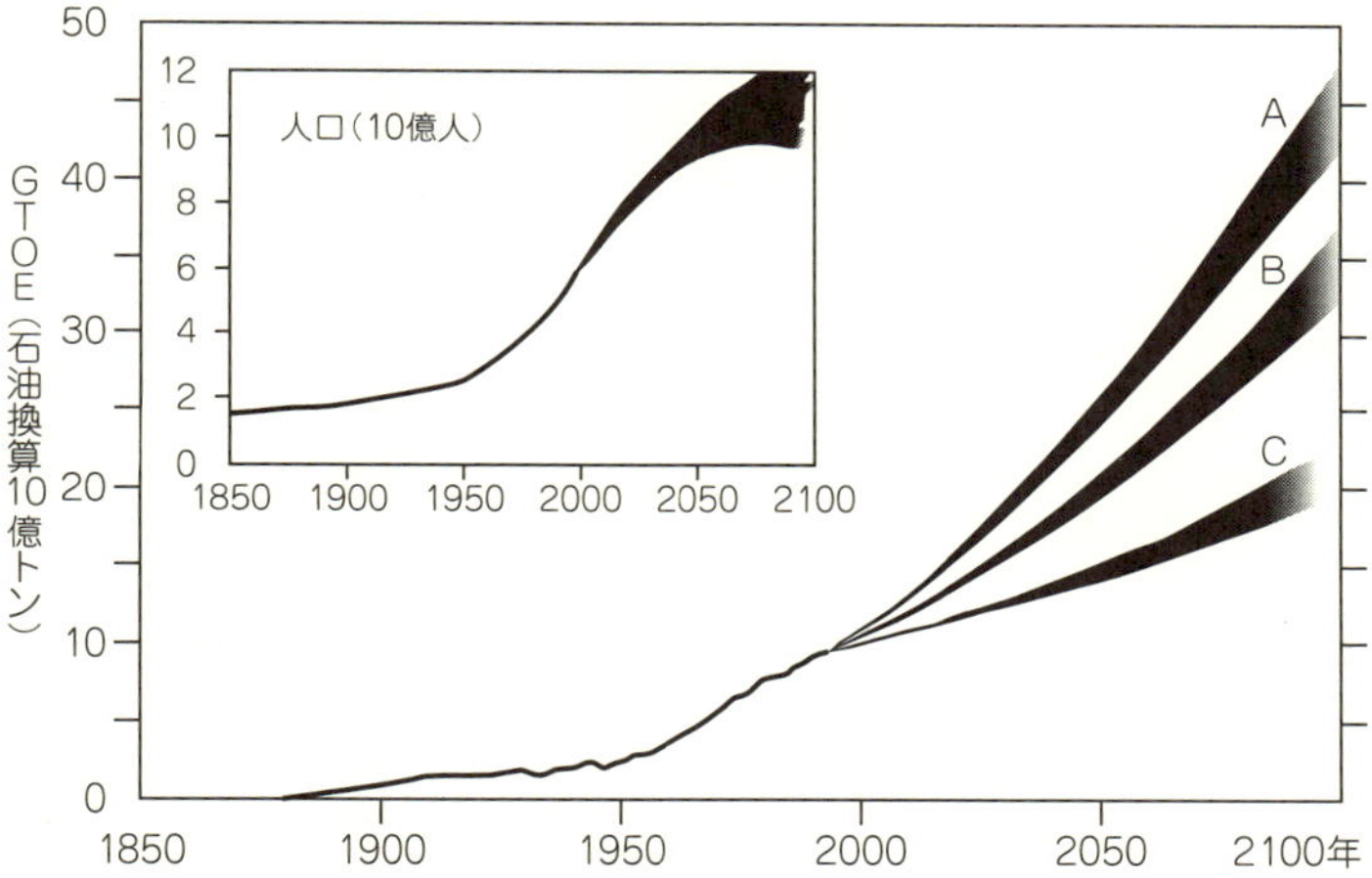

図A・1　WECによる世界一次エネルギー需要長期予測
（A,B,Cケース：石油換算10億トン。外側）と人口予測値（内側）

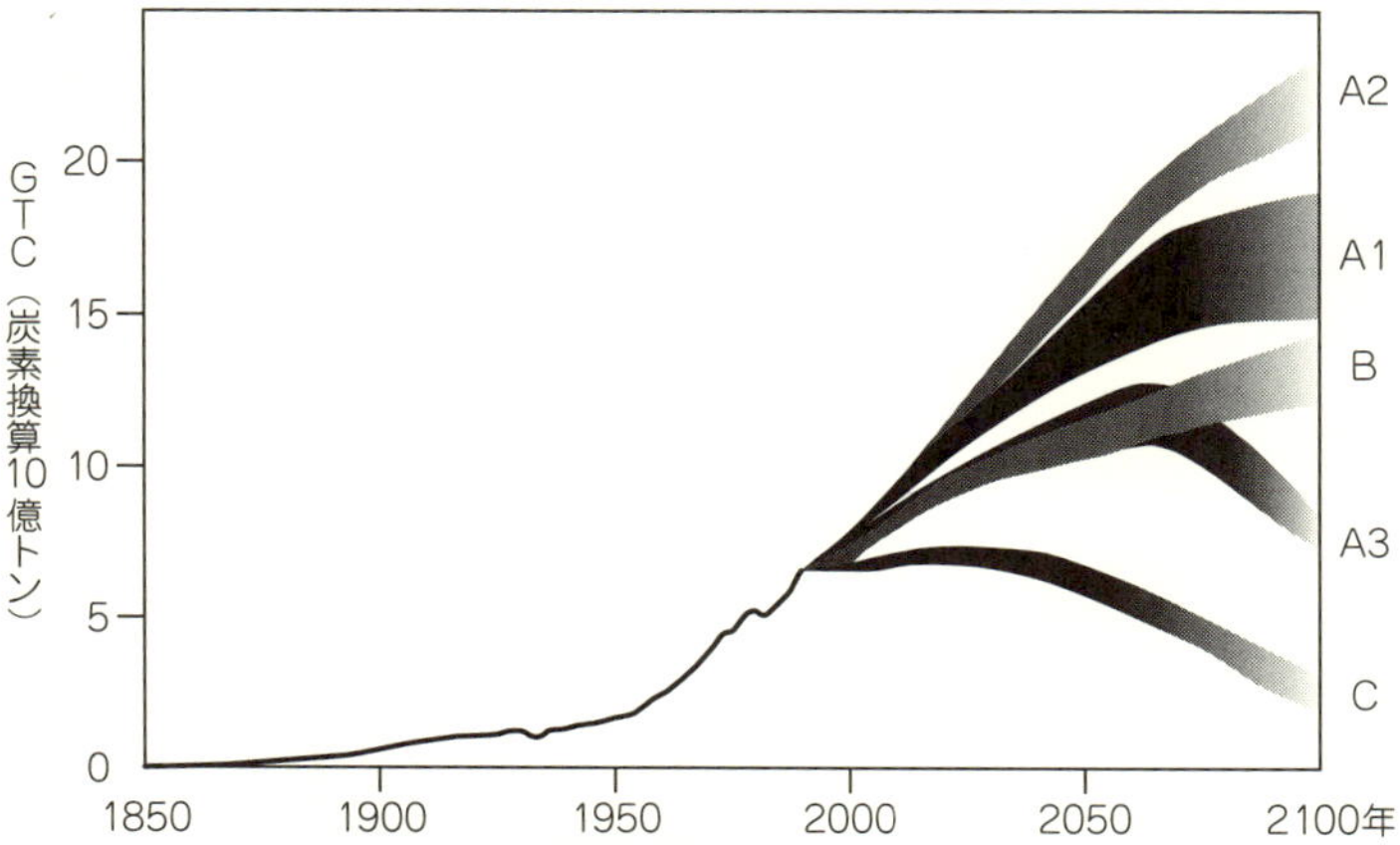

図A・2　WECによる二酸化炭素排出量の6ケースの予測シナリオ

合性をクロスチェックするプロセスが取り入れられた点も新しい。日本からは、国立環境研究所のＡＩＭモデルとともに、11章で述べた筆者のＭＡＲＩＡの二モデルが参加した。なお、これらの作業はSpecial Report on Emissions Scenarios（SRES）OPEN PROCESS（注1）のホームページ上で公開されつつ進められた点も新しい姿として注目できよう。

報告書は、本書執筆の時点では未刊であり、結果や文章はなおＩＰＣＣの公式な認証を受けてはいない。このため、以下はＩＰＣＣの公式見解ではなく、研究活動グループの作業結果に止まる。しかしながら、基本的な設定数値、ストーリーラインの解釈等、主なモデルのシミュレーション結果などは先のホームページ上に公開されているので、ここではそれらを紹介しよう。それぞれのストーリーラインは、次のように位置づけられる。なお、Ａ、Ｂは経済志向か環境志向かを、１と２は地球主義志向か地域主義志向かを表している。

表Ａ・1　WECシナリオにおける世界の人口とGDPの設定

	1990	2020			2020		
	（実績）	A	B	C	A	B	C
人口（10億人）	5.26	7.92	7.92	7.92	10.06	10.06	10.06
GDP（1兆米ドル）	20.9	46.9	40.2	40.5	101.5	72.8	75

Ａ１　低人口成長のもとでの高経済成長シナリオ。高い技術開発が続く。世界の地域間の壁は次第に縮小し、地域間の社会構造、一人当たり所得とも次第に収束に向かう。なお、ＷＥＣと同様、このＡ１ストーリーラインにはＡ１Ｂ（バランスの取れたエネルギー消費）、Ａ１Ｃ（石炭主導型）、Ａ１Ｇ（ガス主導型）、Ａ１Ｔ（高効率エネルギー技術主導型）という4種類の細分類がある。

Ａ２　このストーリーラインは地域主義の高いシナリオである。各地域は、独自の伝統的文化の枠組みをあまり崩さず、自由貿易にもとづく経済的効率性に高い価値を置かない。この結果、人口は最も増大する。エネルギーも地域内の資源に依

表A・2　IPCC新排出シナリオの基本的シナリオ設定数値

1.化石燃料からのCO_2排出（年間10億トン）

シナリオ	1990	2020	2050	2100
A1B	6.0	12.1	16.0	13.1
A2	6.2	11.1	18.5	29.9
B1	6.1	7.5	9.0	5.7
B2	5.9	9.3	11.2	13.9
IS92a	6.0	10.0	13.2	19.8

2.一次エネルギーEJ/年

シナリオ	1990	2020	2050	2100
A1B	345	648	1204	2079
A2	330	611	984	1589
B1	348	475	680	820
B2	351	567	869	1356
IS92a	344	648	934	1453

3.世界人口（百万人）

シナリオ	1990	2020	2050	2100
A1B	5262	7493	8704	7056
A2	5263	8191	11296	15068
B1	5297	7767	8933	7239
B2	5262	7672	9367	10414
IS92a	5252	7972	10031	11312

4.世界GDP合計（1990年価格 兆ドル）

シナリオ	1990	2020	2050	2100
A1B	20.9	60.8	174.7	532.4
A2	20.1	40.6	81.9	243.6
B1	20.6	53.5	134.8	338.6
B2	20.3	43.4	86.1	238.6

存する割合が高く、技術進歩も相対的に低い。

Ｂ１　低人口成長・高経済成長はＡ１と同様であるが、低資源消費、クリーンエネルギーの開発と使用など、持続可能性に重きを置く形で技術が採択される。地域主義より、地球主義の価値観が主導である。

Ｂ２　比較的地域主義が強く、その範囲で経済・社会・環境の持続可能性が追求される。このため、世界は多様性を残す。ただし、Ａ２ほど極端な姿ではない。人口は国連の中位推計に従う。やや保守的ではあるが中庸なシナリオといえる。

表Ａ・２は本研究活動のこれらの四ストーリーラインをＩＳ９２ａと比較したものである。ストーリーラインＡ１の経済成長はきわめて高いレベルで継続している。また、Ａ２では、人口爆発に歯止めの利かない状態であると言える。Ｂ１はＷＥＣのＡ３に近いといえる。Ｂ２は、ＩＳ９２ａ（従来の自然体ケース）にほぼ対応している。

この研究活動では、これらの他、エネルギー、土地利用、メタン、硫黄酸化物等二酸化炭素以外の温暖化ガス排出のシナリオも与えた。さらに、これらの数値を世界だけでなくＯＥＣＤ、旧ソ連・東欧、アジア太平洋地域、その他、の４地域３時点（二〇二〇、二〇五〇、二一〇〇年）について示しているが、本書では省略する。

注

（１）http://sres.ciesin.org　なお、本活動を含むＩＰＣＣの活動状況は、http://www.ipcc.ch を参照されたい。

参考文献

（１）Leggett, J. et.al., *Emission Scenarios for the IPCC. An Update: Assumptions, Methodology and Results, Climate Change 1992, The Supplementary Report to the IPCC Scientific Assessment*, Cambridge Press, 1992.

（２）Nakicenovic, Nebojsa et.al., *Global Energy Perspectives*. Cambridge Press, 1998.

終章　問題解決への道筋

結びに代えて

佐和隆光

本書は、二〇世紀の最後の四半世紀になって顕在化し、二一世紀に入りアジアを中心に深刻の度合いを増すであろうトリレンマ問題群について、多角的な検討を進めてきた。トリレンマ問題への人類の取り組みは、今ようやく始まったばかりである。国連地球温暖化防止締約国会議（ＵＮＦＣＣ略称ＣＯＰ）における国家間の利害対立にみられるように、現状では解決の糸口すらが見い出されていない。トリレンマ問題群は、その性格上、個人や国家の枠組みを越え、さらに市場メカニズムの適用範囲を越えた問題であるからには、既成の枠組みのなかで有効な解決策を提示することは難しい。この点を念頭におきつつ、本章では、これまでの議論を要約しつつ、現状の改善に至るための対応と方策、さらには問題解決のために必要な新しいパラダイムを提示することにより、本書の締め括りとしたい。

1　トリレンマ問題への個別対応策

まず、本書で取り上げたトリレンマ問題群への対応策として、どのようなものがあり得るのかを問題別に検討することにしよう。

a　人口問題への対応

二〇世紀に入り爆発的な増勢を示した地球の人口は、二一世紀にも途上国を中心に増加し続け、二〇五〇年には現在の1・5倍である90億になるものと予測されている。しかも、地域間の人口構成比は大きく変化し、アフリカのそれは急増し、欧州のそれは激減するであろう。人口が急増する貧しい国々では、人びとの最低限の欲求を満たすために必要な経済的豊かさ、良好な環境、社会・都市のインフラを欠くことになり、人口の増勢の止まった先進諸国では、高齢化が急激に進行し、経済的かつ社会的活力の維持が難しくなる。人口問題は二一世紀の世界が直面する問題群のなかで最も解決の難しいものの一つである。予測される人口増加に対処するための政策シナリオについて、広範な論議が繰り広げられなければなるまい。

地球規模の食糧問題、環境問題、エネルギー問題等の解決のためには、ひいては「持続可能な発展」をかなえるためには、人口問題は避けて通るわけにはゆかない難問の一つである。そこで私たちは、果てしない人口増加が進むかにみえる途上国における人口問題の解決をめざす政策を、以下に提案することにしよう。

第一に、実現可能な人口抑制策とは何かである。本書では、所得水準の向上、都市・社会・生活基盤の整備、教育機会の増大や女性の地位向上、保健・医療基盤の整備といった人びとの厚生水準の向上が、途上国の出生率と死亡率を低下させることを明らかにした。したがって、バランスのとれた経済成長を促進することこそが、持続可能な人口への移行、すなわち適正な人口抑制策にほかならない。ただし、インフラの許容量を超えた都市への過度の人口集中については、別途、対策を講じる必要がある。

第二に、貧富の格差の是正である。過去数十年間、富める国々と貧しい国々との貧富の格差は、縮小するどころか逆に拡大した。経済的豊かさの向上は人口変動に関わる重要な要因であるが、世界人口の安定化のためには、貧富格差をできるだけ縮小させなければならない。実際、国内の貧富格差が縮まるにつれ、合計出生率や乳児死亡率が低下する傾向がほぼ普遍的に認められており、貧富格差の縮小は、経済的豊かさの向上に匹敵するだけの人口抑制効果を発揮するとみてよい。したがって、GDPというパイの拡大のみならず、貧富格差を縮小させるために、個人所得税制等を通じて所得再配分メカニズムを構築することが、人口抑制のためにも欠かせないのである。

b　食料問題・農村問題への対応

二一世紀におけるもう一つの難問は食料問題である。世界の食料問題に関しては、楽観論者と悲観論者が相半ばしている。楽観論者は、農産物市場の需給調整機能と農業技術の進歩により、人口増加や経済発展に伴う食料需要の増加を満たすに足るだけの食料増産が、今後も可能であるという。他方、悲観論者は、土地や水資源の制約、農業技術の進歩の停滞、地球環境問題の深刻化等により、将来、食料需給の逼迫化は避けがたいと見通す。そこで、本書では、楽観論者と悲観論者が彼らの立論の根拠とする、①農産物市場の需給調整機能、②農業技術の進歩、③土地資源の制約、④水資源の制約、⑤地球環境問題について、それらの動向を振り返ってみた。

農産物市場の需給調整機能に関しては、少なくとも従来、世界農産物市場における国際価格の変動に対して食料供給は十分弾力的に反応してきたとみてよい。しかし、農業技術の進歩に関しては、一九九〇年代に入り、穀物単収の伸び悩み傾向が見られるようになり、一九七〇年代、八〇年代を通じて、途上国の人口増加を上回るテンポで穀物単収の上昇を実現させてきた「緑の革命」が翳りを見せ始めている。一方、土地資源に関しては、人口増加に伴い農地面積は横這いないし減少の傾向に転じつつあり、世界の一人当たり穀物収穫面積は一九六〇年代初頭の22アールから一九九〇年代半ばの12アールへとほぼ半減した。その理由の一つは、新たな農地開発は森林消失や砂漠化に連なる可能性が高く、思うに任せぬことである。さらに、水資源に関しても、人口増加に伴い一人当たり水資源量は減少傾向にあり、経済発展に伴う工業部門と民生部門の水需要の増加と相俟って、特にアフリカ、中近東、アジアにおける水資源の不足が懸念されている。より長期的には、地球環境問題の影響がある。地球温暖化、オゾン層破壊、酸性雨、熱帯林消失、砂漠化、環境ホルモン等の問題の深刻化に伴い、食料供給が不安定になるものと予測されている。

以上に概観したとおり、今後、食料問題は深刻化するものと予想される。一九九六年に開かれたFAO（国連食糧農業機関）の食料サミットは、その時点で8億4千万人と推定されていた世界の飢餓人口を二〇一五年までに半減させることを宣言したが、その後の調査によると、世界の飢餓人口は逆に若干増加しており、食料サミットでの宣言の実現は困難と目されるようになった。このことの背景としては、高い人口増加が続く途上国における「緑の革命」の終焉に伴う穀物反収の伸び悩み、先進国の農業予算削減に伴う食料援助の縮小、農業研究開発投資の停滞等があげられる。

以上に述べ進めてきたことより、二一世紀の食料・農村問題を次のように展望することができる。世界市場を介しての需給調整、世界経済の自律的な資源配分機構に期待が寄せられるものの、中長期的には、農業技術の停滞、土地・水資源の制約、地球環境問題の深刻化等により、食料問題の自律的な解決が困難になるものと予測される。「緑の革命」の終焉に見られる農業技術の停滞、資源・環境制約の高まり、農村の社会資本整備の立ち後れ等の問題を、市場メカニズムに委ねて解決することは困難であり、政府の適切な市場介入が不可欠である。農業技術の停滞や農村の社会資本整備の立ち後れに対しては、投資内容の見直しをも含めて、より効率的かつ積極的な公的投資が必要とされるであろう。特に、資本、科学技術、人的資源において圧倒的優位を誇る先進国の責務は重く、多少の犠牲を省みることなく問題解決への努力を怠ってはならないし、そのための情報提供と国民的合意の形成が求められる。

アジアの農村問題に関しては、農村に滞留している過剰労働力をいかにして解消するべきかが重要な課題となる。パキスタン、フィリピン、インド、バングラデシュ等では、依然として農村の農業就業人口が増加し続け、過剰就業が一般化しており、ために農業労働の生産性は低位にとどまらざるをえない。途上国の都市における無秩序なスラムの形成や都市雑業層の滞留の背景には、農村の過剰労働力問題があり、国土計画にもとづく農村の社会資本整備と雇用創出を図ることが、国民経済の健全な発展をかなえるための必要条件の一つなのである。

c　資源・エネルギー問題への対応

一方、資源・エネルギー問題に目を向けると、二一世紀の半ばが近づくにつれ、石油の枯渇は次第に現実味を帯びるようになり、石油価格の高騰は不可避となるであろう。埋蔵量の豊富な石炭への燃料転換により急場は凌がれようが、二酸化炭素の大量排出が、現在進行中の地球温暖化をいやが上にも加速することとなろう。石油危機以降、石油資源の枯渇への警鐘が、繰り返し打ち鳴らされてきたが、実際にはそうした警鐘は幸いにも杞憂に終わった。しかし、一九九七年の京都会議において先進諸国に課せられた二酸化炭素排出削減・抑制の義務を達成すべく、石炭から天然ガスへの燃料転換は、相対的に良質な化石燃料(石油、天然ガス)の可採年数を大幅に短縮する可能性が高い。その結果、二一世紀半ばにかけて、環境制約に加えて資源制約が私たちの双肩に重たくのしかかることになり、トリレンマのリアリティは一層の高まりを見せることであろう。

過去を振り返ると、経済成長とエネルギー消費の増加との間には、確かな相関関係が認められた。二一世紀の前半期のいつの頃かに、その到来が予想される第三次石油危機は、第一次、第二次の石油危機同様、経済成長を抑止することになるのであろうか。

エネルギー問題の解決の鍵を握っているのは技術であるという主旨の言説をしばしば耳にする。しかし、エネルギーが潜在的にもっているリスクにどう対処し、いかに効率的にエネルギーを飼い慣らすかがエネルギー問題の眼目であり、問題解決のためにさまざまな努力がなされてきた。これまでの歴史を顧みると、エネルギー技術の進歩はあくまでも漸進的であり、画期的なエネルギー技術を開発することは容易なことではない。だとすると、さほど遠くない将来、エネルギー問題を抜本的に解決する「切り札」となる技術が登場する可能性はいたって乏しいと言わざるを得ない。

切り札となる技術がない限り、厳しさを増すエネルギー・資源問題に対処するためには、原子力から再生可能エネルギーに至るまでの供給サイドの技術、エネルギー利用方法の改善など需要サイドの技術の双方を上手に組み合わせて問題に対処するしかない。いかなる技術であれ、その短所を指摘するのはやさしい。だからこそ、あらゆる技術を適材適所で利用することが不可欠である。こうした適材適所を実現するには、技術と社会、技術と人間、技術と環境といった広い視野のもとに冷静な分析を進める必要がある。

経済成長とエネルギーの間のアイアン・リンクを解きほぐすことが全く不可能というわけではない。実際、経済成長率とエネルギー消費の伸び率との関係は、国によって、また同じ国でもその発展段階によって多岐多様なのである。すなわち、北欧をはじめ一部ヨーロッパ諸国では、エネルギー消費と経済成長のアイアン・リンクは次第に弱まる傾向にある。これら諸国の状況を、気候や風土の異なるわが国にそのまま適用できるわけでは無論ないが、経済構造や価値観の変化など、これら諸国におけるエネルギー利用のあり方から学び得るところは決して少なくない。

d　環境問題への対応

環境問題については、東アジアに焦点を絞り検討した。そこで得られた主要な結論を要約すれば、次のとおりである。

第一に、アジア諸国の環境問題は、欧米諸国とは明らかに異なる様相を呈している。すなわち、欧米諸国は、おおむね「自然破壊問題」→「公害問題」→「地球環境問題」という順を追って、経済発展につれて環境問題もまた進化を遂げ、そのつど、新たな解決法の構想が迫られるという歴史的過程をたどってきた。ところが、アジア諸国においては、先の三つの環境問題が複合して、しかもきわめて短期間に圧縮された形で発生し、それらへの対応を否応なく迫られている。すなわち、複合型かつ圧縮型の環境問題にアジアは直面しているのである。

第二に、アジア地域は、日本→アジア新興工業国→ASEAN・中国→ベトナム・インド等の順に、環境問題を能動的に解決する環境保護システムを未整備にしたまま、高度経済成長の軌道上を突っ走ってきた。実効性を欠く環境対策、政府の環境監視能力の脆弱性、人びとの環境意識の未成熟、環境保全のための資金不足と技術的不備、経済優先のエネルギー供給政策など、アジアの環境保護システムは多くの欠陥を抱えている。

第三に、国際環境協力が推進されるという前提のもとで、アジア諸国はいかに対応するべきかである。アジア地域の成長が持続するならば、一方において「開発と環境」のトレードオフの働きにより開発に伴う環境汚染を引き起こし、他方において、国民の環境意識を向上させ、環境保護能力を充実させることにより環境保護を促進する。これらが合わさった結果、環境が良くなるには、国民一人ひとりの自助努力をベースとする健全な環境保護システムを構築することが、アジア諸国に求められている。具体的には、①資金調達メカニズムと技術開発導入メカニズムがより良く機能するよう、経済的手法を中心とする有効な環境対策を講じる。②行政監督を強化すると同時に、中央集権とトップダウン方式の行政手法を見直し、民主化を推し進めることなどを通じて環境保護への住民参加を促す、③情報開示、環境教育などを通じて、国民の環境意識を向上させる。④化石エネルギー中心のエネルギー供給のあり方を根本的に見なおす。

結局、アジア諸国が直面する環境問題は、それぞれの国が主体的に解決に取り組まねばならない問題なのである。経済成長を優先させ、経済発展途上であることを隠れ蓑にして、環境保護に対する自助努力を怠り、先進諸国による環境協力をあてにしていたのでは、環境は悪化しこそすれ改善することは望めない。アジア諸国への環境協力は重要ではあるが、環境協力のあるべき姿として、協力される側の国は協力する側の国の協力を最大限生かすべく、自助努力を怠ってはならない。同時に、協力する側の国は協力される側の国が健全な環境保護システムを構築し、環境保護能力を高めるよう適切な協力を施さねばなるまい。

以上のような問題意識を前提に据えれば、環境協力における日本の果たすべき役割が見えてくる。

第一に、環境保護システムの構築への日本の貢献が期待される。日本は四大公害事件に象徴されるような深刻な公害問題を引き起こした「問題国」であると同時に、公害対策を効果的に実行した「成功国」でもある（World Bank, 1994／日本の大気汚染経験検討委員会、一九九七年）。「問題国」としての経験、そして「成功国」としての経験を率直に伝達すると同時に、啓蒙教育、人材育成、政策立案支援などのソフト面での協力、そして環境測定ネットワーク構築支援などのハード面での協力により、アジア諸国が環境保護システムを構築するのを支援することができる。

第二に、環境関連技術の開発と移転が日本の役割として期待される。一例として、中国の火力発電技術と排煙脱硫を考えてみよう。一九九六年現在、中国の火力発電所の発電端熱効率は31・2％であり、日本の39・3％（九社平均）を大幅に下回っている。30万kW以上の高効率・大容量発電設備が全設備容量のわずか28・5％にとどまることが、熱効率の低さの主因と目される（「中国電力年鑑一九九八年版」）。中国政府は発電所の大容量化を通じて熱効率の向上を図る方針を掲げているが、国産技術が未熟なため、高価な海外技術への依存度がきわめて高い（一九九六年現在、60万kWの発電所8基のうち5基が輸入されており、14基の35万kW発電所のすべてが輸入されている）。国産技術のレベルを向上させることが効率向上のための鍵である。中国への発電プラントの輸出国である日本は、今後ともプラント輸出に精を出すのではなく、技術移転と人材育成を支援し、中国の発電技術の向上に寄与すべきである。火力発電の排煙脱硫技術についても同じことがいえる。世界一流の排煙脱硫技術をもつ日本は、中国への設備輸出と現地での技術開発協力を行っている。しかし、中国では、脱硫技術の普及は未だしの感が否めない。一九九六年現在、1・7億kWの火力発電設備容量に対し、脱硫装置の容量は建設中の分を含めてもわずか3・4百万kWに過ぎない（王・潘、一九九六）。普及の遅れの理由は多々あり得るが、設備が高価な上、運転コストの高いことが最大の理由だと言われている。低コストの脱硫技術開発への日本の貢献が望まれる。

第三に、経済発展にせよ環境保護にせよ、日本はアジアの雁行形態の雁首に位置しており、環境保護そして持続可能な経済発展への取り組みを率先垂範する役割を担っている。IEA統計によると、一九九六年現在、アジア主要国の一次エネルギー消費に占める化石燃料の割合は、マレーシアが98・9％、中国が97・8％、インドネシアが96・9％、インドが96・8％、韓国が87・4％である。高い化石燃料依存度はアジア地域に深刻な大気汚染、酸性雨、二酸化炭素の大量排出、エネルギー安全保障の欠如などの問題を同時的に引き起こしている。日本の化石燃料依存度は81・2%と比較的低いが、非化石燃料エネルギーのほとんどが原子力であるため、原子力関連の環境問題という異次元の環境問題を内包している。原子力のみに頼らない脱化石燃料化を図るためには、風力、太陽エネルギー、潮力、地熱エネルギー、バイオマスなどの自然エネルギーの大規模な導入が求められる。こうした分野での日本の率先垂範が望まれる。

e　トリレンマ問題の将来展望――モデル分析による数値解析

既述のとおり、個別問題における選択肢は多岐多様である。さまざまな対策がトリレンマ問題の解決にいかほど寄与するのかについて数量的に評価するためには、モデル分析が不可欠である。地球環境の将来を考えるに当たって、未来は必ずしも決定論的ではなく、現在の、そして将来の人びとの意思決定によってさまざまに変わり得る。将来は不確実なのだから、不確実性のもとでの「最善」の対策を選択しなければならない。何が起ころうとも、損をすることのない政策のことをノーリグレット・ポリシーという。

省エネルギー技術の開発、植林、水資源の適切な管理などは、二酸化炭素の大気中濃度の上昇が地球温暖化をもたらさないとしても、やって損のないノーリグレット・ポリシーである。他方、火力発電所の排煙から二酸化炭素を分離し、固形化した上で地中や海中に投棄するという技術がある。こうした技術が実用化されれば、地球温暖化問題は問題でなくなるといっても過言ではあるまい。しかし、研究開発に要する費用、実用化した際に必要な経常的費用は馬鹿になるまい。したがって、地球温暖化の影響がさほどでなかったり、将来、他の画期的な技術が登場して、安い費用で二酸化炭素の排出を削減できるようになれば、あるいはまた、固形化した二酸化炭素が貯留される海底の環境に異変が生じたりすれば、こうした技術を実用化したことが悔やまれるであろう。要するに、二酸化炭素の海底貯留の技術はノーリグレットではない。目下、岐路に立たされている高速増殖炉の研究開発もまた、それがノーリグレットではないから困るのである。

ノーリグレット・ポリシーだけで、地球温暖化を防ぐことができるのなら、話はそれで終わりである。しかし、それだけでは無理だろうと皆が思うからこそ、温暖化対策の技術開発戦略が講じられもするのである。技術開発戦略を思案する際、費用対効果において優れた戦略が優先されがちだが、「最悪の状況のもとでの被害を最小限に食い止める」ような技術開発を同時並行的に進めるべきではないだろうか。不確実性に伴うリスクを管理する必要性を否定する人はまずいないだろうからである。

こうした観点から、地球環境問題に関するモデル分析は、将来の不確実性を加味した上で、さまざまな可能性に比較検討を加え、重要なオプションとボトルネックを明らかにすることをねらいとするものである。モデル分析により得られた共通認識や論点をまとめると次のとおりである。

(1)温暖化対策に要するコストは、低下の傾向にある。

対策のための技術開発が進むことのみならず、温暖化対策が技術移転、制度の歪みの是正といった、副次的な効果を生むからである。

(2)温暖化対策の及ぼす影響が産業間で開きがあるため、産業構造の変化は不可避である。

温暖化対策のマクロ経済への影響は比較的小さいものと予想されるが、エネルギー多消費の素材型産業の生産コスト上昇は避けがたい。したがって、温暖化対策と並行して、素材型産業への何らかの支援策を求めてしかるべきであろう。

(3)産炭国・産油国への影響は無視できない大きさである。

先進工業国が温暖化対策を本格的に実施すれば、化石燃料への需要が低下し、石炭・石油の国際市場価格は下落する。その結果、エネルギー資源輸出国の貿易収支は悪化し、他方、輸入国の貿易収支は改善する。ただし、石油の副産物である天然ガスへの需要が増加し、その価格も上昇するはずだから、温暖化対策が石油輸出国に及ぼすトータルな影響については計画が難しい。

(4)人口増加と高い経済成長の予想されるアジアの発展途上諸国がいかなる環境対策を講じるのかが、地球環境の保全にとって決定的な鍵となる。

先進国の温暖化対策の強化が、エネルギー多消費産業の海外移転を促し、地球全体での二酸化炭素排出削減は削減が期待ほど進まないという炭素リーケージは無視しがたい。しかし、別の見方をすれば、これは途上国への直接投資による技術移転の促進という面もあり、長期的に見れば排出削減効果が認められるはずである。こうした正の効果を期するためには、環境保全のための国際的な枠組み作りが大きな鍵を握ることは言うまでもない。実際、京都議定書により制度化されたクリーン開発メカニズムは、排出権という利益を付加することにより、先進国から途上国への省エネルギー技術の移転を促すことになろう。

（5）温暖化ガス排出削減を早期に実施するべきか遅らせるべきか。

この問題は、温暖化対策推進派と消極派の争点の一つである。早期の対策を見合わすべきであるとする論拠は次のとおりである。第一、対策の着手が数十年遅れたからといって、一〇〇年先、二〇〇年先の温暖化の度合いは大同小異である。第二、金利を4％とすれば、三〇年先の対策費用100万ドルの現在価値は31万ドルだから、今すぐ投資するよりも三〇年先に延ばした方が賢明である。第三、技術進歩のおかげで、三〇年先の対策費用は今日のそれよりも安くなっていることは確実である。早期の対策を見合わせるべきか否かは、結局、一番目の論拠の当否にかかっていると言うべきであろう。

モデルが描く将来像は、「合理性」という基準にそくして描かれた一つの見取り図にほかならない。モデル・シミュレーションはたとえば次のようなことを示唆してくれた。二酸化炭素排出削減に世界各国が一致して協力するとき、市場メカニズムを通じて費用の最小化が図られる。しかし、食料供給不足のような絶対的な不足に遭遇した場合には、最弱者に一方的なしわ寄せがもたらされかねない。

シミュレーション結果にもとづき、持続可能な社会を構築するための提言をまとめると以下のとおりである。

（1）市場メカニズムを活用することにより、環境保全費用の軽減と技術移転の促進が期待される。しかし、市場メカニズムは時に弱者に牙をむく危険性をもはらんでいる。そうした市場の暴力を牽制するためには、市場メカニズムを何らかの形で管理するべきである。

（2）石油主導のエネルギー供給からの離脱が本格化するのは、二一世紀半ばとなろう。新しいエネルギー供給への円滑な移行を図るために、資源の有効利用技術の開発と普及に力を注がねばならない。電力、輸送分野における石炭のクリーンな利用、モダン・バイオマス（工業プロセスによりバイオマスから燃料を合成する利用法）の利用が優先されるであろう。原子力も重要なオプションの一つとなるであろう。

（3）二一世紀における重要課題の一つは食料生産である。森林と耕地を含めた土地利用と水資源の管理、収率の向上により食料の安定供給を確保しなければならない。森林を含めた土壌資源の確保は、食料のみならずバイオマスの供給余力を生み、将来世代の選択の幅を広げることにもなる。

2　新たなパラダイム・シフト

トリレンマ問題群に対しては、前述のような個別の対応も重要ではあるが、この問題の本格的かつ柔軟な解決を図るには、従来型の社会・経済システムの変革が不可欠である。そこで、最後に、二一世紀の持続可能な社会の構築に向けた、新たなパラダイムのあり方を探ることとしよう。

a　ガバメントからガバナンスへの転換

経済、エネルギーと環境のトリレンマにどう取り組むのか。この問題は、今や先進国から発展途上国に至るまで認識の程度に多少の違いはあっても、グローバル・イシューとして認識されるようになった。グローバル・イシューの解決に当たっては、問題認識のグローバル化にとどまらず、解決の方法や解決に関与するアクターのグローバル化が必要とされる。トリレンマを解決するには、近代国民国家体系の枠組みの中での、一国レベルの取り組みだけでは不十分と言わざるをえない。国民国家の枠組みを超えた多国間協力が必要となっており、その協力のなかには政府だけではなく市民をも含むさまざまなアクターが加わり、問題解決に主体的、自発的に関与しなければならない。

従来、経済、エネルギー、環境は基本的には一国の問題としてとらえられがちであった。問題がグローバル化したとき、国家間の利害を調整するアクターは国家であり、国家を代表する政府とその指導者たちであった。これまで歴史の中で展開されてきた先進国の発展や、それに続く中進国の急速なキャッチアップ、途上国への技術移転と直接・間接投資などを推進した政策決定の直接的な主体は、強制力をもって統治する権限をもつ主権国家の政府であった。

政府とその指導者たちは、どのような形であれ国民の支持と同意を得て、拘束力と強制力をもって問題解決（政策の決定と実行）に取り組んできた。国民は、政府の決定と実行による結果の享受者にすぎなかった。民主主義体制のもとでは、国民はその結果を判断材料にして、政府・指導者を信任するか、もしくは拒否してきたのである。問題解決への国民の寄与は、あくまでも間接的にならざるをえなかった。こうした問題解決をガバメント型と呼ぶことにしよう。

中進国や途上国などにおける開発独裁もまたガバメント型であるが、発展の途上においては、投資、開発効率という観点からは好ましい統治システムであった。しかしながら、経済発展が進むにつれて民主化の圧力が加わり、政治体制の公正化などといった問題に直面し、こうした統治システムの多くは破綻に瀕し、改革を余儀なくされるようになった。

しかも、情報のグローバル化やボーダーレス化が急速に進行し、スーザン・ストレンジのいう「国家の消滅」がしきりに語られるようになった。問われているのは、開発独裁のガバメントに限らず、先進国をも含むガバメント型の統治そのものなのである。

だからといって、国内政府のような拘束力や強制力の行使に正統性をもつ世界政府は出現の兆しさえない。二一世紀に入っても、近代国民国家体系は国際関係の主流であり続け、国民国家はその主要なアクターであり続けるであろう。しかし、二一世紀を間近に控えて状況は大きく様変わりし、世界共通の問題となったトリレンマが、先進国を含む国民国家主導のガバメント型統治システムの有効性を問い直すようになった。ガバメント型統治システムに替わるのはガバナンス型の統治システムである。

ガバナンスの意味はさまざまである。世界銀行は一九九〇年代半ば頃まで、「発展のために、国家が権力を用いて経済的、社会的資源を管理する方法」と定義していた。つまり、「経済的社会的目標を効率的に実現するため」の統治のあり方とされていた。しかし最近では、ガバナンスの意味がもう少し幅広いものとなった。ジェームス・N・ロズナウとアーネスト - オットー・ツェンピエルの著書『政府なき統治（*Governance without Government: Order and Change in World Politics*）』が主張するように、「世界政府がない国際社会でもなんらかの統治形態が形成されており、国際レジームと呼ばれるものとは異なるもの」がガバナンスである。

ガバナンスのアクターは国民国家とその政府以外にも、市民個人や市民団体、国家の枠を超えた非政府組織などさまざまである。こうした多様なアクターが、合法化された拘束力や強制力をもたずに、公益の観点から主体的かつ自主的に意思決定、合意形成に関与するのがガバナンス型の問題解決である。

二〇世紀までの世界を統治してきたのは、地域や国家という「縦の連帯」にほかならなかった。しかし、情報手段の発達した二一世紀においては、「横の連帯」が非常に重要な役割を担うであろう。たとえば、WTO、IMF、EU、APEC、ASEAN、さらにはASEMといった、主権国家の多国間協力の枠組みが急速に広がりつつある。「横の連帯」は国家間のみにはとどまらない。問題意識を深めた市民のグループが、政府と共に問題解決のアクターとして積極的に関与するとともに、国際的な「横の連帯」をも結び始めている。市民団体がガバナンス型統治の深化・拡充を促していることも見落とせないのである。

実際、地球環境問題を討議する国際会議などの場における、環境保護団体の影響力は今や無視することはできなくなった。一九九七年の地球温暖化防止京都会議におけるオランダの環境保護団体と政府の共闘は、会議の大勢に大きな影響を及ぼしたといわれる。

この事例は、問題解決の指針のあり方として、ガバメントからガバナンスへという潮流が顕著になりつつあることを示している。これからの国際的な意思決定と合意形成に当たっては、拘束力と強制力を合法的に賦与された政府組織だけではなく、もっと緩やかな組織や個人など国家と地域の枠を超えたガバナンス型アクターの参加が必要にして不可欠なものとなろう。

b　アジア型持続可能な社会の構築

国家の適切な管理・監督を欠く金融の自由化ほど怖いものはないというのが、一九九七年のアジア通貨危機から私たちが学んだ最大の教訓であろう。一九九〇年代に入ってからのグローバル資本主義に迎合したアジア諸国の金融自由化の加速がドルペッグ制と結びつき、膨大な海外短期資本が東南アジア諸国に流入した。市場に膨らんだバーツの買いポジションは、ヘッジファンドのバーツ攻撃を契機に一挙に反転し、市場はバーツ売り・ドル買い一色に染まり、バーツ危機が勃発したのである。「アジアは一つ」という素朴な市場の判断によって、同様の通貨危機がアジア諸国に伝播し、アジア経済を混乱の窮地に陥れた。それまで卓越した工業化能力を発揮してきたアジア型開発モデルは、アメリカのヘッジファンドを主役とするグローバル金融資本主義に触発され、制御不可能な金融バブルを生み出すマシーンに変わり果てたのである。

ＩＭＦを中心とするワシントン・コンセンサスは、一九九七年までは、途上国の金融・資本の自由化に対して非常に楽観的な見方をしていた。しかし、一九九七年から九八年にかけて起きたアジア通貨危機、ロシア危機、ブラジル危機、アメリカのＬＴＣＭ危機という国際金融危機の連鎖は、少なくとも一時期、スーザン・ストレンジのいう「カジノ化」したグローバル資本主義を空前の危機に追い詰めた。一九九九年に入り、国際的な金融監督体制の整備が本格化しつつあり、世界を席巻した国際金融危機の嵐は、一時的ではあるにせよ、当面、小康状態を保っている。

アジア工業化モデルは、今や過去の遺物になってしまったのだろうか。開発に託したこれまでのアジア諸国の努力はすべて水泡に帰し、新たな地点から再出発しなければならないのだろうか。おそらく、そんなことはあるまい。従来のモデルをより完全なものに仕立てていくことにより、東アジア経済は再び高成長の経路に復帰し得るであろう。通貨危機に端を発した経済危機の後遺症は大きい。しかし、アジア経済が戦後達成した繁栄に比べれば、それはものの数ではない。実際、一九九九年に入り、東アジア諸国の経済回復は予想外のスピードで進行中である。

それでは、東アジア経済モデルの修正されるべき点は何であろうか。重要なポイントの一つは、通貨危機からの教訓として、従来の高成長路線を長期的に持続することは難しいという点である。換言すれば、経済成長の奇跡がもう一度起こることを期待しないほうが賢明なのである。そのことを念頭においた上で、長期にわたり国民全体が繁栄を享受できるような安定成長路線を目指すべきである。そのためには、本文で取り上げたように、①外資依存からの脱却、②工業部門の二重構造の克服、③農業・アグリビジネス部門の強化、④環境志向型社会の構築。以上の四つに重点を置く必要がある。

第一の外資依存からの脱却については、リスクの高い短期資本の借り入れを制限するのは当然であるが、経済開発を進める上で必要な資本についても、外国からの借り入れはなるべく控え、自国の貯蓄を利用すべきである。直接投資の認可に当たっても、国内地場産業の育成の観点から慎重な対応が望まれる。

第二の点は、大規模な直接投資によって外国企業の工場進出が続いたが、国内地場産業とのリンケージは希薄のままであり、在来型のままでは輸入依存体質からなかなか脱却できないとの判断にもとづくものである。これを克服するには、中小企業政策の見直しなどの施策を講じて、国内の地場産業、下請け企業を育成することが求められる。首都のビル建築にカネを使うよりも、末端のベンチャー起業家の育成にカネを使うほうが望ましい。

第三に、東アジア諸国は人口過剰にもかかわらず、農業部門の振興はお粗末な限りであった。過去の開発経験によれば、農業生産性の向上は工業化を側面から支援する不可欠の役割を担ってきたことが指摘されている。東南アジアの農業国といわれているタイですらが、近年、農業生産性の低迷にあえいでいる。また、インドネシアでは、長年の開発目標に掲げられてきた米の自給率１００％は依然として未達成であり、一九九七年の大旱魃が食料危機を引き起こした。国家百年の計は農業であり、食料供給の基盤なしには、工業化は容易に足元をすくわれかねないことを肝に銘じておくべきである。

第四に、環境問題については、工業化段階にある東アジア諸国は環境保全を二の次に回しても仕方がないとの見方がある。かつての日本の高度成長期をアジアに投影させる議論である。しかし、私たちがすでに自戒しているように、自然環境には、一度破壊したら二度と戻らない非可逆性がある。それゆえ、アジア経済の持続可能な開発モデルにおいては、シンガポール並みの規制をもつ環境志向型社会の構築を念頭に置くべきであろう。

c　アジアにおける日本の役割

現在の世界は、規制撤廃、ＩＴ革命の進行、競争至上主義を標榜する、アメリカ主導のグローバリゼーションが急速に進みつつある。しかし、短期収益至上主義のアメリカ型経済システムは、アメリカ経済の「一人勝ち」、巨大企業一社の「一人勝ち」といった歪んだ世界経済を作り出す恐れをはらんでおり、さらに環境や資源の制約から、二一世紀前半、おそらく二〇三〇年頃にはその限界が顕わになり、乗り越えがたい壁に突き当たるであろう。そうしたなか、二一世紀にアジア諸国が直面する諸問題は、おそらくはアメリカ型経済システムによっては解決できないものばかりであろう。そうした諸問題の解決に当たり、日本の経験がある程度参考となるはずである。そのために、日本が果たすべき役割としては、なにがあるのだろうか。

第一は、円の国際通貨化である。突然降って湧いたようなアジアの通貨・経済危機は、事実上、アジア諸国の通貨が唯一の基軸通貨であるドルにペッグされていたことに起因するといっても過言ではあるまい。今日のように、モノの取引に比べ、マネーの取引が急増している世界では、基軸通貨が一つでは、矛盾が集積し、国際通貨不安が発生しやすくなる。アジア通貨を安定させるためには、複数個の通貨バスケットにペッグさせるほうが望ましい。一九九八年、ドルと並ぶ基軸通貨の資格を備えた通貨であるユーロが登場したが、ドルとユーロの通貨バスケットで十分といえるのだろうか。現在、日本の輸出入決済に占める円の割合は、世界平均で輸出36%、輸入21・8%だが、これを東南アジアに限ると、輸出48・4%、輸入26・7%と円の比重がきわめて高い。

一方、東南アジア諸国への円借款の貸出残高が、約3兆8000億円、中国への約1兆3000億円を加えると5兆円を超える。ところが、その半面、各国の外貨準備に占める円の割合は5%を割込んでいる。

二一世紀には、円による輸出入決済、円借款残高は今以上に増加するものと予想される。その場合、自国通貨と円とのリンクが強まれば、それだけ為替変動によるリスクを回避することができるようになる。したがって、ドル、ユーロに円を加えた通貨バスケットにペッグすることにより、アジア諸国の通貨の安定性が高まることは確実である。

円が基軸通貨の一つになることは、政策的に実現できるわけではない。まず何よりも必要なのは、日本経済を長期低迷から蘇生させることである。次いで、円をドルやユーロと同じように使い勝手のよい通貨に育てる。そのためには、税制、TBなどの短期国債の中身（金利や償還期間など）を魅力的なものにする長期的な戦略が必要である。

また、外国企業が日本に直接投資しやすい環境を作ることも必要である。たとえば、日本の場合、赤字企業（全企業数の四割を超える）は法人税を払う必要はないけれども、その分、高収益の企業の税負担が他国よりも高い。つまり、成功して収益をあげる企業は高い税金をとられ、企業努力を怠り、赤字を続ける企業が税金を払わないという従来の法人税体系を改めなければなるまい。

さらに、いまや基軸言語となった英語を話せる人材不足、最近は大分緩和されたとはいえ、依然として割高な地価、オフィス代、賃金、さらには不十分なインターネットの利用体制などが日本市場の魅力を失わせている。

円の国際通貨化のためには、以上のような日本のビジネス・インフラを整え、国際的なビジネスの場として日本市場を魅力的な市場にすることが是非とも必要である。そうすることによって始めて、円の国際化が進みうるのである。

第二は、日本発の経営技術、都市づくりのノウハウを積極的にアジア諸国に移転することである。二一世紀には、環境制約、資源制約がこれまで以上に厳しくなる。そのための産業技術や経営システムが日本で着実に培われている。それらの技術移転を制度的に実施していくための長期戦略の策定（技術者の派遣や逆に日本へのアジア人技術者の受け入れなど）が急務である。これまでもそれに類したことを、ＪＩＣＡなどが中心になってやってきたが、アジアの環境破壊の進み具合をみると、その規模を一桁、場合によっては二桁拡大しない限り、間に合わないのかもしれない。

大都市への人口集中に伴う弊害を和らげるためには、日本の経験（過密・過疎問題）を積極的に伝え、弊害を未然に防ぐための提案を積極的にしていくことが大切である。また、東京などの大都市がどのような問題を抱えており、それらを解決するために、どのような対策を講じてきたかなどの情報を開示すべきである。

第三に、アジア諸国の人口が増えすぎることが問題であり、日本の人口は減りすぎるのが問題とされている。なぜ、日本の人口が急速に減少したのかについて、経済発展と生活水準の向上、女性の高等教育の普及など、日本の経験を整理して、参考にしてもらうことも大切であろう。

d　循環型社会への取り組みと新たな協調パラダイムの構築

アジアという地域は、二一世紀の経済成長の拠点であると同時に、環境汚染の拠点でもある。本書では、地球規模の環境政策と持続可能な経済社会システムのあり方について検討してきたが、その要点は以下の三つである。

第一に、大量生産・大量消費・大量廃棄の常態化は、ごく近年のことである。過去わずか百年間に、先進国が消費するエネルギーは数十倍もの高い伸びを示した。その結果として生じたさまざまな環境問題とエネルギー問題を、先進諸国は多大な犠牲を払いつつ何とか克服してきた。しかしながら、発展途上諸国の経済は、目下、先進諸国のかつての経済成長をはるかに上回るスピードで成長しつつあり、二一世紀半ばには、途上諸国の経済活動の水準が、先進諸国の今日の水準に達するかもしれない。かつて先進諸国がたどった在来型の経済発展の経路を途上諸国が歩むとすれば、さほど遠くない将来に、エネルギー需給が逼迫し、環境負荷が許容限界を超えることは容易に察しがつく。これらの問題を克服するためには、持続可能な経済社会のあるべき姿として、循環型社会を志向しなければなるまい。ここで言う循環型社会とは、人類が消費する物質、エネルギーの流れの中でリサイクルできない部分、つまり循環しない部分を極少化することを目指す社会である。その実現のためには、静脈産業を育て、回収システムを確立することが求められる。

しかしながら、個々の地域社会に循環のシステムを作れば、それで循環型社会が完成するわけではない。今や環境問題そのものが「グローバル化」されたのだから、それへの対策もまた地球規模のネットワークを伴うものでなければならない。そのためには、先進国と途上国との協調が不可欠である。自らの経済発展の結果として招いた地球環境問題とエネルギー問題の解決に手を焼き、全地球的な協調による対応策を訴える先進諸国と、生活水準の向上と経済発展の権利の平等を訴える発展途上諸国、人類としての最低限の生活水準の確保を希求する最貧国、海面上昇による国土消滅の不安を訴える小島嶼国など、置かれた状況や求めるものは多岐多様である。そうした状況のもと、立場を異にする国々の合意を形成し、実効性ある地球環境政策を確立するには、在来型の枠組みでは不十分である。

難産のあげくに生まれた地球環境政策が、実効性を欠いていたのでは、何のための合意形成の苦労だったのかということになる。地球環境政策が真に実効性を有するためには、すべての国々に何らかの参加のメリットがあり、参加のモチベーションを与え得るウイン・ウインの方策でなければならない。いかなる地球環境政策であれ、すべての参加国に何らかの負担を強いることになる。地球環境の悪化がもたらすであろう被害をよく認識した上で、それぞれの負担を必要最小限にとどめるための方策を適宜講じるためには、技術進歩もさることながら、市場メカニズムの有効活用などの創意工夫が求められるのである。

以上述べ進めてきたとおり、二一世紀は難問が山積する世紀になるものと予想される。先進諸国、途上諸国が一体となって人類の叡智を結集し、難問に挑まなければなるまい。さもないと、近い将来、私たちの子孫は、不足する食料と資源をめぐる紛争、飢饉、深刻な健康障害などの人類存亡の危機に瀕することは確実である。その意味で、二一世紀は「持続性」を志向する世紀とならざるをえないのである。

参考文献

(1) 中国電力年鑑編集委員会『中国電力年鑑』中国電力出版社、一九九八
(2) 電気事業連合会統計委員会『電気事業便覧 平成一〇年度版』、一九九八
(3) 日本の大気汚染経験検討委員会編(座長 佐和隆光)「日本の大気汚染経験—持続可能な開発への挑戦」、ジャパンタイムズ、一九九七
(4) 王志軒・潘荔「二酸化硫黄抑制地域と酸性雨抑制地域の加療発電所二酸化硫黄抑制問題に関する考察」、中国電力一九九七年第七期、57-59頁
(5) World Bank, *Japan's Experience in Urban Environmental Management*, 1994.
(6) 山地憲治・藤井康正『グローバルエネルギー戦略』日刊工業新聞社、一九九七

編著者一覧

編著者
佐和隆光（さわ　たかみつ）**序章・4章・終章**
京都大学経済研究所教授，経済学博士

執筆者（執筆順）
三橋規宏（みつはし　ただひろ）**1章・6章**
日本経済新聞社論説委員

小島朋之（こじま　ともゆき）**2章**
慶應義塾大学総合政策学部教授，法学博士

桜井紀久（さくらい　のりひさ）**3章**
㈶電力中央研究所経済社会研究所主任研究員

長尾待士（ながお　たいじ）**5章（共同執筆）**
㈶電力中央研究所企画部（部長），日本電気事業研究国際協力機構事務局長

若谷佳史（わかたに　よしふみ）**5章（共同執筆）**
㈶電力中央研究所有識者会議推進室長

中川光弘（なかがわ　みつひろ）**7章**
茨城大学農学部資源生物学科助教授

七原俊也（ななはら　としや）**8章**
㈶電力中央研究所狛江研究所需要家システム部上席研究員・工学博士

李　志東（り　しとう　Li, ZhiDong）**9章**
長岡技術科学大学計画・経営系助教授，経済学博士

桑畑暁生（くわはた　あけお）**10章**
㈶電力中央研究所情報研究所主任研究員

森　俊介（もり　しゅんすけ）**11章・APPENDIX**
東京理科大学理工学部経営学科教授，工学博士

佐和隆光（さわ　たかみつ）
1942年　和歌山県に生まれる
1965年　東京大学経済学部卒業
現　在　京都大学経済研究所教授。経済学博士
著　書　『経済学とは何だろうか』『尊厳なき大国』『平成不況の政治経済学』
『漂流する資本主義』『経済学の名言』など。

新曜社

21世紀の問題群
持続可能な発展への途

初版第1刷発行　2000年3月21日©

編著者　佐和隆光
発行者　堀江　洪
発行所　株式会社 新曜社
〒101-0051　東京都千代田区神田神保町2-10
電話(03)3264-4973・FAX(03)3239-2958
e-mail info@shin-yo-sha.co.jp
URL http://www.shin-yo-sha.co.jp/

印刷　銀　河　Printed in Japan
製本　イマキ製本所

ISBN4-7885-0713-7　C1036

▶本書の本文用紙は100％再生紙を使用しています。